U0243731

NANOMATERIALS

纳米材料前沿

编委会

"十三五"国家重点出版物
出版规划项目

国家出版基金项目
NATIONAL PUBLICATION FOUNDATION

纳米材料前沿 >

Metallofullerene: From Basics to Applications

金属富勒烯
从基础到应用

王春儒　王太山　甄明明　编著

化学工业出版社
·北 京·

本书依据作者研究团队以及国内外金属富勒烯材料的最新研究进展，从金属富勒烯的结构特点出发，系统介绍了金属富勒烯材料的制备、表征、磁性、电学与发光性质、复合分子体系及化学反应性，并介绍了金属富勒烯在磁共振成像、肿瘤治疗及其他生物医学领域的应用。

本书可供从事金属富勒烯材料及其相关领域的研究人员及高等院校相关专业师生参考使用。

图书在版编目（CIP）数据

金属富勒烯：从基础到应用/王春儒，王太山，甄明明编著.—北京：化学工业出版社，2018.7

（纳米材料前沿）

ISBN 978-7-122-32141-1

Ⅰ.①金⋯ Ⅱ.①王⋯ ②王⋯ ③甄⋯ Ⅲ.①金属材料–纳米材料–研究②碳–纳米材料–研究 Ⅳ.①TB383

中国版本图书馆CIP数据核字（2018）第096802号

责任编辑：韩霄翠 仇志刚
文字编辑：向 东
责任校对：王素芹
装帧设计：尹琳琳

出版发行：化学工业出版社
　　　　　（北京市东城区青年湖南街13号　邮政编码100011）
印　　装：北京瑞禾彩色印刷有限公司
710mm×1000mm　1/16　印张15½　字数257千字
2018年10月北京第1版第1次印刷

购书咨询：010-64518888
　　　　　（传真：010-64519686）
售后服务：010-64518899
网　　址：http://www.cip.com.cn
凡购买本书，如有缺损质量问题，本社销售中心负责调换。

定　　价：98.00元

纳米材料是国家战略前沿重要研究领域。《中华人民共和国国民经济和社会发展第十三个五年规划纲要》中明确要求："推动战略前沿领域创新突破，加快突破新一代信息通信、新能源、新材料、航空航天、生物医药、智能制造等领域核心技术。"发展纳米材料对上述领域具有重要推动作用。从"十五"期间开始，我国纳米材料研究呈现出快速发展的势头，尤其是近年来，我国对纳米材料的研究一直保持高速发展，应用研究屡见报道，基础研究成果精彩纷呈，其中若干成果处于国际领先水平。例如，作为基础研究成果的重要标志之一，我国自2013年开始，在纳米科技研究领域发表的SCI论文数量超过美国，跃居世界第一。

在此背景下，我受化学工业出版社的邀请，组织纳米材料研究领域的有关专家编写了"纳米材料前沿"丛书。编写此丛书的目的是为了及时总结纳米材料领域的最新研究工作，反映国内外学术界尤其是我国从事纳米材料研究的科学家们近年来有关纳米材料的最新研究进展，展示和传播重要研究成果，促进学术交流，推动基础研究和应用基础研究，为引导广大科技工作者开展纳米材料的创新性工作，起到一定的借鉴和参考作用。

类似有关纳米材料研究的丛书其他出版社也有出版发行，本丛书与其他丛书的不同之处是，选题尽量集中系统，内容偏重近年来有影响、有特色的新颖研究成果，聚焦在纳米材料研究的前沿和热点，同时关注纳米新材料的产业战略需求。丛书共计十二分册，每一分册均较全面、系统地介绍了相关纳米材料的研究现状和学科前沿，纳米材料制备的方法学，材料形貌、结构和性质的调控技术，常用研究特定纳米材料的结构和性质的手段与典型研究结果，以及结构和性质的优化策略等，并介绍了相关纳米材料在信息、生物医药、环境、能源等领域的前期探索性应用研究。

丛书的编写，得到化学及材料研究领域的多位著名学者的大力支持和积极响应，陈小明、成会明、刘云圻、孙世刚、张洪杰、顾忠泽、王训、杨卫民、张立群、唐智勇、王春儒、王树等专家欣然应允分别担任分册组织人员，各位作者不懈努力、齐心协力，才使丛书得以问世。因此，丛书的出版是各分册作者辛勤劳动的结果，是大家智慧的结晶。另外，丛书的出版得益于化学工业出版社的支持，得益于国家出版基金对丛书出版的资助，在此一并致以谢意。

众所周知，纳米材料研究范围所涉甚广，精彩研究成果层出不穷。愿本丛书的出版，对纳米材料研究领域能够起到锦上添花的作用，并期待推进战略性新兴产业的发展。

万立骏

识于北京中关村

2017年7月18日

金属富勒烯是将金属原子或含有金属的团簇嵌入到富勒烯笼内形成的新奇结构。由于富勒烯外壳对内嵌金属原子（团簇）的保护作用以及两者之间的电子转移，金属富勒烯具有许多独特的物理化学特性，在信息、能源、生物医药等领域具有广阔的应用前景。近年来随着金属富勒烯宏量生产技术的突破，可以预期在不久的将来必会形成新的研究热潮。

笔者有幸于1997年在日本名古屋大学做博士后期间进入金属富勒烯这一研究领域，之后到德国德累斯顿固体研究所继续研究这一课题。2002年初，笔者回国并在中国科学院化学研究所建立自己的富勒烯研究室，历经二十载，参与和见证了金属富勒烯学科成长过程中的许多关键时刻。金属富勒烯的发展可大致归结为三个阶段。

第一个阶段是金属富勒烯发现后的十五年。1985年，Kroto和Smalley等人模拟宇宙星云的高真空、高能量环境，利用激光溅射真空室内石墨块的方法，第一次发现了足球结构的富勒烯分子。随即他们就想到笼状的富勒烯应该能够嵌入金属原子，于是他们将石墨块在$LaCl_3$溶液中浸泡后再用激光溅射，首次发现了$La@C_{60}$对应的质谱峰，从此开启了金属富勒烯的时代。在此后的十五年里，科学家们将主要精力放在什么样的金属原子能够置入富勒烯笼内，结果发现大部分稀土金属和一些锕系金属能够形成金属富勒烯，而大部分过渡金属无法形成稳定的金属富勒烯分子。

金属富勒烯研究的第二个阶段是1999年开始的第二个十五年。1999年，美国科学家Dorn等人在合成金属富勒烯时真空装置不慎漏入空气，偶然发现了金属氮化物内嵌富勒烯，同时笔者在日本名古屋大学Shinohara教授实验室紧接着发现了金属碳化物富勒烯结构。由此，金属富勒烯研究进入了金属与非金属化合物团簇内嵌富勒烯时代。之后，金属氧化物、金属硫化物、金属氰化物等内嵌富勒烯相继被发现。2000年，笔者和Dorn实验室又各自独立发现金属富勒烯结构可以打破稳定富勒烯必须遵守的著名独立五元环规则，引发了另一个改变金属富勒烯碳笼结构的研究热点。因此，这个阶段的主要特点是探索新结构的金属富勒烯，不断为这一分子家族增添新的成员。当然，金属富勒烯的物化性质研究也在这一阶段逐步展开，特别是以金属富勒烯光电磁特性为代表的新功能研究迅速发展。

俗话说"三十而立"，2015 年，金属富勒烯新结构的研究渐渐落潮，逐步进入金属富勒烯应用腾飞的第三个阶段。这一年，依托中国科学院化学研究所的金属富勒烯生产与纯化技术，国际第一条金属富勒烯生产线在厦门福纳新材料公司建成，为金属富勒烯应用研究的下一个黄金十五年奠定了物质基础。由于有了充足的 $Gd@C_{82}$ 原料，同年笔者实验室在利用金属富勒烯作为磁共振造影剂做动物实验时，第一次将造影剂浓度提高了 10 多倍到毫摩尔量级，结果惊奇地发现经过磁共振造影后，荷瘤小鼠的肿瘤很快就坏死了。进一步研究发现金属富勒烯在射频辅助下能够特异性地摧毁肿瘤血管。近几年来，以金属富勒烯抗肿瘤为代表的应用研究陡然加速，产业资本已经全面介入，金属富勒烯造福人类的日子已经悄悄来临。

作为从事金属富勒烯研究二十年的老兵，笔者已经将自己的科学生涯与这一先进纳米材料融为一体，而金属富勒烯也是值得终身为之奉献的材料。本书写成在金属富勒烯新结构研究黄金十五年落潮和应用研究全面腾飞交际之时，希望能够对当前阶段的研究做些总结，吸引更多的年轻科学工作者加入到金属富勒烯应用研究的热潮之中。

感谢化学工业出版社和"纳米材料前沿"编委会主任万立骏院士的组织，让金属富勒烯的阶段性研究成果以中文的形式出版。希望借此书，向国内广大读者展示金属富勒烯的特色，促进学科交叉，共同推动我国纳米材料科学技术的发展。本书包含十章，主要介绍了金属富勒烯的特色和研究热点，包括制备、表征、结构、磁性、电学、发光、给受体、主客体、反应性、医学成像、肿瘤治疗等内容。本书的编写，得到了蒋礼、吴波、李杰、赵富稳四位博士以及研究生蒙海兵、赵冲、聂明哲、贾旺、李蕾、刘帅、周悦、李雪的协助，在此一并致以谢意。

囿于时间和能力，书中难免欠缺和疏漏之处，望专家和读者见谅并不吝赐教。

王春儒

2018 年 5 月 21 日于北京

目录 CONTENTS

Chapter 1

第1章
金属富勒烯的结构
与特性
001

Chapter 2

第2章
金属富勒烯的制备
与分离
035

Chapter 3

第3章
金属富勒烯的表征

055

Chapter 4

第4章
金属富勒烯的磁性

081

Chapter 5

第5章
金属富勒烯的电学
与发光性质
107 ——

Chapter 6

第6章
金属富勒烯的复合分子体系

131

Chapter 7

第7章
金属富勒烯的化学反应性

147

Chapter 8

第8章
金属富勒烯磁共振成像造影剂应用

165

Chapter 9

第9章
金属富勒烯肿瘤治疗应用
185 ————

Chapter 10

第10章
富勒烯和金属富勒烯在其他生物医学领域的应用
205 ————

Chapter 1

第1章
金属富勒烯的结构与特性

内嵌富勒烯[1]是指将金属离子、含金属的离子簇、非金属原子、分子等嵌入富勒烯碳笼内的一类特殊分子。内嵌富勒烯不但具有富勒烯碳笼的物理化学性质，还兼具其内嵌原子或团簇的磁性、光致发光、量子物理等诸多优异特性[2,3]。更重要的是，内嵌包合物与碳笼二者的相互结合往往使内嵌富勒烯分子突破原有的物理化学行为，从而大大拓宽了富勒烯分子的应用领域。因此研究内嵌富勒烯对于探索新型功能分子材料具有非常重要的意义。内嵌富勒烯的种类具体包括内嵌金属富勒烯、内嵌惰性原子富勒烯和内嵌分子富勒烯，其中内嵌金属富勒烯产率更高、结构更加多样、性质更为丰富，具有重要的研究价值[4,5]。本章将介绍金属富勒烯的发现、金属富勒烯家族以及金属富勒烯的结构特性。

1.1
金属富勒烯的发现

要讲金属富勒烯的发现，就必须先了解富勒烯的发现过程。早在1965年，二十面体$C_{60}H_{60}$被认为是一种可能的拓扑结构。20世纪60年代，科学家们对非平面的芳香结构产生了浓厚的兴趣，很快就合成了碗状分子碗烯（corannulene）。日本科学家大泽映二在与儿子踢足球时想到，也许会有一种分子由sp杂化的碳原子组成，比如将几个碗烯拼起来的共轭球状结构，实现三维芳香性。他开始研究这种球状分子，不久他得出这种结构可以由截去一个二十面体的顶角得到，并称之为截角二十面体，就像足球的形状那样，同时，他还预言了C_nH_n分子的存在。大泽虽然在1970年就预言了C_{60}分子的存在，遗憾的是，由于语言障碍，他的两篇用日文发表的文章并没有引起人们的重视，而大泽本人也没有继续对这种分子进行研究，因而使得C_{60}的发现已经是15年以后的事了。

1970年汉森（R.W.Henson）设计了一种C_{60}的分子结构，并用纸制作了一个模型。然而这种碳的新形式的证据非常弱，包括他的同事都无法接受。富勒烯的第一个光谱证据是在1984年由美国新泽西州艾克森实验室的罗芬（Rohlfing）、考克斯（Cox）和科多（Kldor）发现的，当时他们使用由莱斯大学理查德·斯莫利设计的激光气化团簇束流发生器，用激光气化蒸发石墨，用飞行时间质谱发现了一系列C_n（$n=3$，4，5，6）和C_{2n}（$n \geqslant 10$）的峰，而相距较近的C_{60}和

C_{70}的峰是最强的，不过很遗憾，他们没有做进一步的研究，也没有探究这个强峰的意义。

英国萨塞克斯大学的波谱学家克罗托（H.W.Kroto）在研究星际空间暗云中富含碳的尘埃时，发现此尘埃中有氰基聚炔分子（HC_nN，$n<15$），克罗托很想研究该分子形成的机制，但没有相应的仪器设备。1984年克罗托赴美参加在得克萨斯州奥斯汀举行的学术会议，并到莱斯大学参观，经该校化学系主任科尔（R.F.Curl, Jr）教授介绍，认识了研究原子簇化学的斯莫利（R.E.Smally）教授，观看了斯莫利和他的研究生用他们设计的激光超团簇发生器，在氦气中用激光使碳化硅变成蒸气的实验，克罗托对这台仪器非常感兴趣，这正是他所渴求的仪器。三位科学家有意合作并安排在1985年8月和9月进行合作研究。他们用高功率激光轰击石墨，使石墨中的碳原子气化，用氦气流把气态碳原子送入真空室。迅速冷却后形成碳原子簇，再用质谱仪检测。他们解析质谱图后发现，该实验产生了含不同碳原子数的原子簇，其中相当于60个碳原子、质量数落在720处的信号最强，其次是相当于70个碳原子、质量数为840处的信号，说明C_{60}和C_{70}是相当稳定的原子簇分子[6]。

富勒烯的主要发现者们受建筑学家巴克敏斯特·富勒设计的加拿大蒙特利尔世界博览会球形圆顶薄壳建筑的启发，认为C_{60}可能具有类似球体的结构，因此将其命名为巴克敏斯特·富勒烯（buckminster fullerene），简称富勒烯（fullerene）。在1990年前，关于富勒烯的研究都集中于理论研究，因为没有足量的富勒烯用于实验。直到1990年后，哈夫曼（Donald Huffman）、克拉策门（Wolfgang Krätschmer）和福斯迪罗伯劳斯（Konstantinos Fostiropoulos）等第一次报道了大量合成C_{60}的方法，才使C_{60}的研究得以大量展开。1991年，加州大学洛杉矶分校的霍金斯（Joel Hawkins）得到了富勒烯衍生物的第一个晶体结构，标志着富勒烯结构被准确测定。1995年，伍德（Fred Wudl）制备出开孔富勒烯；而PCBM也由他首次制备，后来被广泛用于太阳能电池受体材料。

1996年，罗伯特·科尔（美）、哈罗德·沃特尔·克罗托（英）和理查德·斯莫利（美）因富勒烯的发现获诺贝尔化学奖。

在C_{60}发现几天之后，Heath等用激光蒸发$LaCl_3$/石墨混合物，在质谱上检测到了La@C_{60}分子。1991年，Chai等通过激光蒸发La_2O_3/石墨混合物，首次得到了宏观量级的内嵌金属富勒烯La@C_{82}[7]。不久，Alvarez等用Kräschmer-Huffman电弧放电法合成了双金属内嵌金属富勒烯La_2@C_{80}[8]。1992年，人们发现大多数镧系金属可以以M@C_{82}（M=Ce, Pr, Nd, Sm, Eu, Gd, Tb, Dy, Ho, Er, Yb, Lu）的形式内嵌到富勒烯碳笼当中[9,10]。从此，各种各样的金属富勒烯如雨后春笋般不断壮大。

内嵌金属钪（Sc）的金属富勒烯是推动金属富勒烯飞速发展的重要发现。1992年，Shinohara等首先发现内嵌Sc的金属富勒烯不仅数量众多，更奇特的是一个碳笼里甚至可以内嵌三个钪原子，原子半径较小的Sc使得此类金属富勒烯的种类和产量独占鳌头。

1999年，三金属氮化物内嵌富勒烯的发现将金属富勒烯的发展推向又一个新阶段。$Sc_3N@C_{80}$是此类内嵌富勒烯的首要代表[11]，它的产率比传统金属内嵌富勒烯提高了几十倍，其稳定性也是最高的，这使得人们对金属富勒烯给予了更多关注。随着合成和分离方法的成熟，金属氮化物内嵌富勒烯的数量呈爆炸式增长，对它们的化学反应性质、光电性质、磁性质、生物医学功能的研究更是不断深入。

2001年，第一例金属碳化物内嵌富勒烯$Sc_2C_2@C_{84}$[12]报道之后，人们又发现了很多基于M_2C_2金属碳化物团簇的内嵌富勒烯分子。随后，人们还发现了金属氧化物内嵌富勒烯$Sc_4O_2@C_{80}$[13]和$Sc_4O_3@C_{80}$[14]分子，两个金属氧化物团簇呈多面体结构，这种类型团簇也有望在构建复杂团簇上起重要作用。还有以$Sc_2S@C_{82}$分子为代表的金属硫化物内嵌富勒烯。这些新型内嵌金属团簇的发现极大地拓展了金属富勒烯的发展空间。

下面就代表性的金属富勒烯做进一步的详细阐述，主要包括单金属内嵌富勒烯、双金属内嵌富勒烯、金属氮化物内嵌富勒烯、金属碳化物内嵌富勒烯、金属氧化物内嵌富勒烯、金属硫化物内嵌富勒烯、金属碳氮化物内嵌富勒烯以及锕系金属内嵌富勒烯等。

1.2
金属富勒烯家族

1.2.1
单金属内嵌富勒烯

人们发现的首例单金属内嵌富勒烯是Kroto研究小组合成的$La@C_{60}$[15]。他们在激光蒸发混有LaCl₃的石墨棒的实验中，发现灰烬中存在与La@C₆₀、La₂@C₆₀相对应的分子离子峰，虽然仅仅在质谱上观测到了这些新奇物种，但是这个发现仍为后来更多发现奠定了基础。其后，随着合成方法的改进和分离技术的提高，越来越多的单金属内嵌富勒烯被人们所发现。

通过气相中碰撞捕获的方式可以得到碱金属内嵌富勒烯，如Li@C₆₀和Li@C₇₀，而二者通常很难通过直流电弧放电法和激光蒸发法制备获得。但是，由于碰撞能在碰撞时都传递给了富勒烯碳笼，因此产物可能发生裂解。Campbell小组通过改进的气相离子轰击法合成了宏观量的碱金属内嵌富勒烯。在该装置中，碱金属离子由一个热源产生，加速到一定的能量，轰击一个转动的沉积有富勒烯的圆筒。离子束的截面积为2cm²左右，离子束能量波动控制在±1eV的范围。富勒烯则通过一个加热炉加热升华到旋转的圆筒靶上，通过控制加热温度、富勒烯的沉积速率以及圆筒的旋转速度，使得圆筒每旋转一周，圆筒上只沉积单层富勒烯分子膜。轰击和沉积同时进行，直到圆筒上的厚度达到几百纳米。反应结束后将圆筒上包覆的铝膜取下，用CS₂溶解富勒烯产物，再通过高效液相色谱（HPLC）分离得到碱金属内嵌富勒烯。在反应过程中，Li：C₆₀的比例控制在1：1，而离子束能量则为30eV。因为过高的离子束能量可能使得反应得到的膜在CS₂中难以溶解，从而不利于产物的分离。得到的产物主要以二聚体形式存在，如(Li@C₆₀)₂。

内嵌金属富勒烯La@C₈₂最初是通过激光蒸发La₂O₃/石墨混合物得到的，其分子结构如图1.1（d）所示。之后，人们分析了La@C₈₂分子的电子顺磁共振（EPR）波谱性质，发现La@C₈₂分子在四氯乙烷溶液中裂分出了均匀的8组谱线[16]，La@C₈₂分子的单电子位于外层碳笼上，电子自旋共振（ESR）结果发现单电子与碳笼上微量的¹³C产生了弱的耦合，La贡献3个电子给外层碳笼，形成内部金属带正电、外层碳笼带负电的"超原子"结构。类似地，Sc@C₈₂分子的ESR谱图[17]中也出现了均匀的8组谱线（⁴⁵Sc核自旋量子数=7/2），说明内嵌的Sc也向碳笼转移了部分电子，形成顺磁性的分子。Sc不在碳笼的中央，而位于碳笼的一端靠近一个六元环的部位。对于Y的内嵌富勒烯Y@C₈₂，得到了两种异构体，由于单电子和⁷⁹Y（核自旋量子数=1/2）之间的相互耦合，Y@C₈₂分子在溶液中的ESR信号裂分出了2组谱线[18]。Y@C₈₂分子中的Y位于C₈₂碳笼的一端，Y与碳笼存在较强的作用力，使得Y紧贴在碳笼的旁边。

大多数镧系金属可以以M@C₈₂（M=Ce，Pr，Nd，Sm，Eu，Gd，Tb，Dy，Ho，Er，Yb，Lu）的形式内嵌到富勒烯碳笼当中[19]，如图1.1所示。随后几年的研究表明，ⅢB族元素除锕系和Pm外，都可以形成M@C₈₂单金属内嵌富勒烯。

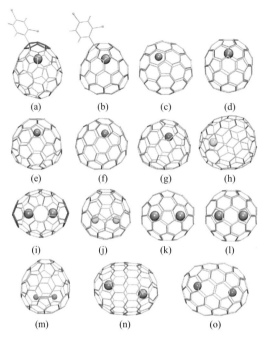

图1.1 部分单金属和双金属富勒烯的分子结构示意图

（a）La@C_{72}-C_2(10612)加成$C_6H_3Cl_2$；（b）La@C_{74}-D_{3h}(1)加成$C_6H_3Cl_2$；（c）Yb@C_{80}-C_{2v}(3)；（d）La@C_{82}-C_{2v}(9)；（e）Yb@C_{82}-C_2(5)；（f）Yb@C_{82}-C_s(6)；（g）Sm@C_{82}-C_{3v}(7)；（h）Tm@C_{94}-C_{3v}(134)；（i）La$_2$@C_{72}-D_2(10611)；（j）Lu$_2$@C_{76}-T_d(1)；（k）La$_2$@C_{78}-D_{3h}(5)；（l）La$_2$@C_{80}-I_h(7)；（m）Sc$_2$@C_{82}-C_{3v}(8)；（n）La$_2$@C_{100}-D_5(450)；（o）Sm$_2$@C_{104}-D_{3d}(822)
在碳笼中碳原子是灰色，在相邻五元环结构部分用红色表示；金属原子La是橘黄色，Yb是蓝色，Sm是紫罗兰色，Tm是黄绿色，Lu是亮绿色，Sc是洋红色；在Lu$_2$@C_{76}和Sc$_2$@C_{82}中的金属原子通过共价键连接；结构中原子的位置或者是通过DFT计算得到[（a），（b），（d），（i）～（n）]，或者是通过X射线晶体衍射得到[（c），（e）～（h），（o）][3]

但是与Sc@C_{82}、Y@C_{82}和La@C_{82}分子不同的是，从Ce到Lu这些镧系单金属富勒烯分子内的单电子受到强的核自旋弛豫的影响，使其ESR信号变得非常弱。Gd@C_{82}分子在超低温条件下才能测出ESR信号，这也与钆离子具有的多个f电子有关。不过，正是由于Gd@C_{82}具有多个未配对f电子，其所具有的优异超顺磁性质在磁共振造影剂的研究上有重要价值。

碱土金属内嵌富勒烯也是单金属富勒烯中重要的研究成果。其中一类是基于ⅡA族元素Ca的单金属富勒烯Ca@C_{60}、Ca@C_{70}、Ca@C_{74}和Ca@C_{88}[20]。通过紫外可见吸收光谱推断出Ca@C_{82}和Ca@C_{84}内嵌的Ca向碳笼转移两个电子，使得整个分子具有闭壳层电子结构，Ca@C_{82}分子的碳笼对称性与上文中的M@C_{82}（M=Sc，Y，La，…）碳笼对称性完全不同，这种结构的变化是由内嵌金属向碳笼转移的电子数目不同导致的。之后，又成功分离出了以C_{80}为碳笼的单金属内嵌

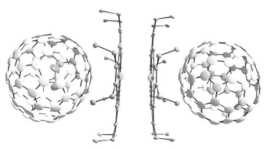

图1.2 Ba@C$_{74}$·Co(OEP)·2C$_6$H$_6$中的Ba@C$_{74}$[Co(OEP)]$_2$Ba@C$_{74}$结构单元（省略溶剂分子）；黄色原子为晶体中两种不同占据度的Ba[22]

富勒烯M@C$_{80}$（M=Ca，Sr，Ba）[21]，以及Ca@C$_{72}$、Ca@C$_{74}$、最大碳笼结构的单金属内嵌富勒烯Ca@C$_{94}$和Tm@C$_{94}$分子，单晶X射线衍射表明其外层碳笼均为C_{3v}对称性的C$_{94}$，另外，Ca位于碳笼中[6,6]键的上方，而尺寸较大的Tm则位于一个六元环的上方，这种尺寸效应导致的空间位置的差异对于研究金属富勒烯的形成与结构有重要价值。Reich等在2004年首次报道了碱土金属内嵌富勒烯Ba@C$_{74}$的结构，通过Ba@C$_{74}$与八乙基卟啉钴Co(OEP)混合培养得到含Ba@C$_{74}$的单晶[22]，用同步辐射X射线衍射的方法研究了单晶结构，如图1.2所示。结果显示分子外层为D_{3h}对称性的C$_{74}$碳笼，Ba在笼内的运动范围较小，理论计算表明Ba向碳笼转移两个电子。

在单金属内嵌富勒烯中，很多分子不能溶解于常用的有机溶剂，如二硫化碳、甲苯等，因此它们很难用常规的方法提取和分离出来，但是这些金属富勒烯却在生成的金属富勒烯中占有很大比例。因此选择合适的方法将它们提取分离出来将大大丰富金属富勒烯材料的宝库。人们很早就在质谱中发现了Gd@C$_{60}$和Gd@C$_{74}$的存在，但是很难将其分离出来。之后利用Bingle-Hirsh反应首次得到大量基于Gd@C$_{60}$的衍生物[23]，这些十几个甚至几十个羧基修饰的Gd@C$_{60}$有很好的水溶性，而且这种基于Gd@C$_{60}$衍生物的造影效率远远高于商用的Gd配合物造影剂。Gd@C$_{60}$衍生化的成功激励人们去寻找更多的难溶金属富勒烯。还有一类La系内嵌金属富勒烯，人们很早就在质谱上观测到了La@C$_{60}$、La@C$_{74}$、La@C$_{82}$等分子的峰，但是仅仅分离得到了La@C$_{82}$，还有很多金属富勒烯分子由于溶解度原因很难得到。随后直接将生成的灰烬用1,2,4-三氯苯加热提取，最后得到了La@C$_{72}$的衍生物La@C$_{72}$(C$_6$H$_3$Cl$_2$)[24]，如图1.1（a）所示。这个衍生物分子的单晶结构表明La@C$_{72}$分子含有一对相邻五元环，是典型的非独立五元环结构，外接基团和碳笼仅通过一根C—C键连接起来，衍生物的引入使得整个分子成为闭壳层结构。然后用同样的方法成功制备出了单金属富勒烯La@C$_{80}$的衍生物La@C$_{80}$(C$_6$H$_3$Cl$_2$)[25]，其单晶结构表明C$_{80}$具有C_{2v}对称性，外接基团和碳笼也是通过C—C键连接，衍生化后分子也变为闭壳层结构。

1.2.2
双金属内嵌富勒烯

第一个双金属内嵌富勒烯La$_2$@C$_{80}$具有I_h对称性的碳笼，两个La具有相同的化学环境，且在笼内做三维的自由转动。Ce$_2$@C$_{80}$-I_h与La$_2$@C$_{80}$-I_h分子具有相同的碳笼和相似的内嵌团簇动力学特征，两个Ce在笼内快速旋转。对于Ce$_2$@C$_{80}$-D_{5h}分子[26,27]，NMR谱图中发现两个Ce沿着碳笼上10个相连六元环组成的带做二维转动，这种由碳笼诱导的内嵌团簇运动模式给了人们更多的启示。

除了以上C$_{80}$的碳笼之外，双金属内嵌富勒烯还可以被更小的碳笼所内嵌。Sc$_2$@C$_{66}$的发现是富勒烯发展史上的里程碑[28]，它打破了富勒烯碳笼的独立五元环规则（isolated pentagon rule, IPR），而之前认为独立五元环规则是富勒烯能够稳定存在必须遵守的基本定律。这个分子的发现给人们一个重要的启示，那就是非IPR结构的富勒烯碳笼可以通过内嵌金属来使之稳定下来，因为碳笼中相邻的五元环和给电子的Sc存在很大程度的电荷转移并产生强的键合作用，从而使张力很大的相邻五元环稳定下来。

Ce$_2$@C$_{72}$和La$_2$@C$_{72}$分子也是非独立五元环结构，含有两对相邻五元环，两个金属原子分别被固定在相邻五元环附近，如图1.1（i）所示。通过NMR方法和理论计算发现，Ce$_2$@C$_{72}$[29]分子在两极的地方也含有两对相邻五元环，而且每个相邻五元环都紧紧地与Ce相连，并且Ce上的f电子极大地影响附近C的^{13}C NMR位移。

通过单晶X射线衍射分析La$_2$@C$_{78}$和Ce$_2$@C$_{78}$分子的结构，可以确定该分子的C$_{78}$碳笼也具有D_{3h}对称性，进一步NMR分析结果表明两个Ce位于C$_{78}$碳笼的C_3轴上，如图1.1（k）所示。

之后，人们还合成了尺寸最大的双金属内嵌富勒烯Sm$_2$@C$_{104}$-D_{3d}(822)分子，如图1.1（o）所示，外层碳笼像一个两端封口的纳米碳管，分子尺寸大约是C$_{60}$的两倍，整个分子就像胶囊一样将两个Sm包在笼内[30]。

1.2.3
金属团簇内嵌富勒烯

1.2.3.1
金属氮化物内嵌富勒烯

Stevenson 等偶然发现在电弧放电的 He 气氛中引入少量的氮气，可得到一系列金属氮化物内嵌富勒烯（见图 1.3）。他们首先合成、分离了产量最高的 $Sc_3N@$ C_{80} 分子，如图 1.3（d）所示。用 ^{13}C NMR 和 ^{45}Sc NMR 对其进行结构表征，该分子在 ^{13}C NMR 谱图中只有两条谱线，位移分别为 144.57 和 137.24，强度比为 3∶1。这种谱图是 I_h 对称性的 C_{80} 碳笼所特有的 ^{13}C NMR 谱图，它们分别来源于轮烯位（corannulene site，一个五元环和两个六元环共用的碳原子）和芘位（pyrene site，三个六元环共用的碳原子）。另外，^{13}C NMR 分析结果显示，Sc_3N 团簇在常温下快速转动，从而维持外层碳笼的高度对称性，并使碳笼上所有的 C 具有均匀的化学环境；^{45}Sc NMR 结果表明，三个 Sc 具有相同的化学位移，这是由高对称性的 Sc_3N 团簇导致的，内嵌的 Sc_3N 团簇是奇特的四原子共平面结构。Sc_3N 团簇向 I_h 构型的 C_{80} 碳笼转移了 6 个电子，形成闭壳层结构，使得分子具有异乎寻常的稳定性。这也是其产量很高的原因之一，它的产率与传统金属富勒烯相比大有提高，这是金属富勒烯制备领域一个很大的突破。

第一个基于金属氮化物团簇的非 IPR 富勒烯 $Sc_3N@C_{68}$ 的碳笼为 $D_3(6140)$ 对称性[31]，它含有三对相邻五元环，每个五元环都和 Sc 紧密键合而稳定下来，^{45}Sc NMR 分析结果显示，内嵌的三个 Sc 是高度对称的且具有等同的化学环境，如图 1.3（a）所示。$Sc_3N@C_{70}$-C_{2v}(7854) 也是一个非常规富勒烯碳笼，C_{70}-C_{2v}(7854) 也含有三对相邻五元环，如图 1.3（b）所示。含有 70 个 C 的富勒烯碳笼以空心的 C_{70}-D_{5h} 为主要产物，基于 C_{70} 的内嵌富勒烯以前只能在惰性气体中通过离子轰击或高压的方法制备，$Sc_3N@C_{70}$ 是第一个将金属团簇内嵌入 C_{70} 碳笼的例子。

近几年，具有较大离子半径的金属元素形成的金属氮化物内嵌富勒烯也被陆续合成出来，如图 1.3 所示。其中基于 C_{80}-I_h 构型的"三金属氮化物模板"（trimetallic nitride template，TNT）型内嵌富勒烯最多，产率也最高，如 $Er_3N@$ C_{80}、$Ho_3N@C_{80}$、$Y_3N@C_{80}$、$Gd_3N@C_{80}$、$Tm_3N@C_{80}$、$Dy_3N@C_{80}$、$Lu_3N@C_{80}$、$Tb_3N@C_{80}$ 等[32]。实验证明，大多数 Sc_3N 内嵌富勒烯（如 $Sc_3N@C_{80}$、$Sc_3N@C_{78}$、$Sc_3N@C_{68}$）和 $Y_3N@C_{80}$、$Lu_3N@C_{80}$ 等，其内嵌 M_3N 团簇都是四原子共平面结构，这是因为这些金属元素的离子半径较小。$Gd_3N@C_{80}$-I_h 分子内嵌的 Gd_3N 团簇呈三

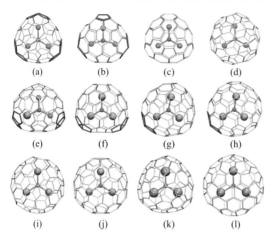

图1.3　金属氮化物内嵌富勒烯的结构

（a）$Sc_3N@C_{68}$-D_3(6140)；（b）$Sc_3N@C_{70}$-C_{2v}(7854)；（c）$Sc_3N@C_{78}$-D_{3h}(5)；（d）$Sc_3N@C_{80}$-I_h(7)；（e）$DyScN@$ C_{76}-C_s；（f）$M_3N@C_{78}$-C_2(22010)；（g）$M_3N@C_{82}$-C_s(39663)；（h）$M_3N@C_{84}$-C_s(51365)；（i）$M_3N@$ C_{86}-D_3(17)；（j）$M_3N@C_{88}$-D_2(35)；（k）$La_3N@C_{92}$-T(86)；（l）$La_3N@C_{96}$-D_2(186)
在（f）～（j）的结构中，M代表Y或者其他镧系金属。在碳笼中，碳原子是灰色，在相邻五元环结构部分用红色表示；在内嵌团簇中，N是蓝色，Sc是洋红色，Y、Gd、Dy等金属是深绿色，La是深橘色[3]

　　角锥形，这是由于Gd的离子半径（0.94Å，1Å=0.1nm）较大，由于受到笼内空间的限制，Gd_3N内嵌团簇不得不变形为空间尺寸较小的三角锥形。同样，$Dy_3N@$ C_{80}-I_h分子中的M_3N团簇也已经偏离了平面结构。

　　这种金属元素的尺寸效应不仅仅改变了内嵌团簇的构型，更重要的是它甚至可以影响碳笼的结构和尺寸。Tb_3N团簇可以内嵌于C_{84}的碳笼中，形成蛋形富勒烯$Tb_3N@C_{84}$[33]，碳笼具有C_s(51365)对称性，它含有一对相邻五元环，是典型的非常规富勒烯，碳笼中的Tb_3N团簇具有近似平面的构型，其中的一个Tb与相邻五元环有较强的作用力，如图1.3（h）所示。它也是一个违反IPR规则的特殊构型富勒烯，有两个相连的五元环交汇在C_{78}和C_{82}之间。对于一个C_{84}碳笼，可能符合IPR规则的异构体有24个，而不符合IPR规则的异构体则有51568个。通过单晶X射线衍射所确定的这个异构体的结构具有C_s对称性，与违反IPR规则的可能异构体的51365号结构相符。碳笼中的Tb_3N团簇和大多数TNT类型的富勒烯一样，在笼中没有确定位置，处于旋转的状态，但它保持了平面的构型，对其主要位置（major sites）的角度测量表明，三个Tb—N—Tb角的总和为359.8°。在笼内的三个Tb中，Tb^1处于两个五元环相接处的折叠面上，Tb^1与最近的碳笼上C的距离是这个面上最短的，这与$Sc_3N@C_{68}$的情况有些相似。类似地，$Tm_3N@C_{84}$

和$Gd_3N@C_{84}$也具有与$Tb_3N@C_{84}$-C_s(51365)相同的碳笼结构。其实，小的碳笼也可以内嵌大的金属团簇，例如金属氮化物内嵌富勒烯$Gd_3N@C_{78}$，通过单晶X射线衍射表征发现C_{78}碳笼含有两对相邻五元环，每个五元环都与Gd紧密连接，这是首次发现小碳笼内嵌大尺寸团簇的实例。Gd的离子半径为0.94Å，明显大于Sc（0.75Å）和Lu（0.85Å）。$Gd_3N@C_{80}$内Gd_3N团簇的体积也是目前所知的TNT团簇中最大的。大多数TNT类型富勒烯，如$Sc_3N@C_{80}$、$Sc_3N@C_{78}$、$Sc_3N@C_{68}$、$ErSc_2N@C_{80}$和$Lu_3N@C_{80}$，其内嵌团簇都是平面构型的。理论计算表明，在I_h构型的C_{80}笼内，当内嵌的团簇体积逐渐增大时，由于外接碳笼的束缚，其内嵌的团簇可能逐渐由平面形转变为三角锥形，而$Gd_3N@C_{80}$单晶X射线衍射的结构证实了这一点。$Gd_3N@C_{80}$中，氮原子高出三个Gd组成的平面0.522(8)Å。此外，Nd的离子半径为1.00Å，比Gd还要大0.06Å。他们发现Nd_3N团簇更容易内嵌到C_{88}碳笼中。这与尺寸较小的Sc、Y、Lu等元素不同，这些元素更多的形成$M_3N@C_{80}$结构。而且比Nd尺寸更大的Pr和Ce形成的金属氮化物内嵌富勒烯也以$M_3N@C_{88}$为主[34]，其中Ce_3N甚至有相当一部分内嵌到了更大的C_{96}碳笼当中。$Y_3N@C_{88}$的碳笼结构为D_{2d}，一系列Y内嵌金属氮化物富勒烯的偶极矩表明，具有非IPR结构的分子比常规富勒烯的偶极矩要大得多。偶极矩的增加有助于提高金属富勒烯在极性溶剂中的溶解度，从而更好地发挥它们在光电器件和生物医学等方面的潜在应用。Poblet等通过计算研究了在热力学和动力学上最丰富和稳定的异构体$La_3N@C_{92}$-C_2(36)的电化学性质。随着内嵌金属团簇尺寸的增大，外层碳笼为了适应这种变化而调整自身的结构，最终整个分子以特殊形式的构型稳定下来。这种由内嵌团簇尺寸导向的富勒烯碳笼的转变在金属富勒烯的合成上具有重要的指导意义。

混合金属氮化物富勒烯也逐渐被人们所发现和应用，用Sc和Er的混合金属作原料，还可以合成出$ErSc_2N@C_{80}$、$Er_2ScN@C_{80}$和$Er_3N@C_{80}$分子，分子的形成主要是由TNT诱导的结果，这种内模板也在后来的此类金属富勒烯合成中起了重要作用。$ErSc_2N@C_{80}$是第一个通过单晶X射线衍射表征的TNT内嵌富勒烯[35]。晶体结构数据表明$ErSc_2N$团簇被紧密的包裹在C_{80}碳笼中，因为无论是Sc—N键、Er—N键还是Sc—C键，都比现存的可以比较的类似化合物中的相同键要短。此外该富勒烯中Sc—C键的键长，也比其他金属富勒烯如$Sc_2@C_{84}$的要短。$M_2TiN@C_{80}$-I_h（M=Sc，Y）是一类具有独特自旋性质的内嵌金属富勒烯。$Sc_2TiN@C_{80}$-I_h是第一例将ⅣB族元素Ti嵌入到C_{80}-I_h笼内的内嵌团簇富勒烯。随后的研究发现，该分子是一个以Ti（Ⅲ）为自旋中心的顺磁性分子。虽然其ESR谱呈现出一个难以分辨精细结构的包峰，但各向同性g因子（g=1.9454）显示了源于Ti（Ⅲ）的3d

轨道上的自旋单电子的强烈自旋轨道耦合作用，变温 ESR 表现出分子的自旋各向异性，预示了内嵌团簇非均衡的动力学运动状态。电化学测试发现其氧化和还原均发生在内嵌团簇上，且电化学带隙宽度（1.10eV）远低于 $Sc_3N@C_{80}-I_h$（1.86eV），体现出显著的自由基特性，这种差异也进一步体现在 Bingel-Hirsch 反应中。前者反应为单键相连的自由基反应，而后者在相同的条件下则很难反应，只有存在催化剂的情况下才可形成环加成产物。可见，单个 Ti 的替换使得 $Sc_2TiN@C_{80}-I_h$ 反应活性显著提高。$Y_2TiN@C_{80}-I_h$ 的 ESR 谱也为一条没有精细裂分的包峰。$V_xSc_{3-x}N@C_{80}-I_h$ 内部的 VSc_2N/V_2ScN 团簇是平面结构，其分子结构和电子特征与传统的镧系金属富勒烯以及临近的ⅣB族金属 Ti 是很相似的，体现了过渡金属 VB 族和ⅣB族的特性[36]。$VSc_2N@C_{68}$ 金属富勒烯的结构和电子特性以及光谱性质表明，尽管掺杂的 V 和 Sc 有相同的电子态，但是与 $Sc_3N@C_{68}$ 相比掺杂进去 V 之后改变了其结构和自旋态。V 的 d 轨道导致其自旋磁矩有 $2\mu_B$，比较弱的自旋 - 轨道耦合导致很小的零场裂分。通过计算的最优结构的稳定富勒烯的拉曼、红外等光谱与实验相对照，对于实验上分离相同的异构体有很好的理论指导。

1.2.3.2
金属碳化物内嵌富勒烯

第一例金属碳化物内嵌富勒烯 $Sc_2C_2@C_{84}$ 的碳笼具有 D_{2d} 对称性，如图 1.4（f）所示。金属碳化物内嵌团簇建立了金属富勒烯的一个重要家族，它像金属氮化物一样作为内模板构建了更多的成员。

$Sc_2C_2@C_{84}$ 的发现让人们开始从金属碳化物内嵌的角度重新审视以往合成的金属富勒烯分子。Y_2C_{84} 分子的三个异构体被证实都是金属碳化物内嵌富勒烯 $Y_2C_2@C_{82}$，不同的是 C_{82} 碳笼的对称性，分别为 C_s、C_{2v} 和 C_{3v}。Sc_2C_{84} 分子也类似，都是对应的金属碳化物的结构。理论计算预测以前报道的 Ti_2C_{80} 分子可能是 $Ti_2C_2@C_{78}$ 结构。通过高分辨透射电镜观察填充到碳管内的 Ti_2C_{80} 分子，发现 Ti_2C_{80} 分子的确是 $Ti_2C_2@C_{78}$ 结构。

$Sc_3@C_{82}$ 的金属富勒烯也是金属碳化物内嵌结构，即 $Sc_3C_2@C_{80}-I_h$[37]，如图 1.4（c）所示。这是近年来金属碳化物内嵌富勒烯一个重要的发现。$Sc_3C_2@C_{80}-I_h$ 是顺磁性分子，ESR 实验发现内嵌的三个 Sc 化学环境是等同的，因此单电子与三个 Sc 耦合出了 22 条超精细结构的谱线。$Sc_3C_2@C_{80}-I_h$ 分子的电子结构和氧化还原性质表明，该分子的未配对电子分布在内嵌的 Sc_3C_2 团簇上，更有意义的是内嵌的 C_2 单元带三个负电荷。C_2^{3-} 阴离子在众多化合物中是非常罕见的，这种在正常

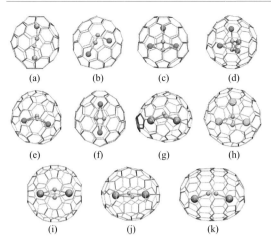

图1.4　金属碳化物内嵌富勒烯的结构

（a）Ti$_2$C$_2$@C$_{78}$-D_{3h}(5)；（b）Sc$_2$C$_2$@C$_{80}$-C_{2v}(5)；（c）Sc$_3$C$_2$@C$_{80}$-I_h(7)；（d）Sc$_4$C$_2$@C$_{80}$-I_h(7)；（e）Sc$_2$C$_2$@C$_{82}$-C_{3v}(8)；（f）Sc$_2$C$_2$@C$_{84}$-D_{2d}(23)；（g）Y$_2$C$_2$@C$_{84}$-C_1(51383)；（h）Lu$_3$C$_2$@C$_{88}$-D_2(35)；（i）Gd$_2$C$_2$@C$_{88}$-D_2(35)；（j）Y$_2$C$_2$@C$_{92}$-D_3(85)；（k）Y$_2$C$_2$@C$_{100}$-D_5(450)
在碳笼中C是灰色，在相邻五元环结构部分用红色表示；在内嵌团簇中C是橘黄色，Sc是洋红色，Y和Gd是深绿色，Lu是浅绿色[3]

化学环境下不存在的阴离子可以在富勒烯笼内通过分子内电荷转移稳定下来，形成(Sc^{3+})$_3$(C$_2$)$^{3-}$@C$_{80}^{6-}$的电子结构。同时，X射线粉末衍射和MEM/Rietveld方法分析也认为Sc$_3$C$_2$团簇是具有D_{3h}对称性的双锥形结构。

　　另外一个值得关注的是第一例多层嵌套的新型金属碳化物富勒烯分子Sc$_4$C$_2$@C$_{80}$。内嵌在C$_{80}$-I_h碳笼的Sc$_4$C$_2$团簇中的4个Sc形成四面体结构，C$_2$单元位于四面体的内部，使得Sc$_4$C$_2$@C$_{80}$分子[38]呈现出类似俄罗斯套娃的C$_2$@Sc$_4$@C$_{80}$-I_h结构。Sc$_4$C$_2$@C$_{80}$-I_h具有C$_2^{6-}$@Sc$_4^{12+}$@C$_{80}^{6-}$的电子结构，其中的C$_2^{6-}$六价阴离子在无机化合物和有机化合物中都鲜有报道，是用内嵌富勒烯稳定非常规离子的典型范例。

　　随着越来越多的金属碳化物内嵌富勒烯被发现，可以看出这种金属碳化物团簇也像M$_3$N一样作为一个内模板可以用来稳定富勒烯碳笼。Sc$_2$C$_2$@C$_{68}$中的Sc$_2$C$_2$内模板将含有两对相邻五元环的C$_{68}$-C_{2v}(6073)碳笼稳定下来，Sc$_2$C$_2$@C$_{68}$分子是第一个既含有金属碳化物团簇又属于非常规富勒烯的例子。理论计算发现，Sc$_2$C$_2$@C$_{68}$分子具有Sc$_2^{3+}$C$_2^{2-}$@C$_{68}^{4-}$的电子结构，接受四个电子的C$_{68}$碳笼的构型与Sc$_3$N@C$_{68}$中的碳笼构型不同，Sc$_3$N@C$_{68}$分子中内嵌团簇向外层碳笼转移六个电子，C$_{68}^{6-}$以D_3(6140)构型稳定下来。之后，人们发现了具有大碳笼的金属碳化物内嵌富勒烯Gd$_2$C$_2$@C$_{92}$-D_3(85)，还预测Er$_2$C$_{94}$和Dy$_2$C$_{94}$等分子也很可能含有金属碳化物团簇。电子结构分析结果显示，基于M_2C_2的内嵌富勒烯有类似的分子电子结构，即$(M_2C_2)^{4+}@(C_{2n})^{4-}$。

值得注意的是，金属碳化物团簇中C的^{13}C NMR一直是人们期望观察到的，因为在得不到富勒烯单晶的条件下，能观察到内嵌C的^{13}C NMR就能直接证明金属碳化物内嵌结构。但是由于C在碳笼内不仅受到碳笼的屏蔽，还要受内嵌金属的影响，因此它的^{13}C NMR信号很弱。在$Sc_2C_2@C_{82}$-C_{3v}分子中，^{13}C标记的金属碳化物富勒烯成功地观测到了内嵌C的NMR信号，内嵌C的信号急剧向低场移动，出现在232.2处，对$Sc_2C_2@C_{84}$-D_{2d}分子，内嵌C的NMR信号出现在249.2。

通过一系列的钇内嵌金属碳化物富勒烯$Y_2C_2@C_{92}$-D_3、$Y_2C_2@C_{82}$和$Y_2C_2@C_{84}$的研究[39]，得到了内嵌团簇Y_2C_2中C_2的化学位移和Y—C的耦合常数。由于J_{Y-C}值对碳笼的尺寸非常敏感，它可以作为一种灵敏的检测手段。理论计算指出，随着碳笼尺寸的减小，内嵌团簇Y_2C_2在碳笼空腔内由伸展的直线形结构被压迫到类似蝴蝶一样弯曲的结构，同时伴随着化学位移的增加，耦合常数J_{Y-C}和Y—C原子间距都反而减小。这一概念可以用来模仿研究极高压下的金属团簇和晶格体系如何影响宏观材料的性能。随后，$Sc_2C_2@C_{86}$-C_{2v}(9)的研究是对大碳笼的金属碳化物富勒烯进行的相应拓展。管状$La_2C_2@C_{102}$-C_s(574)和有点缺陷的管状$La_2C_2@C_{104}$-C_2(816)的晶体结构丰富了大环金属富勒烯的家族。通过密度泛函理论系统研究$La_2@C_{96}$及$La_2C_2@C_{94}$的不同异构体的结构特性，结果发现，其形成的过程中有一个热力学和动力学稳定的温度区域，在不同的温度区间有不同的异构体能稳定的存在，这为我们在实验上对结构进行指认和推断提供了指导。

1.2.3.3
金属氧化物和金属硫化物内嵌富勒烯

金属氧化物内嵌富勒烯$Sc_4O_2@C_{80}$的团簇中四个Sc组成了四面体，而两个O就连在四面体的两个面上，分子的最外层是I_h构型的C_{80}碳笼，如图1.5（d）所示。DFT理论计算研究发现$Sc_4O_2@C_{80}$分子具有$(Sc^{3+})_2(Sc^{2+})_2(O^{2-})_2@(C_{80}\text{-}I_h)^{6-}$的电子结构[40]。内嵌七个原子的金属氧化物富勒烯$Sc_4O_3@C_{80}$中的四个Sc仍组成四面体结构，三个O则分别连在四面体的三个面上，分子的最外层是I_h构型的C_{80}碳笼，如图1.5（e）所示。金属氧化物的发现让人们认识到还有更多、更复杂的金属团簇可以内嵌到富勒烯碳笼里面。随着研究的深入，人们拓展到了$Sc_2O@C_{2n}$（$n=35\sim47$）的研究，比如得到了一个小碳笼的金属富勒烯$Sc_2O@C_{70}$-C_2(7892)。

内嵌硫化物的金属富勒烯是在2010年发现的[41]。$Sc_2S@C_{82}$和$Sc_2C_2@C_{82}$-

$C_{3v}(8)$ 有相似的紫外可见 - 近红外光谱的吸收，表明 $Sc_2S@C_{82}$ 也是 C_{3v} 的碳笼。这个结果也得到了 $Sc_2S@C_{82}$ 的红外光谱 DFT 计算的支持。$Sc_2S@C_{82}$ 有两个异构体，并且通过单晶 X 射线衍射证明分别是 $C_s(6)$ 和 $C_{3v}(8)$ 的结构，如图 1.5（i）所示。Sc_2S 团簇的 Sc—S—Sc 的弯曲角是 114° 和 97°。在 2012 年，报道了一个非 IPR 结构的 $Sc_2S@C_{72}$-C_s(10528)，并且用单晶 X 射线确定其结构，如图 1.5（h）所示。$Sc_2S@C_{70}$ 的光谱和电化学性质也被报道，通过计算发现 $Sc_2S@C_{70}$ 最可能的碳笼构型是非 IPR 的 C_2(7892)，如图 1.5（g）所示。之后，人们还对 $Sc_2S@C_{68}$-C_{2v}、$Sc_2S@C_{76}$、$Sc_2S@C_{84}$ 等结构用计算和实验进行了验证。

1.2.3.4
金属碳氮化物内嵌富勒烯

$Sc_3CN@C_{80}$-I_h[42] 是最早发现的金属碳氮化物内嵌富勒烯。人们首先在混合物质谱中观测到了这个分子的信号，理论学家也进行了结构预测，最终在 2010 年由单晶衍射分析确定了分子的结构。在这个分子中，内嵌的 C、N 之间以双键连接，并与三个 Sc 形成五元共平面结构，如图 1.5（c）所示。核磁共振研究证明内嵌团簇不但在 C_{80}-I_h 笼内快速转动，而且其在转动过程中保持 C_{2v} 对称性的平面结构。理论分析显示该分子具有 $Sc_3^{9+}(CN)^{3-}@C_{80}^{6-}$ 的电子结构，其中 $(CN)^3$ 是继 $Sc_4C_2@C_{80}$ 中的 C_2^{6-} 之后用内嵌富勒烯定下来的又一罕见阴离子。这也是被发现的第一个 CN 与金属形成团簇内嵌在富勒烯笼中的例子，开创了金属内嵌富勒烯的又一个新家族。

紧接着，人们又报道了另一例金属碳氮团簇富勒烯 $Sc_3CN@C_{78}$[43]，通过拉曼光谱和理论计算发现，由于碳笼尺寸的减小，为了容纳这个五元平面团簇，碳笼的对称性降为 C_2，并且存在两对相邻五元环，如图 1.5（b）所示。这两对五元环由于存在较大的张力，碳笼整体上变成椭球形，使得内嵌 CN 平面团簇可以稳定地存在。另外，金属碳氮化物内嵌团簇还可以组成复杂的结构，如在 $Sc_3(C_2)(CN)@C_{80}$ 中，外层为 I_h 对称性的 C_{80} 碳笼，笼内是七个原子组成的 $Sc_3(C_2)(CN)$ 大团簇，其中不但有 $(CN)^-$ 单元，还有 $(C_2)^{2-}$ 形成的金属碳化物单元。

金属碳氮化物内嵌富勒烯另一类代表性分子是单金属 Y 与 CN 形成团簇内嵌在 C_{82} 的笼内，即 $YCN@C_{82}$。^{13}C NMR 表征确定了碳笼的对称性是 C_s。有趣的是，内嵌的 YCN 团簇是一个三角形，并且具有 $[Y^{3+}(CN)^-]^{2+}@C_{82}^{2-}$ 的电子结构。这例单金属团簇富勒烯的出现打破了传统认知，极大地促进了对金属富勒烯形成机理和稳定性的深入研究。

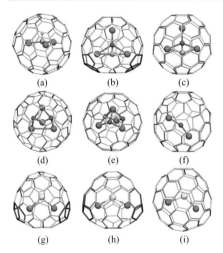

图 1.5　内嵌团簇金属富勒烯的分子结构示意图

（a）Sc$_3$CH@C$_{80}$-I_h(7)；（b）Sc$_3$CN@C$_{78}$-C_2(22010)；（c）Sc$_3$CN@C$_{80}$-I_h(7)；（d）Sc$_4$O$_2$@C$_{80}$-I_h(7)；（e）Sc$_4$O$_3$@C$_{80}$-I_h(7)；（f）Sc$_2$O@C$_{82}$-C_s(6)；（g）Sc$_2$S@C$_{70}$-C_2(7892)；（h）Sc$_2$S@C$_{72}$-C_s(10528)；（i）Sc$_2$S@C$_{82}$-C_{3v}(8)在碳笼中碳原子是灰色，在相邻五元环结构部分用红色表示；在内嵌团簇中碳原子（在 Sc$_3$CH 和 Sc$_3$NC 团簇中）是橘色，氮原子是蓝色，氧原子是大红色，硫原子是黄色，钪原子是紫粉色[3]

1.2.3.5
镧系金属内嵌富勒烯

　　镧系元素是核燃料的核心成分，独特的5f电子成键结构及其丰富的物理化学特性使其成为先进核能技术的重要研究对象。人们在早期理论研究中曾发现了纳米团簇 U$_2$@C$_{61}$ 的九重态高自旋电子结构。包含镧系元素的富勒烯材料具有类似核燃料的包覆结构，而且纳米结构具有更高的热稳定性、较好的抗辐照能力，在先进核燃料方面具有应用潜力。

　　人们在镧系金属富勒烯 U$_2$@C$_{60}$ 表面引入带有自旋极化的碳原子缺陷，即 U$_2$@C$_{61}$。理论研究发现，缺陷能够明显调节系统的电子结构特性，U$_2$@C$_{61}$ 的基态是九重稳定的，不同于 U$_2$@C$_{60}$ 结构的七重电子态的基态电子结构。电子特性分析发现，高自旋态来自于 U 与缺陷 C 共同自旋极化的贡献，U 上的单占据电子与 C$_{61}$ 富勒烯上缺陷附近的单占据电子发生铁磁耦合作用是关键机理。该研究为调节镧系纳米团簇的电子结构特性寻找到了一个可能的新途径。

　　以 ThO$_2$ 作为金属源，在氦气氛围下通过直流电弧放电法，得到了一系列内嵌 Th 的镧系金属富勒烯，并对其中产率最高的 Th@C$_{82}$ 的一个异构体进行了完整的表征。X 射线衍射确定了其碳笼结构为 C$_{82}$-C_{3v}(8)，这是首次发现单金属能够内嵌

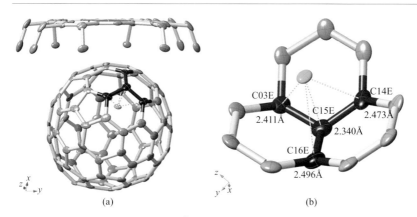

图1.6 （a）Th@C$_{82}$-C_{3v}(8)·[Ni^{II}(OEP)]的结构图；（b）金属离子和最近的碳笼的相互作用[44]

在C$_{82}$-C_{3v}(8)碳笼中，如图1.6所示。实验结合理论计算的综合研究结果表明，Th@C$_{82}$-C_{3v}(8)是首个得到实验结果证实的存在四电子转移的单金属内嵌化合物[44]，即内嵌的Th向C$_{82}$碳笼转移4个电子。电化学研究表明Th@C$_{82}$-C_{3v}(8)的电化学带隙值达到1.51eV，远远大于已报道的镧系单金属富勒烯，与其对应的高产率一致。值得一提的是，Th@C$_{82}$-C_{3v}(8)无论在CS$_2$溶液中还是固体状态下均能检测到明显的荧光信号，这在富勒烯领域和含四价钍的化合物中都是十分罕见的。镧系金属具有丰富的4f电子，但是理论计算发现富勒烯碳笼具有猝灭作用，使镧系金属应该表现出的荧光现象被猝灭。另外，以往的研究中尚未发现含四价钍的化合物具有荧光现象，Th@C$_{82}$-C_{3v}(8)是目前发现的首例化合物。这项工作揭示了内嵌锕系金属富勒烯的电子结构和物理化学性质与以往报道的镧系金属内嵌富勒烯存在显著差异，拓展了内嵌富勒烯的研究领域。

1.3
金属富勒烯的结构特性

1.3.1
内嵌金属富勒烯的几何构型

对有多种内嵌金属团簇的内嵌富勒烯来说，内嵌金属团簇的几何构型在其与外层碳笼的相互作用以及整个分子的稳定性方面起到了重要作用。

1.3.1.1
金属氮化物团簇

对于内嵌金属氮化物富勒烯，大量的研究已经揭示了其内部的金属氮化物团簇有不同的几何构型，而且即使对于相同的富勒烯碳笼，其几何构型也与金属离子的尺寸密切相关。例如，最常见的最具有代表性的C_{80}-I_h笼子，它有一系列相似的内嵌金属富勒烯（$M_3N@C_{80}$-I_h），小尺寸的如Sc_3N和Lu_3N总是展现平面构型，然而当内嵌半径更大的ⅢB族金属离子如Y^{3+}、Tb^{3+}、Gd^{3+}时，M_3N团簇会逐渐采取金字塔形结构。对于$Y_3N@C_{80}$，可以观察到Y_3N簇中N偏离Y_3平面0.13Å而稍微成金字塔形。这种金字塔形的M_3N结构在$Gd_3N@C_{80}$[45]中则变得更加明显，X射线晶体学分析结果揭示，Gd_3N簇中的N偏离Gd_3平面0.5Å。此外，用Sc代替金字塔形的Gd_3N簇中的Gd，得到的$Gd_xSc_{3-x}N@C_{80}$多金属内嵌氮化物富勒烯会重新变成平面形的结构。这个结果也很容易解释：由于引入了更小的Sc，使得$Gd_xSc_{3-x}N$簇的尺寸减小，在C_{80}-I_h的笼子里面更容易舒展。总之，小尺寸的稀土金属形成的氮化物簇可以更容易容纳在小尺寸的富勒烯笼内，而那些由相对半径更大的稀土金属形成的氮化物簇在有限的富勒烯碳笼的限制下，更倾向采用金字塔构型。最近发现的多金属$Lu_2CeN@C_{80}$的内嵌团簇也被发现采取金字塔形，其中心N偏离Lu_2Ce平面0.349Å。这个结果可以由比较离子半径解释：Lu_2CeN中，Ce^{3+}半径1.03Å，Lu^{3+}半径0.85Å；而在Sc_2GdN中，Gd^{3+}半径0.94Å，Sc^{3+}半径0.75Å。有趣的是，即使Ce的尺寸大于Gd，$Lu_2CeN@C_{80}$中的N的偏离程度仍稍微小于$Gd_3N@C_{80}$。两个小尺寸的金属原子Lu的引入，导致内部张力部分释放，这是N偏离Lu_2Ce平面的程度减小的原因。

另一个直接避免使大尺寸金属氮化物团簇在有限空间的富勒烯碳笼中受到过分的限制的办法是增大富勒烯碳笼。之前的研究发现，基于镧系金属的，从Lu到Gd的金属氮簇富勒烯的碳笼大小分布是从C_{68}到C_{98}，其中更倾向于以C_{80}为模板的碳笼。然而当比Gd具有更大离子半径的Nd被内嵌到富勒烯碳笼时，结果就发生了变化。根据质谱结果，$Nd_3N@C_{2n}$的碳笼分布扩展到C_{80}～C_{98}[46]，其中C_{88}成为最优势的碳笼，而非C_{80}碳笼，其原因是更大尺寸的M_3N簇更倾向容纳在更大的富勒烯碳笼中。在$Pr_3N@C_{2n}$和$Ce_3N@C_{2n}$中也观察到类似的情况，其最大的碳笼甚至分别扩展到C_{104}和C_{106}。同时，$M_3N@C_{96}$的产量也被检测到逐步而且显著地提升，这表明随着金属氮化物团簇尺寸的增大，逐渐转变为C_{96}的新模板。此外，在La的例子中，作为最大的内嵌镧系金属，$La_3N@C_{2n}$的碳笼的分布范围是从C_{86}到C_{110}，其中La_3N更倾向于内嵌到更大尺寸的C_{96}碳笼内。因而，在一个拥有合适尺寸的富勒烯笼内，金属氮化物团簇更倾向于呈平面构型，不过，随着团簇尺寸的增大，其受到有限的碳笼空间的限制，转化为金字塔构型。然而，更进一步增大金属团簇的尺寸会产生金字塔构型也无法承受的压力，因而更倾向内嵌于相对更大的富勒烯笼。

1.3.1.2
金属碳化物团簇

金属碳化物团簇化合物也有一些独特的地方。对于双金属碳化物团簇，其通常的结构是所谓的蝴蝶形结构，并且已经在一系列的分子中观察到这种结构，包括$Sc_2C_2@C_{72}$、$Sc_2C_2@C_{74}$、$Sc_2C_2@C_{80}$、$Sc_2C_2@C_{82}$、$Sc_2C_2@C_{84}$、$Dy_2C_2@C_{82}$、$Tb_2C_2@C_{82}$、$Er_2C_2@C_{82}$、$Gd_2C_2@C_{92}$。这种蝴蝶形结构还会发生奇特的变化。$Y_2C_2@C_{82}$和$Y_2C_2@C_{84}$都具有常见的弯曲的蝴蝶形结构，如图1.7所示。当碳笼增大至C_{92}时，Y_2C_2更倾向于一种几乎平面的结构，明显区别于$Y_2C_2@C_{2n}$（$2n=82$，84）中折叠的蝴蝶构型，这表明在一个更大碳笼中金属碳化物团簇在纳米尺度受到的压缩程度有所减小。此外，对于$Y_2C_2@C_{2n}$类型的金属碳化物团簇内嵌富勒烯，当碳笼的尺寸超过C_{100}时，根据DFT计算结果，一种线形的YCCY簇结构是可能存在的。这种M_2C_2单元的结构转变是从折叠的蝴蝶形几何结构再到平面构型，最终到线形的YCCY结构。

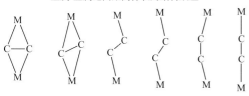

图1.7 内嵌团簇M_2C_2在富勒烯碳笼中的结构形式：上面一排是蝴蝶形，下面一排是计算的最优结构[5]

实验也证实了这种奇特的构型变化。对于$Sc_2C_2@C_{86}$内嵌富勒烯，通过单晶X射线衍射分析发现，Sc_2C_2单元具有一种平面的并且扭曲的几何构型。其中的一个钪原子和两个碳簇原子成化学键，但另一个碳原子只接近其中一侧的碳原子，表明存在一个逐渐伸展的过程。Sc_2C_2簇的伸展特征随着碳笼扩展到C_{88}变得更加明显，X射线晶体学分析结果对$Sc_2C_2@C_{88}$的碳笼和内嵌Sc_2C_2簇都给出明确结构，可以观察到锯齿形的Sc_2C_2单元内嵌于一个前所未有的C_{88}-C_s(hept)碳笼结构中。随着碳笼的变大，内嵌金属碳化物团簇的结构从折叠的蝴蝶形几何结构，到平面构型，最终到锯齿结构，表明碳笼的限制效应变得越来越弱。

$Sc_3C_2@C_{80}$-I_h的晶体学结果显示，在原始的$Sc_3C_2@C_{80}$-I_h内，其内嵌的五原子碳簇Sc_3C_2呈蝙蝠形折线结构，由C_2构成的线形结构偏离Sc_3所构成的平面$7.2°$。然而，在单加成产物$Sc_3C_2@C_{80}(CH_2C_6H_5)$中，$Sc_3C_2$簇具有两种不同的构型：包括蝙蝠形折线结构和三重叶片结构。这些结果说明，Sc_3C_2团簇具有可调变的特征。

$Lu_2TiC@C_{80}$的晶体学研究发现，Lu_2TiC簇具有μ_3碳桥联配体和$Ti=C$双键结构。这种钛碳双键显著区别于其他金属碳化物团簇富勒烯中的M_2C_2（其中的金属离子和两个碳原子成单键）。此外，Lu_2TiC簇中的每个金属原子和碳笼的作用各不相同，其中Ti的作用最强，因为由Ti到碳笼的距离比Lu更短。在$Sc_2TiC@C_{80}$[47]中也发现了类似的$Ti=C$双键。这种独特的构型在同类的$Dy_2TiC_2@C_{80}$中发生显著变化。根据DFT计算结果，Dy_2TiC_2簇存在两种能量相近的构型：一种构型是C_2单元垂直于$TiDy_2$平面，与所有的金属原子呈μ_2配位关系，这是最稳定的构型；另一种构型（能量高9kJ/mol）C_2部分倾斜于$TiDy_2$平面，与Ti和一个Dy为μ_2配位，与另一个Dy为μ_1配位。

金属碳氢化合物团簇富勒烯$Sc_3CH@C_{80}$在2007年合成出来。根据DFT计算结果，Sc_3CH团簇的几何构型和$Sc_3N@C_{80}$中的Sc_3N簇极为相似，但不同于平面的Sc_3N簇，Sc_3CH团簇稍微呈金字塔形，同时Sc—C键的长度比Sc—N键长一些。^{1}H NMR显示C_{80}-I_h和C_{80}-D_{5h}碳笼异构体中嵌质子的化学位移分别为-11.73和-8.79。一个相似的例子是$Sc_4C_2H@C_{80}$，根据DFT计算的结果，内嵌的Sc_4C_2H簇由四个钪原子构成四面体包围了C_2结构，而氢原子与C_2单元结合形成碳氢单元。

1.3.1.3
金属氧化物团簇

作为第一种金属氧化物内嵌富勒烯$Sc_4O_2@C_{80}$-I_h，内嵌Sc_4O_2簇具有一个由四个钪原子构成的扭曲的四面体，其中两个桥联配位的氧原子不对称地分布在Sc_4四面体的两个三角形面上，Sc—O键的距离处于其他含有氧桥基团的金属钪化合物的Sc—O键键长范围内（1.87～2.29Å）。之后，$Sc_4O_3@C_{80}$-I_h和$Sc_2O@C_{82}$-C_s也通过X射线晶体学得到结构表征。$Sc_4O_3@C_{80}$-I_h中Sc_4O_3单元结构由两部分组成：四个钪原子构成一个接近于正四面体的结构，三个氧原子在四面体的三个面上分别与三个钪原子桥联。其中Sc—Sc键和Sc—O键的键长都与$Sc_4O_2@$$C_{80}$-$I_h$中的一致。

$Sc_2O@C_{82}$-C_s内嵌的Sc_2O簇呈V形几何结构，Sc—O—Sc角为156.6°。有趣的是Sc_2O的V形几何结构会随着碳笼的异构体结构变化（从C_{82}-C_s到C_{82}-C_{3v}）而稍微发生改变。这可以由最近分离的$Sc_2O@C_{82}$-C_{3v}异构体中，Sc—O—Sc角略微变小（131.0°～148.9°）得到验证。这表明外层富勒烯碳笼的构型可能影响内嵌金属氧化物团簇的形状。在$Sc_2O@C_{80}$-C_{2v}的例子中，除了Sc—O键键长的差异外，Sc—O—Sc角为160.79°，这比类似的基于C_{82}的金属氧簇富勒烯，包括$Sc_2O@$$C_{82}$-$C_s$和$Sc_2O@C_{82}$-$C_{3v}$要更大。当碳笼的大小减小至$C_{76}$时，$Sc_2O@C_{76}$-$T_d$中$Sc_2O$团簇的Sc—O—Sc角减小至133.9°，尽管Sc—O键键长与$Sc_2O@C_{82}$-C_s中的几乎相等。这个现象可以由更小的碳笼带来的压缩效应解释。这一系列中最小的碳笼是C_{70}，同时也是一个非IPR，具有两对共边五边形的碳笼。与预期一致，$Sc_2O@$$C_{70}$-$C_2$中的Sc—O—Sc角又减小至131.24°。这些系统的研究揭示，金属氧簇富勒烯中的Sc_2O簇是高度可变的，在富勒烯碳笼的大小和形状发生改变时，Sc_2O簇的几何构型，尤其是Sc—O—Sc角也会发生变化。

1.3.1.4
金属硫化物团簇

研究发现，$Sc_2S@C_{82}$中内嵌Sc_2S簇的几何结构敏感地取决于外层碳笼的异构体构型。根据$Sc_2S@C_{82}$-C_s和$Sc_2S@C_{82}$-C_{3v}中Sc—S—Sc角分别为113.84°和97.34°，可以推得上述结论。之后，用X射线晶体学的方法表征拥有更小碳笼的$Sc_2S@C_{72}$-C_s，发现在$Sc_2S@C_{72}$-C_s中Sc—S—Sc角比具有更大碳笼的$Sc_2S@C_{82}$-C_s和$Sc_2S@C_{82}$-C_{3v}中的还要大。这个结果与金属氧化物团簇富勒烯中的规律显然不同，其解释是：钪原子和对应的环戊二烯单元（由两个五边形合成）具有更强的相互作用，也与这些单元在C_{72}笼内所处的位置有关。DFT理论计算预测了$Sc_2S@$$C_{70}$分子中Sc—S—Sc角为97.8°，小于$Sc_2S@C_{82}$-$C_s$和$Sc_2S@C_{72}$-$C_s$中的硫簇的角度，不过与$Sc_2S@C_{82}$-$C_{3v}$（约97°）相当。因此可以总结得出，金属硫化物团簇富勒烯中的Sc_2S簇也可能会随着外层富勒烯碳笼的大小和异构体构型的变化而改变其几何构型，尤其是Sc—S—Sc角。同时，这种依赖性和金属氧化物团簇例子中的有所不同。$Ti_2S@C_{78}$[48]中具有独特的从Ti_2S到C_{78}富勒烯碳笼的六电子转移过程，而其他的金属硫簇富勒烯发生的是四电子转移过程。DFT优化的结构显示，C_{78}-D_{3h}内的Ti_2S簇几乎呈线形，Ti—S—Ti角达172°，比金属钪的硫化物团簇富勒烯中的Sc_2S簇的角度更大。

1.3.1.5
金属氰化物团簇

作为第一种单金属簇内嵌富勒烯，金属氰化物簇富勒烯在目前已知的内嵌富勒烯中是独特的，它是唯一一个富勒烯碳笼内嵌一个金属原子，而金属原子和NC^-配位。因此，氰化物团簇的情况比氧簇或硫簇更复杂。对于$YNC@C_{82}$-C_s，单晶X射线衍射分析结果显示，YNC簇呈三角形，其中氮原子和碳原子位于接近碳笼中心的位置，而Y金属原子处于NC单元之间，同时位于碳笼的一侧。YNC簇的三角形构型和通常的过渡金属氰化物簇富勒烯中的线形有很大不同。此外，确定的N—C键键长（0.935Å）比通常的无机金属氰化物或氰基配合物和氰化合物的C—N键要更短[49]。

基于金属铽的氰化物团簇富勒烯$TbNC@C_{82}$也得到表征，它具有三种碳笼异构体（C_2，C_s，C_{2v}）。三种构型的$TbNC@C_{82}$（C_2，C_s，C_{2v}）内的TbNC簇和$YNC@C_{82}$-C_s都呈三角形构型。然而，对TbNC结构更进一步的探究揭示，当碳笼的异构体从C_2变成C_s，再变成C_{2v}时，Tb-C(N)/Tb-N(C)中更短的键键长从2.36Å到2.217Å，再到2.37Å；而更长的键键长从2.36Å到2.217Å，再到2.37Å。此外，N—C键长度逐渐增长，从0.94Å到1.02Å，再到1.05Å。结果，三角形的TbNC簇发生了明显的扭曲，Tb—C(N)—N(C)角发生了多达20°的变化。这表明内嵌TbNC簇的几何结构受到富勒烯碳笼的控制[50,51]。

在非IPR的$MNC@C_{76}$-C_{2v}（M=Tb，Y）中，TbNC簇和YNC簇都接近于线形（V形）的构型，而M—N—C角分别为154.9°和160.4°。这和上文讨论的遵守IPR规则的C_{82}笼（C_2，C_s，C_{2v}）中具有三角形几何结构的MNC簇显然不同。MNC簇在非IPR富勒烯笼$MNC@C_{76}$中突兀的变化可以由强的金属-笼相互作用得到合理的解释：由于需要稳定非IPR的C_{76}碳笼上相邻的五边形，使得金属和NC^-之间的配位作用削弱。

1.3.1.6
金属碳氮化物团簇

在 $Sc_3NC@C_{80}$ 中，Sc_3NC 簇为平面结构，而氮原子处于 Sc_3NC 簇的中心，碳原子在三个钪原子形成的三角形一侧。值得注意的是，得到的 $Sc_3NC@C_{80}$ 中 N—C 键键长（1.193Å）比之前讨论的金属氰化物簇富勒烯 $YNC@C_{82}$-C_s 中的 N—C 键键长（0.935Å）要大很多，表明两种类型的内嵌富勒烯的 NC 单元成键性质存在差异。实验和理论计算表明，Sc_3NC 簇这样的平面结构在更小的 C_{78} 碳笼内也能稳定存在。在 $Sc_3(\mu_3$-$C_2)(\mu_3$-$CN)@C_{80}$-I_h 中，内嵌的 C_2 和 CN 单元位于 Sc_3 三角形的两侧，并分别和三个钪原子配位。在这个复杂的碳簇/氰簇合金化的簇内，Sc—C（氰基）键键长是 2.27Å，比 Sc—N（氰基）键（2.21Å 和 2.23Å）和 $Sc_3CN@I_h$-C_{80} 里的 Sc—C 键要长。另外，Sc—C（碳簇）键的键长分别为 2.20Å 和 2.35Å，比金属碳簇富勒烯 $Sc_4C_2@C_{80}$-I_h 的 Sc—C（碳簇）键要长，最短的为 1.96Å。

1.3.2
电子转移与结构稳定性

内嵌金属团簇与碳笼的相互作用影响金属富勒烯的稳定性。内嵌团簇与碳笼的电子转移也决定了金属富勒烯具有特别复杂的结构。对于内嵌金属氮化物富勒烯，内嵌团簇会转移 6 个电子到碳笼上，从而形成了 $M_3N^{6+}@C_{2n}^{6-}$ 的离子模式。

当内嵌团簇为 M_2C_2 类型，团簇转移 4 个电子给碳笼，此时含较大 HOMO-LUMO 带隙的 C_{2n}^{4+} 具有较高的稳定性。例如，C_{82}^{4+}-C_{3v}(8) 是 C_{82} 中最稳定的异构体，同样以 C_{82}-C_{3v}(8) 为碳笼的内嵌金属富勒烯如 $Sc_2C_2@C_{82}$、$Y_2C_2@C_{82}$、$Er_2C_2@C_{82}$ 和 $Dy_2C_2@C_{82}$ 在实验中产率是最高的。$M_2S@C_{82}$（M=Sc，Y，Dy）以 C_{82}-C_{3v}(8) 为母体碳笼的产率也是最高的。

值得注意的是，这种团簇与碳笼之间的相互作用不仅仅影响整个内嵌金属富勒烯动力学稳定性，同样影响着热力学稳定性。金属富勒烯内嵌团簇向碳笼转移 6 个电子，它的稳定性与碳笼的-6 价形式的稳定性有关。通过筛选 C_{68} ～ C_{96} 的所有异构体（包括 IPR 和非 IPR），并且根据-6 价碳笼的热力学稳定性得到了一系列最优异构体。对于 $M_3N@C_{84}$，计算得出最稳定的异构体碳笼是 C_{84}-D_2(51589)，第二稳定的是 C_{84}-C_s(51365)，但是在实验中检测得到的是 $M_3N@C_{84}$-C_s(51365)。这是因为从动力学的角度考虑，C_{84}-C_s(51365) 的能带差比 C_{84}-D_2(51589) 大（前者为

1.34eV，后者是0.80eV）。相同的例子发生在$M_3N@C_{82}$中，$Gd_3N@C_{82}$和$Y_3N@C_{82}$的最稳定异构体的碳笼是C_{82}-C_s(39663)，但C_{82}^{6-}-C_s(39663)在C_{82}^{6-}中并不是最稳定（稳定性排在第5位）。

综上所述，内嵌金属的价态决定了团簇向碳笼转移的电子数，这为团簇和碳笼间的相互作用提供了间接但有价值的信息。因此实验探测金属和碳笼的相互作用主要集中在内嵌金属价态的探究。测试手段主要有紫外光电子能谱（UPS）、X射线光电子能谱（XPS）、价带光电子能谱（VB-PES）、共振光电子能谱（ResPES）、X射线吸收光谱（XAS）、X射线近边吸收光谱（NEXAFS）以及电子能量损失光谱（EELS）。

1.3.3
独立五元环规则

1.3.3.1
独立五元环规则含义

1987年，Kroto等提出了决定富勒烯稳定性的独立五元环规则（IPR规则）。他认为，在稳定的富勒烯结构中，所有的五元环都被六元环所隔离，相邻五元环的存在会带来较大的弯曲张力，如果富勒烯的球面含有相邻分布的2个或多个五元环，碳笼就会因为存在较大的张力而不稳定。这一规则因与实验事实相符而在富勒烯研究领域被广泛接受，迄今为止所有已合成的未修饰的富勒烯分子都严格遵循这一规则。符合IPR规则的富勒烯被称为IPR富勒烯，反之则被称为非IPR富勒烯。

对于特定碳数的富勒烯，其非IPR异构体的数目远远大于IPR异构体的数目。例如，就C_{60}和C_{70}而言，符合IPR规则的富勒烯仅各有1种，而含相邻五元环的富勒烯在理论上分别有1811种和8148种之多；再如，小于C_{60}的所有富勒烯（3958种）均不可避免地含有相邻五元环；随着碳原子数量的增加，含相邻五元环富勒烯的数量几乎是个天文数字。

1.3.3.2
非IPR的内嵌金属富勒烯

当富勒烯含相邻五元环（APPs）形成违反独立五元环规则（非IPR）的结构

时，会造成碳笼局部弯曲张力增大且π体系不稳定，最终导致富勒烯不稳定。理论计算表明，碳笼内每增加一对APPs，会使整个碳笼的能量增加19～24kcal/mol（1kcal=4186J）[52]。但当非IPR富勒烯内含金属或金属团簇时，由APPs引起的局部弯曲张力可以有效地释放从而使整个非IPR的内嵌团簇富勒烯稳定。

两种非IPR的内嵌富勒烯$Sc_2@C_{66}$和$Sc_3N@C_{68}$的单晶X射线衍射研究表明，$Sc_3N@C_{68}$的碳笼是含三对APPs的非IPR富勒烯C_{68}-D_3(6140)，并且内部三个金属钪原子分别位于碳笼三对APPs共用边的中部上方，从而使APP稳定。从那以后，一系列的非IPR内嵌金属氮化物富勒烯（内嵌团簇也可以是多金属氮化物）被分离，包括$DySc_2N@C_{68}$、$Lu_xSc_{3-x}N@C_{68}$（x=1，2）、$Sc_3N@C_{70}$、$Sc_2DyN@C_{76}$、$M_3N@C_{78}$（M=Y, Gd, Dy, Tm）、$M_3N@C_{82}$（M=Gd, Y）和$M_3N@C_{84}$（M=Tb, Gd, Tm）[53,54]。

除了内嵌金属氮化物之外，非IPR富勒烯也可以封装其他类型的团簇，包括金属碳化物、金属硫化物、金属氧化物、金属碳氮化合物以及金属氰化物。目前已分离得到的非IPR内嵌碳化物富勒烯包括$Sc_2C_2@C_{68}$、$Ti_2C_2@C_{78}$、$Sc_2C_2@C_{72}$和$M_2C_2@C_{84}$（M=Y, Gd）。

$Sc_2S@C_{72}$作为第一个非IPR的硫化物内嵌富勒烯，它的碳笼是含两对APPs的C_{72}-C_s(10528)，并且内嵌团簇两个钪原子位于APPs的共用边中心上方。随后，又分离出碳笼含两对相邻五元环的$Sc_2S@C_{70}$，并用密度泛函理论计算证明其非IPR碳笼是C_{70}-C_2(7892)。由于$Sc_2S@C_{70}$-C_2(7892)和$Sc_2S@C_{72}$-C_s(10528)的结构较相似，因此可以通过一个C_2键使两个分子结构发生相互转换[55,56]。第一个非IPR的金属氰化物内嵌富勒烯为$MNC@C_{76}$-C_{2v}(19138)（M=Tb, Y），其结构中含一对APPs，由于金属与碳笼之间的作用太强导致内嵌团簇的结构发生形变，由三角形变成几乎为直线形（或V形）。

大部分空心富勒烯和金属富勒烯的碳笼都是由五元环或六元环组成的经典富勒烯。早期的理论研究表明当富勒烯中含其他多边形如七边形时会造成富勒烯的不稳定。因为根据欧拉定理，在富勒烯中七元环和五元环的数目差异要保持为常数12，这样的话每增加1个七元环，五元环的数目就增加1个，相应地六元环的数目减少2个，从而导致APPs数目增加，使整个富勒烯不稳定。当七元环与相邻五元环共用两条边，此时形成的富勒烯是含七元环非经典富勒烯中最稳定的异构体。虽然一些含七元环的富勒烯可以以外接衍生物的形式合成，但是含七元环的内嵌团簇富勒烯一直没有被发现，直到$LaSc_2N@C_{80}$的出现才首次证明了含七元环的内嵌富勒烯的存在[57]。$LaSc_2N@C_{80}$包括1个七元环、13个五元环以及23个六元环，并且七元环分别与两对相邻五元环共用两条边。与经典富勒烯$LaSc_2N@$

C_{80}-I_h类似，内嵌团簇$LaSc_2N$是平面的，并且两个钪原子分别位于两对相邻五元环共用边的中部上方，以便缓减弯曲张力。在经典的非IPR富勒烯中，相邻五元环总是尽可能地分散以便减小弯曲张力，但对于$LaSc_2N@C_{80}$-C_s（七元环），碳笼的两对相邻五元环沿着七元环相对，并不符合最大五元环分离规则。

金属碳化物富勒烯$Sc_2C_2@C_{88}$是目前为止第二个含七元环的内嵌金属富勒烯。$Sc_2C_2@C_{88}$是由含1个七元环、13个五元环和32个六元环的C_s（七元环）-C_{88}内嵌一个Z形的Sc_2C_2团簇组成的。$Sc_2C_2@C_{88}$与含两对独立五元环的$LaSc_2N@C_{80}$-C_s（七元环）相比，虽然两者含七元环和五元环的数目相同，但由于六元环数目的差异前者只有一对相邻五元环。

1.3.3.3
笼内团簇动力学

内嵌金属富勒烯区别于金属配合物的一个特点就是内嵌团簇不停地运动，包括转动和振动。在空间较大的环境下，内嵌团簇可以做三维的转动。而在碳笼对称性低或空间较小的条件下，团簇转动会受阻。另外在非IPR碳笼内，由于相邻五元环的强相互作用，也将大大限制内嵌团簇的运动。如果能操控内嵌团簇的运动，未来可用其分子动力学设计分子器件，比如分子陀螺仪。

内嵌团簇的运动可以用多种方式观测，比如单晶衍射分析，可以获得内嵌金属的可能的分布，进而判断内嵌团簇的运动方式和轨迹。还可以运用NMR手段，通过分析碳笼或内嵌金属的核磁信号判断内部团簇的运动。ESR波谱也是一种重要手段，可用来观测顺磁性金属富勒烯的内嵌金属核的运动方式。另外，量子化学计算目前也可以用来预测团簇的运动。

基于核自旋的核磁共振技术因其适用性广而被大量应用于研究内嵌金属富勒烯的核自旋及分子的运动状态。应用最为普遍的是^{13}C谱，此外^{45}Sc、^{89}Y、^{139}La、^{14}N等也大量用于研究内嵌团簇的运动过程。从发现得比较早，并且很有代表性的一例金属富勒烯$La_2@C_{80}$-$I_h(7)$的特征^{139}La NMR谱中可以看到，在258～363K温度范围内，谱图在-403处出现一条化学位移峰，说明两个镧原子可以自由旋转；258～305K温度范围内，谱线宽度随着温度升高而变窄，归因于核四极矩弛豫过程；当温度高于305K时，线宽急速增大，归因于自旋弛豫过程[58]。

除了La之外，钪原子的化学位移因碳笼环境、团簇结构以及化学价态的不同而变化，含Sc的金属富勒烯数量众多，^{45}Sc NMR成为另一种被广泛用于内嵌金属富勒烯的结构及动力学研究的手段。其中，最有代表性的金属氮化物富勒烯

Sc$_3$N@C$_{80}$-I_h(7)的^{45}Sc NMR显示出一个单峰，说明三个钪原子化学环境相同，预示内嵌团簇在笼内做高速旋转。变温^{45}Sc NMR可以直观地看到内嵌团簇的动力学变化过程。对于Sc$_2$C$_2$@C$_{82}$-C_s(6)，当温度处于298～363K范围内，谱线表现为两条等同的裂分，当温度高于383K时谱线融合为一条单峰[59]，说明内嵌团簇的运动由受限转变为快速旋转。对于另一种异构体Sc$_2$C$_2$@C$_{82}$-C_{3v}(8)，在整个测试温度范围内仅表现为一条单峰，预示两个钪原子在笼内可以高速运动[60]。Sc$_2$C$_2$@C$_{80}$-C_{2v}(5)的内嵌团簇Sc$_2$C$_2$的运动也与温度有着密切联系：293K时，内嵌团簇中两个化学环境不等价的钪原子被固定在分子对称面上，整个分子呈C_s对称性；而当温度升至413K时，内嵌团簇在笼内快速旋转，两个钪原子化学环境等同[61]。

除此之外，还有一系列混合金属的内嵌富勒烯可用^{13}C NMR研究其性质。从Lu$_x$Y$_{3-x}$N@C$_{80}$-I_h和Lu$_x$Sc$_{3-x}$N@C$_{80}$-I_h（x=0～3）系列的结构特征中看出，对应两种不同种类的碳原子的两条NMR谱线随着内嵌团簇尺寸减小向高场位移，其规律与笼上碳原子π轨道轴矢锥化角（POAV）线性相关。理论分析表明随着内嵌团簇尺寸增大，金属原子从五/六元环的边界（Sc$_3$N@C$_{80}$）向六元环中心（Y$_3$N@C$_{80}$）移动。此外，对应C$_{80}$-I_h的两条NMR谱线说明内嵌团簇在笼内自由转动。实际上，对诸多基于C$_{80}$-I_h的内嵌金属富勒烯进行^{13}C NMR研究发现，虽然其化学位移不完全相同，但表现为sp^{2}杂化的两条谱线，说明此类金属富勒烯的内嵌团簇都可以在NMR的时间尺度内自由转动。

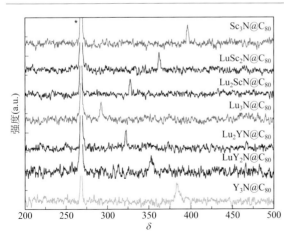

图1.8　Lu$_x$Sc$_{3-x}$N@C$_{80}$和Lu$_x$Y$_{3-x}$N@C$_{80}$（x=0～3）的^{14}N NMR谱图[62]

对于这类金属氮化物富勒烯也能够通过 N 谱来表征其团簇的动力学情况。从 $M_3N@C_{80}$（M=Sc，Y，Lu）的 ^{14}N NMR 谱图中可以看到，在 395.9、381.7、292.0 处出现一条单峰，表明氮原子所处化学环境相同[62]，如图 1.8 所示。在 $Lu_xSc_{3-x}N@C_{80}$ 和 $Lu_xY_{3-x}N@C_{80}$（$x=0 \sim 3$）的 ^{14}N NMR 谱图中 ^{14}N 的化学位移与 x 存在线性相关性。DFT 计算结果表明在上述体系中 ^{14}N 的化学位移偏移与 N 的 $p_{x,y,z}$ 轨道的顺磁屏蔽贡献有关，因而在不同的化学环境中 p 轨道的态密度不同导致化学位移差异。另外，也可以用内嵌团簇的弛豫率的变化来研究其运动。对于 $M_3N@C_{80}$-I_h（M=Sc，Y，Lu）系列的几种分子，随着碳笼被撑大，碳原子的弛豫率增大，而碳笼上的负电荷增大了笼上电子密度却使弛豫率下降，进一步的研究发现这种弛豫与温度相关，在较高温度下其扩散速率比整个分子的运动还快。

当碳笼内存在顺磁性离子时，分子的 NMR 谱线会展宽，使得测试变得极其困难，谱线不容易辨认，但对于部分内嵌金属富勒烯还是可以获得其 ^{13}C NMR 谱，如 $Ce@C_{82}$、$Ce_2@C_{72}$、$Ce_2@C_{78}$、$Ce_2@C_{80}$、$CeSc_2N@C_{80}$、$CeLu_2N@C_{80}$、$Ho_xSc_{3-x}N@C_{80}$（$x=0 \sim 3$）等。在 $Ce@C_{82}$-$C_{2v}(9)$、$Ce_2@C_{72}$-$D_2(10611)$、$Ce_2@C_{78}$-$D_{3h}(5)$ 中，碳笼上相邻五元环处或者与金属配位的碳原子相应的化学位移随温度而变化，说明内嵌铈原子的运动受限。在 $Ce@C_{82}$-$C_{2v}(9)$ 中铈原子倾向于靠近 C_2 对称轴的六元环位置。在 $Ce_2@C_{80}$-I_h 的硅烷化加成产物中只有 6 条 ^{13}C NMR 谱线随温度明显位移，说明铈原子被限制在六元环附近；而在 $Ce_2@C_{80}$-I_h 中铈原子却与在 $CeLu_2N@C_{80}$-I_h 中类似，可以在三维空间运动。当碳笼转变为 C_{80}-D_{5h} 时，内嵌的两个铈原子就只能在 10 个六元环所组成的赤道位置做类似二维圆周运动。可见，不同的化学环境影响内嵌团簇运动状态[63,64]。

虽然 ^{89}Y 的自然丰度为 100%，但 ^{89}Y NMR 常常由于其自旋晶格弛豫时间较长而变得难于检测。从 $Y_3N@C_{80}$-$I_h(7)$、$Y_3N@C_{84}$-$C_s(51365)$ 和 $Y_3N@C_{86}$-$D_3(19)$ 的 ^{89}Y NMR 谱图中发现，$Y_3N@C_{80}$-$I_h(7)$ 和 $Y_3N@C_{86}$-$D_3(19)$ 中分别仅观测到 191.63 和 62.65 处的一条谱线，预示 Y_3N 团簇在各自笼内高速旋转；而在 $Y_3N@C_{84}$-$C_s(51365)$ 中观测到三条谱线：104.32、65.33、-19.53，预示 Y_3N 团簇在 C_{84} 笼内的运动受限，处于负值的化学位移说明其中一个钇原子被固定在一对相邻的五元环处而受到非常大的屏蔽效应[65]。

$Sc_3C_2@C_{80}$ 作为典型的多核自旋分子，其 ESR 谱裂分为 22 条等距对称分布的谱线，说明内嵌的三个钪核自旋环境相同，进而可以演绎出三个钪原子在碳笼内做高速运动；通过降低温度谱线展宽，预示三个钪原子电子环境不再等同，这是由于温度降低分子运动势垒增大，因而运动速率下降，导致原本电子环境的细微差异被放大。对$Sc_3C_2@C_{80}$碳笼进行化学修饰可以更大程度限制内嵌团簇的运动。对于$Sc_3C_2@C_{80}$的吡咯烷[5,6]加成产物，ESR谱显示，两个等效的钪核的超精细耦合常数分别为4.82G×2和8.60G，说明内嵌的Sc_3C_2团簇在平衡位置附近做振荡摇摆运动。$Sc_3C_2@C_{80}$的金刚烷加成产物的两个异构体的超精细耦合常数分别为：7.33G×2，1.96G（[6,6]加成产物）；7.9G×2，1.7G（[5,6]加成产物）。$Sc_3C_2@C_{80}$的开环双加成产物对应的超精细耦合常数为：4.0G×2，6.73G；而$Sc_3C_2@C_{80}$与苄溴的反应以单键加成，所得产物为抗磁性，内嵌Sc_3C_2团簇的运动状态由单一的蝙蝠状转为三叶草状与蝙蝠状兼有。由此可见修饰基团的加成位置和方式可以有效调控内嵌团簇的运动状态[66]。

对于本身具有顺磁性质的金属富勒烯$Y_2@C_{79}N$，它有一个未配对电子分布在内嵌的Y_2团簇上，两个Y的化学环境是等同的[67]。当温度降到203K时，ESR信号发生了明显的改变。类似的现象在金属富勒烯$Sc@C_{82}$的低温顺磁研究中也观测到，原因是低温下自旋角动量和轨道角动量相互作用发生了改变。这种顺磁性质的各向异性也说明低温时，两个金属Y磁性核和单电子运动都受限，导致了整个共振体系的转动取向不均，从而影响了分子内未配对电子的自旋运动。通过传统的1,3-偶极环加成反应（Prato反应）在$Y_2@C_{79}N$外面修饰一个吡咯环基团，也会极大限制Y_2的运动，导致分子顺磁性的各向异性。

1.4
小　结

金属富勒烯具有奇特的结构特性。内嵌的金属带来了丰富的碳笼结构和分子电子性质，极大拓宽了空心富勒烯的材料范畴，对于探索新型功能分子材料具有非常重要的意义。金属富勒烯中金属与碳笼的相互作用，导致了电子转移过程、非常规碳笼的稳定性、笼内团簇动力学等物理化学性质，也造就了金属富勒烯极其丰富的功能，为这类材料今后在多领域的广泛应用奠定了基础。

参考文献

[1] Friend R H, Gymer R W, Holmes A B, et al. Electroluminescence in conjugated polymers[J]. Nature, 1999, 397(6715):121-128.

[2] Shinohara H, Saitoh Y. Endohedral metallofullerenes[J]. Reports on Progress in Physics, 2000, 63(6):843.

[3] Popov A A, Yang S, Dunsch L. Endohedral fullerenes[J]. Chemical Reviews, 2013, 113(8):5989-6113.

[4] Lu X, Akasaka T, Nagase S. Carbide cluster metallofullerenes: structure, properties, and possible origin[J]. Accounts of Chemical Research, 2013, 46(7):1627-1635.

[5] Yang S, Wei T, Jin F. When metal clusters meet carbon cages: endohedral clusterfullerenes[J]. Chemical Society Reviews, 2017, 46(16).

[6] Kroto H W, Allaf A W, Balm S P. C_{60}: Buckminsterfullerene[J]. Nature, 1985, 318(6042):162-163.

[7] Chai Y, Guo T, Jin C, et al. Fullerenes with metals inside[J]. Journal of Physical Chemistry, 1991, 95(20):557-570.

[8] Alvarez M M, Gillan E G, Holczer K, et al. Lanthanum carbide (La_2C_{80}): a soluble dimetallofullerene[J]. Journal of Physical Chemistry, 1991, 95(26):10561-10563.

[9] Gillan E G, Yeretzian C, Min K S, et al. Endohedral rare-earth fullerene complexes[J]. Journal of Physical Chemistry, 1992, 96(17):6869-6871.

[10] Moro L, Ruoff R S, Becker C H, et al. Studies of metallofullerene primary soots by laser and thermal desorption mass spectrometry[J]. Journal of Physical Chemistry, 1993, 97(26) : 6801-6805.

[11] Stevenson S, Rice G, Glass T, et al. Small-bandgap endohedral metallofullerenes in high yield and purity[J]. Nature, 1999, 401(6748): 55-57.

[12] Wang C R, Kai T, Tomiyama T, et al. A scandium carbide endohedral metallofullerene: $(Sc_2C_2)@C_{84}$[J]. Angewandte Chemie International Edition, 2001, 40(2):397-399.

[13] Stevenson S, Mackey M A, Stuart M A, et al. A distorted tetrahedral metal oxide cluster inside an Icosahedral carbon cage. Synthesis, isolation, and structural characterization of $Sc_4(\mu_3-O)_2@I_h$-C_{80}[J]. Journal of the American Chemical Society, 2008, 130(36):11844-11845.

[14] Mercado B Q, Olmstead M M, Beavers C M, et al. A seven atom cluster in a carbon cage, the crystallographically determined structure of $Sc_4(\mu_3-O)_3@I_h$-C_{80}[J]. Chemical Communications, 2010, 46(2):279-281.

[15] Heath J R, O'Brien S C, Zhang Q, et al. Lanthanum complexes of spheroidal carbon shells[J]. Journal of the American Chemical Society, 1985, 107(25):7779-7780.

[16] Robert D Johnson, Mattanjah S de Vries, Jesse Salem, et al. Electron paramagnetic resonance studies of lanthanum-containing C_{82}[J]. Nature, 1992, 355(6357):239-240.

[17] Hisanori Shinohara, Hiroyasu Sato, Masato Ohkochi, et al. Encapsulation of a scandium trimer in C_{82}[J]. Nature, 1992, 357(6373):52-54.

[18] Hisanori Shinohara, Hiroyasu Sato, Yahachi Saito, et al. Mass spectroscopic and ESR characterization of soluble yttrium-containing metallofullerenes YC_{82} and Y_2C_{82}[J]. Journal of Physical Chemistry, 1992, 96(9):3571-3573.

[19] Gillan E G, Yeretzian C, Min K S, et al. Endohedral rare-earth fullerene complexes[J]. Journal of Physical Chemistry, 1992, 96(17):6869-6871.

[20] Wang L S, Alford J M, Chai Y, et al. The electronic-structure of $Ca@C_{60}$[J]. Chemistry Physics Letters, 1993, 207(4-6):354-359.

[21] Dennis T J S, Shinohara H. Production and isolation of the C_{80}-based group 2 incar-fullerenes: $iCaC_{80}$, $iSrC_{80}$ and $iBaC_{80}$[J]. Chemical Communications, 1998(8):883-884.

[22] Reich A, Panthöfer M, Modrow H, et al. The structure of $Ba@C_{74}$[J]. Journal of the American

Chemical Society, 2004, 126(44):14428-14434.

[23] Bolskar R D, Benedetto A F, Husebo L O, et al. First soluble M@C_{60} derivatives provide enhanced access to metallofullerenes and permit in vivo evaluation of Gd@C_{60}[C(COOH)$_2$]$_{10}$ as a MRI contrast agent[J]. Journal of the American Chemical Society, 2003, 125(18):5471-5478.

[24] Wakahara T, Nikawa H, Kikuchi T, et al. La@ C_{72} having a non-IPR carbon cage[J]. Journal of the American Chemical Society, 2006, 128(44):14228-14229.

[25] Nikawa H, Yamada T, Cao B, et al. Missing metallofullerene with C_{80} cage[J]. Journal of the American Chemical Society, 2009, 131(31):10950-10954.

[26] Yamada M, Nakahodo T, Wakahara T, et al. Positional control of encapsulated atoms inside a fullerene cage by exohedral addition[J]. Journal of the American Chemical Society, 2005, 127(42):14570-14571.

[27] Yamada M, Mizorogi N, Tsuchiya T, et al. Synthesis and characterization of the D_{5h} isomer of the endohedral dimetallofullerene Ce$_2$@C_{80}: two-dimensional circulation of encapsulated metal atoms inside a fullerene cage[J]. Chemistry —A European Journal, 2009, 15(37):9486-9493.

[28] Wang C R, Kai T, Tomiyama T, et al. Materials science: C_{66} fullerene encaging a scandiumdimer[J]. Nature, 2000, 408(6811):426-427.

[29] Dunsch L, Bartl A, Georgi P, et al. New metallofullerenes in the size gap of C_{70} to C_{82}: From La$_2$@C_{72} to Sc$_3$N@C_{80}[J]. Synthetic Metals, 2001, 121(1-3):1113-1114.

[30] Mercado B Q, Jiang A, Yang H, et al. Isolation and structural characterization of the molecular nanocapsule Sm$_2$@D_{3d}(822)-C_{104}[J]. Angewandte Chemie International Edition, 2009, 48(48):9114-9116.

[31] Stevenson S, Fowler P W, Heine T, et al. Materials science: A stable non-classical metallofullerenefamily[J]. Nature, 2000, 408(6811):427-428.

[32] Dunsch L, Yang S. Metal nitride cluster fullerenes: their current state and future prospects[J]. Small, 2007, 3(8):1298-1320.

[33] Beavers C M, Zuo T, Duchamp J C, et al. Tb$_3$N@ C_{84}: An improbable, egg-shaped endohedral fullerene that violates the isolated pentagon rule[J]. Journal of the American Chemical Society, 2006, 128(35):11352-11353.

[34] Chaur M N, Melin F, Elliott B, et al. New M$_3$N@ C_{2n} endohedral metallofullerene families (M=Nd, Pr, Ce; n=40-53): expanding the preferential templating of the C_{88} cage and approaching the C_{96} cage[J]. Chemistry—A European Journal, 2008, 14(15):4594-4599.

[35] Marilyn M. Olmstead, Ana de BettencourtDias,Duchamp J C, et al. Isolation and crystallographic characterization of ErSc$_2$N@C_{80}: an endohedral fullerene which crystallizes with remarkable internal order[J]. Journal of the American Chemical Society, 2000, 122(49):12220-12226.

[36] Tao W, Song W, Xing L, et al. Entrapping a group-ⅤB transition metal, vanadium, within an endohedral metallofullerene: V$_x$Sc$_{3-x}$N@I_h-C_{80} (x=1, 2)[J]. Journal of the American Chemical Society, 2016, 138(1):207-214.

[37] Kai Tan, Lu X. Electronic structure and redox properties of the open-shell metal−carbide endofullerene Sc$_3$C$_2$@C_{80}: a density functional theory investigation[J]. Journal of Physical Chemistry A, 2006, 110(3):1171-1176.

[38] Wang T S, Chen N, Xiang J F, et al. Russian-doll-type metal carbide endofullerene: synthesis, isolation, and characterization of Sc$_4$C$_2$@C_{80}[J]. Journal of the American Chemical Society, 2009, 131(46):16646-16647.

[39] Takashi Inoue, Tetsuo Tomiyama, Toshiki Sugai, et al. Trapping a C_2 radical in endohedral metallofullerenes: synthesis and structures of (Y$_2$C$_2$)@C_{82} (Isomers Ⅰ, Ⅱ, and Ⅲ)[J]. Journal of Physical Chemstry B, 2004, 108(23):7573-7579.

[40] Valencia R, Rodríguezfortea A, Stevenson S,

et al. Electronic structures of scandium oxide endohedral metallofullerenes, $Sc_4(\mu_3-O)_n@I_h-C_{80}(n=2,3)$[J]. Inorganic Chemistry, 2009, 48(13):5957-5961.

[41] Lothar Dunsch, Shangfeng Yang, Lin Zhang, et al. Metal sulfide in a C_{82} fullerene cage: a new form of endohedral clusterfullerenes[J]. Journal of the American Chemical Society, 2010, 132(15):5413-5421.

[42] Wang T S,Feng L,Wu J Y, et al. Planar quinary cluster inside a fullerene cage: synthesis and structural characterizations of $Sc_3NC@C_{80}$-I_h[D]. Journal of the American Chemical Socie ty,2010,132(46):16362-16364.

[43] Wu J, Wang T, Ma Y, et al. Synthesis, isolation, characterization, and theoretical studies of $Sc_3NC@C_{78}$-C_2[J]. Journal of Physical Chemistry C, 2011, 115(48):23755-23759.

[44] Wang Y, Moralesmartínez R, Zhang X, et al. Unique four-electron metal-to-cage charge transfer of Th to a C_{82} fullerene cage: complete structural characterization of $Th@C_{3v}(8)-C_{82}$[J]. Journal of the American Chemical Society, 2017, 139(14):5110-5116.

[45] Junghans K, Rosenkranz M, Popov A A. $Sc_3CH@C_{80}$: selective ^{13}C enrichment of the central carbon atom[J]. Chemical Communications, 2016, 52(39):6561.

[46] Melin F, Chaur M N, Engmann S, et al. ChemInform abstract: the large $Nd_3N@C_{2n}(40 \leqslant n \leqslant 49)$ cluster fullerene family: preferential templating of a C_{88} cage by a trimetallic nitride cluster[J].Angewandte Chemie International Edition,2007,46(47):9032-9035.

[47] Katrin Junghans, Kamran B Ghiassi, Nataliya A. Samoylova, et al. Synthesis and isolation of the titanium-scandium endohedral fullerenes— $Sc_2TiC@I_h-C_{80}$, $Sc_2TiC@D_{5h}-C_{80}$ and $Sc_2TiC_2@I_h-C_{80}$:metal size tuning of the Ti^{IV}/Ti^{III} redox potentials[J]. Chemistry—A European Journal, 2016, 22(37):13098-13107.

[48] Li F, Chen N, Mulet-Gas M,et al. $Ti_2S@D_{3h}(24109)-C_{78}$: a sulfide cluster metallofullerene

containing only transition metals inside the cage. Chemical Science, 2013, 4: 3404-3410.

[49] Yang S, Chen C, Liu F, et al. An improbable monometallic cluster entrapped in a popular fullerene cage: $YCN@C_s(6)-C_{82}$. Scientific Reports, 2013, 3(1): 1487-1492.

[50] Liu F, Gao C, Deng Q,et al. Triangular monometallic cyanide cluster entrapped in carbon cage with geometry-dependent molecular magnetism. Journal of the American Chemical Society, 2016, 138(44): 14764-14771.

[51] Liu F, Wang S, Guan, J,et al. Putting a terbium-monometallic cyanide cluster into the C_{82} fullerene cage: $TbCN@C_2(5)-C_{82}$. Inorganic Chemistry, 2014, 53(10): 5201-5205.

[52] Tan Y, Xie S, Huang R, et al. The stabilization of fused-pentagon fullerene molecules. Nature Chemistry, 2009, 1 (6): 450-460.

[53] Mercado B Q, Beavers C M, Olmstead M M,et al. Is the isolated pentagon rule merely a suggestion for endohedral fullerenes? The structure of a second egg-shaped endohedral fullerenes $Gd_3N@C_s(39663)-C_{82}$. Journal of the American Chemical Society, 2008, 130(25): 7854-7855.

[54] Beavers C M, Zuo T, Duchamp J C,et al. $Tb_3N@C_{84}$: an improbable, egg-shaped endohedral fullerene that violates the isolated pentagon rule. Journal of the American Chemical Society, 2006, 128(35): 11352-11353.

[55] Chen N, Mulet-Gas M, Li Y,et al. $Sc_2S@C_2(7892)-C_{70}$: a metallic sulfide cluster inside a non-IPR C_{70} cage. Chemical. Science, 2013, 4(1): 180-186.

[56] Chen N, Beavers C M, Mulet-Gas M,et al. $Sc_2S@C_s(10528)-C_{72}$: a dimetallic sulfide endohedral fullerene with a non isolated pentagon rule cage. Journal of the American Chemical Society, 2012, 134(18): 7851-7860.

[57] Zhang Y, Ghiassi K B, Deng Q,et al. Synthesis and structure of $LaSc_2N@C_s(hept)-C_{80}$ with one heptagon and thirteen pentagons. Angewandte Chemie International Edition, 2015, 54: 495-499.

[58] Akasaka T, Nagase S, Kobayashi K,et al. [13]C and

^{139}La NMR studies of La$_2$@C$_{80}$: first evidence for circular motion of metal atoms in endohedral dimetallofullerenes. Angewandte Chemie International Edition in English, 1997, 36 (15): 1643-1645.

[59] Lu X, Nakajima K, Iiduka Y,et al. Structural elucidation and regioselective functionalization of an unexplored carbide cluster metallofullerene Sc$_2$C$_2$@C$_s$(6)-C$_{82}$. Journal of the American Chemical Society, 2011, 133 (48): 19553-19558.

[60] Kurihara H,Lu X, Iiduka Y,et al.X-ray structures of Sc$_2$C$_2$@C$_{2n}$(n=40-42): in-depth understanding of the core-shell interplay in carbide cluster metallofullerenes. Inorganic Chemistry, 2011, 51 (1): 746-750.

[61] Kurihara H, Lu X, Iiduka Y,et al. Sc$_2$C$_2$@C$_{80}$ rather than Sc$_2$@C$_{82}$: templated formation of unexpected C_{2v}(5)-C$_{80}$ and temperature-dependent dynamic motion of internal Sc$_2$C$_2$ cluster. Journal of the American Chemical Society, 2011, 133 (8): 2382-2385.

[62] Fu W, Wang X, Azuremendi H, et al. ^{14}N and ^{45}Sc NMR study of trimetallic nitride cluster (M$_3$N)$^{6+}$ dynamics inside a icosahedral C$_{80}$ cage. Chemical. Communications, 2011, 47 (13): 3858-3860.

[63] Yamada M, Nakahodo T, Wakahara T,et al. Positional control of encapsulated atoms inside a fullerene cage by exohedral addition. Journal of the American Chemical Society, 2005, 127 (42): 14570-14571.

[64] Yamada M, Mizorogi N, Tsuchiya T,et al. Synthesis and characterization of the D_{5h} isomer of the endohedral dimetallofullerene Ce$_2$@C$_{80}$: two-dimensional circulation of encapsulated metal atoms inside a fullerene cage. Chemistry— A European Journal,2009, 15 (37): 9486-9493.

[65] Fu W, Xu L, Azurmendi H,et al. ^{89}Y and ^{13}C NMR cluster and carbon cage studies of an yttrium metallofullerene family, Y$_3$N@C$_{2n}$(n=40-43). Journal of the American Chemical Society, 2009, 131 (33): 11762-11769.

[66] Wang T, Wu J, Xu W,et al. Spin divergence induced by exohedral modification: ESR study of Sc$_3$C$_2$@C$_{80}$ Fulleropyrrolidine. Angewandte Chemie International Edition,2010, 49 (10), 1786-1789.

[67] Ma Y, Wang T, Wu J, et al. Susceptible electron spin adhering to an yttrium cluster inside an azafullerene C$_{79}$N. Chemical Communications, 2012, 48 (94): 11570-11572.

Chapter 2

第2章
金属富勒烯的制备与分离

制备和分离是研究分子材料的重要环节。从富勒烯C_{60}诞生起，制备技术就制约其结构表征和发展，直到电弧放电法的应用才解决了量的问题。金属富勒烯也面临同样的问题，制备和分离至今仍是该类分子材料应用的关键环节。本章将从富勒烯的制备技术谈起，随后重点介绍各种金属富勒烯的制备方法，最后阐述金属富勒烯的分离手段。

2.1
富勒烯制备简介

C_{60}的发现者最先采用激光溅射法合成出C_{60}。该法是在一个能通入氦气流的管状反应容器中，将石墨片置于高能激光溅射窗口下，用大功率的脉冲激光轰击石墨表面，使石墨局部气化，产生的碳离子碎片在一定压力的氦气流携带下进入末端为一喷嘴的杯形集结区，碎片离子在此区域经气相的热碰撞反应成为含有富勒烯的混合物。但用此法生产富勒烯的产量和产率都很低，后来人们对合成方法进行了改进，发展了石墨持续加热法、电弧放电法、苯燃烧法、多环芳烃热裂解法、乙炔等离子体热解法、CVD法、全合成法等[1～9]。其中苯燃烧法是1991年美国麻省理工学院Howard等人发明的。该法是将苯蒸气和氧气混合后，在燃烧室低压环境下不完全燃烧，所得的炭灰中含有较高比例的富勒烯，经分离精制后可以得到纯富勒烯产物[5]。该方法无须消耗电力且连续进料容易，并且具有工业化生产的成本优势，目前已被广泛使用于合成空心富勒烯，但不能有效生产金属富勒烯。

这些方法中属电弧放电法最为关键，该方法直接推动了富勒烯的结构确定和随后的蓬勃发展。更重要的是，电弧放电法至今仍是金属富勒烯的主要合成方法，对金属富勒烯的合成影响巨大。Krätschmer 和 Huffman 在 1990 年首次以石墨圆盘和削尖的石墨棒作为电极，如图2.1所示，在低压氦气气氛中通以电流使之放电产生出产率为1%的富勒烯烟灰[3]。因此电弧放电法又称为Krätschmer-Huffman 法。随后改进发展，富勒烯的产率由1%逐步提高。电弧法是目前最为广泛使用的方法，该法使用装置的密封程度、惰性气体的种类和

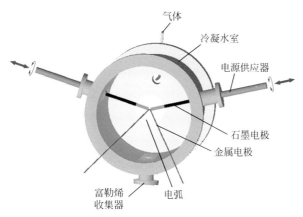

图2.1　Krätschmer-Huffman电弧放电法示意图[4]

压力、石墨电极的大小、两电极放电的距离及通过电极的电流大小等因素都明显影响富勒烯的产率。

2.2
金属富勒烯的制备

在金属富勒烯发现的最初十年，激光溅射是较常用的一种合成方法。通常，将具有高强度黏结的目标复合物棒或金属氧化物/石墨混合物盘放置在1200℃的炉子里，然后在Ar气流动保护的条件下，将波长532nm的Nd:YAG倍频激光聚焦在目标棒上。通过激光气化产生内嵌金属富勒烯和空心富勒烯，然后产生的气体通过管道随Ar气流出，最终在炉管末端的石英壁上沉积。激光溅射的方法适合研究富勒烯以及内嵌金属富勒烯的生长机理。然而，含有激光源的仪器造价昂贵并且内嵌金属富勒烯的产率较低。因此，使用这种方法来大规模地生产内嵌金属富勒烯显然是不切实际的。

直到1990年年末，Krätschmer和Huffman提出接触弧法才使大量合成内嵌金属富勒烯成为可能。大规模合成内嵌金属富勒烯最常用的直流电弧放电设备是

Krätschmer-Huffman发生器，该设备使用金属氧化物（金属）/石墨复合棒作为阳极。首先对复合棒进行高温预处理（高于1600℃），在高温下，复合棒中可以产生各种金属碳化物，这些金属碳化物的产生对于高效合成内嵌金属富勒烯至关重要，因为在复合棒内均匀分散的金属原子和离子给予了内嵌金属富勒烯更高的产率。使用50～100Torr（1Torr=133Pa）的He气作为冷却气，在直流电火花下（300～500A）气化碳棒，然后将产生的烟灰收集做进一步处理。

合成内嵌金属富勒烯时，需要选取电弧条件（复合棒的尺寸、直流电流、两个电极的电弧间隙等）以及装填室的尺寸，同时，选取的He气压力通常接近于用来合成更高的空心富勒烯（如C_{82}和C_{84}）所使用的He气压力。对于直流电弧放电法，在电弧合成期间，内嵌金属富勒烯的产量随He气压力变化而变化。此外，高温热处理时，"原位激活"和"后燃"技术对于有效合成内嵌金属富勒烯也是至关重要的。另外，为了避免在处理烟灰时使一些空气（水分）敏感的内嵌金属富勒烯降解，人们还设计了一种改进的直流电弧放电装置，该装置由一个合成室和收集室组成，配备了对含有内嵌金属富勒烯的原始烟灰厌氧采样收集的装置。

2.2.1
金属氮化物内嵌富勒烯的合成

2.2.1.1
气体氮源

第一种金属氮化物内嵌富勒烯$Sc_3N@C_{80}$就是使用氮气（N_2）作为氮源，将含有钪氧化物的石墨棒在Krätschmer-Huffman发生器中放电蒸发。在迄今为止分离的金属氮化物内嵌富勒烯中，一半以上的合成使用了氮气作氮源，包括$Sc_3N@C_{2n}$（$2n=68$，78，80）、$Y_3N@C_{2n}$（$2n=78\sim88$）、$Gd_3N@C_{2n}$（$2n=78\sim88$）、$Tb_3N@C_{2n}$（$2n=80$，$84\sim88$）、$Er_3N@C_{80}$、$Tm_3N@C_{2n}$（$2n=80$，84）和$Lu_3N@C_{2n}$（$2n=80$，88）[10,11]。

基于氮气氮源技术还合成了混合金属氮化物团簇，其包含了两种或三种不同的金属种类。最早发现的混合金属氮化物内嵌富勒烯是$Er_xSc_{3-x}N@C_{80}$（$x=1$，2），目前报道的绝大部分混合金属氮化物内嵌富勒烯都是包含Sc的，包括$A_xSc_{3-x}N@C_{68}$（$x=1$，2；A=Tm，Er，Gd，Ho，La）[12]、$ScYErN@C_{80}$、$Sc_xY_{3-x}N@C_{80}$（$x=1$，2）、

CeSc$_2$N@C$_{80}$、Gd$_x$Sc$_{3-x}$N@C$_{80}$（x=1，2）、DySc$_2$N@C$_{76}$、TbSc$_2$N@C$_{80}$、MSc$_2$N@C$_{68}$（M=Dy，Lu）、Lu$_2$ScN@C$_{68}$（x=1，2）、Lu$_x$Sc$_{3-x}$N@C$_{80}$（x=1，2）和Nd$_x$Sc$_{3-x}$N@C$_{80}$。

在电弧放电炉中引入少量NH$_3$作为氮源，称作"反应气体气氛"。令人惊讶的是，在这种气氛下，空笼富勒烯和常规金属富勒烯的形成被显著抑制，它们的产率极低，而金属氮化物内嵌富勒烯则以高于95％的产率形成。因此，可以实现选择性合成。

2.2.1.2
固体氮源

无机固体氮源是指用氰化氮钙（CaNCN）与石墨和金属混合，可以显著改善Sc$_3$N@C$_{80}$的产率和选择性[13]。一种改良的方式是向金属氧化物和石墨的混合反应物中加入Cu(NO$_3$)$_2$·2.5H$_2$O作为添加剂改变电弧放电中等离子体的温度、能量和活性，成功地提高了Sc$_3$N@C$_{80}$的产率。在该方法中，Cu(NO$_3$)$_2$·2.5H$_2$O的添加可导致NO$_x$气体的产生，其在电弧放电过程中可以调节等离子体的温度，从而实现内嵌金属氮化物原子簇富勒烯的选择性合成。

之后，人们开发出一系列可变价态的含氮无机固体化合物作为新的氮源，包括铵盐［(NH$_4$)$_x$H$_{3-x}$PO$_4$（x=0～2）、(NH$_4$)$_2$SO$_4$、(NH$_4$)$_2$CO$_3$、NH$_4$X（X=F，Cl）、NH$_4$SCN］、硫氰酸盐（KSCN）、硝酸盐（NaNO$_3$）和亚硝酸盐（NaNO$_2$）。其中，磷酸铵［(NH$_4$)$_x$H$_{3-x}$PO$_4$，（x=1～3）］和硫氰酸铵（NH$_4$SCN）的氮源比其他磷酸盐表现出更好的效果，当以NH$_4$SCN作为氮源时，Sc内嵌富勒烯的产率较高，如图2.2所示。

除此之外，还应用了一些有机固体氮源来合成金属氮化物内嵌富勒烯。硫氰酸胍和盐酸胍的有机化合物可以作为新的氮源实现高产率的合成，基于这种方法合成的M$_3$N@C$_{80}$的产率与使用气态NH$_3$源获得的产率相当[14,15]。

另外，还开发了另一种比胍盐便宜得多的有机固体富氮化合物——尿素［CO(NH$_2$)$_2$］作为新氮源。通过使用不同的氮源如N$_2$、NH$_3$和硫氰酸胍，并对Sc$_3$N@C$_{80}$的产量进行比较，结果显示，尿素可作为选择性合成Sc$_3$N@C$_{80}$的替代氮源，其产率几乎与使用N$_2$的产率相同[16]。三聚氰胺也可以用作合成金属氮化物内嵌富勒烯的有效固体氮源。使用这种方法合成了大量Sc/Gd基内嵌富勒烯，Sc$_x$Gd$_{3-x}$N@C$_{2n}$（$2n$=78～88）。

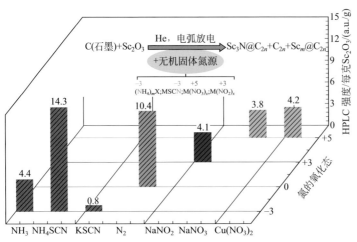

图 2.2　不同无机固体氮源与 Sc_2O_3 混合得到的 $Sc_3N@C_{80}$ 在 HPLC 上的相对强度对比[15]
插入图表示通过电弧放电法与不同的无机固体氮源合成钪系内嵌金属氮化物富勒烯的方式

2.2.2
金属碳化物内嵌富勒烯的合成

通常，金属碳化物内嵌富勒烯的合成方法与常规合成方法相同。Krätschmer-Huffman 直流电弧放电法合成了包含多个（2～4 个）金属原子的大量金属碳化物内嵌富勒烯[17,18]。如 Sc_2C_{84} 的三种异构体为碳化物结构，即 $Sc_2C_2@C_{82}$-C_{3v}(8)、$Sc_2C_2@C_{82}$-C_s(6) 和 $Sc_2C_2@C_{82}$-C_{2v}(9) [19,20]。Sc_2C_{82} 的一种异构体也被证明是碳化物结构，即 $Sc_2C_2@C_{80}$-C_{2v}(5) [21]。Sc_2C_{70} 其实是 $Sc_2C_2@C_{68}$-C_{2v}(6073) 的碳化物结构[22]。其他还有 $Sc_2C_2@C_{72}$-C_s(10528)、$Sc_2C_2@C_{86}$、$Sc_2C_2@C_{88}$、$Sc_3C_2@C_{80}$-I_h、$Sc_4C_2@C_{80}$-I_h 等。除了基于 Sc 的双金属的金属碳化物，在过去十年中还分离了其他镧系金属的大量双金属碳化物[23,24]，包括 $Er_2C_2@C_{82}$、$Gd_2C_2@C_{2n}$（$2n$=88～92）、$Lu_3C_2@C_{88}$、$Y_2C_2@C_{2n}$（$2n$=82，84，92，100）、$Ti_2C_2@C_{78}$、$Dy_2C_2@C_{82}$、$Tm_2C_2@C_{82}$ 和混合金属碳化物内嵌富勒烯 $ErYC_2@C_{82}$。

2.2.3
金属氧化物内嵌富勒烯的合成

在金属富勒烯研究的早期阶段，氧气通常被认为是形成金属富勒烯的不利物质。因此，在金属富勒烯的制备过程中，尽可能避免氧气。然而，Stevenson 等在合成基于 Sc 的内嵌富勒烯期间引入少部分流动空气作为添加剂，产生了各种类型的金属氧化物内嵌富勒烯，如 $Sc_4O_2@C_{80}$、$Sc_4O_3@C_{80}$ 和 $Sc_2O@C_{82}$[25,26]。显然，空气中少量的氧气在形成金属氧化物内嵌富勒烯方面发挥了至关重要的作用。使用气态 CO_2 作为氧源，也可以合成大量 Sc 基的金属氧化物内嵌富勒烯，例如 $Sc_2O@C_{2n}$（$2n=70 \sim 94$）。因此，CO_2 可以比空气更好地用作有效的氧源，以促进金属氧化物内嵌富勒烯的形成[27]。

2.2.4
金属硫化物内嵌富勒烯的合成

作为富氮有机固体氮源的硫氰酸胍（CH_3N_3HSCN）最初被应用于产生金属氮化物内嵌富勒烯。有趣的是，CH_3N_3HSCN 作为硫源时也可以产生金属硫化物内嵌富勒烯，基于此合成了 $Sc_2S@C_{82}$ 及 $M_2S@C_{82}$（M=Dy，Y，Lu）[28]。因此，CH_3N_3HSCN 被证明是合成金属硫化物内嵌富勒烯的通用添加剂。另外，引入少量的 SO_2 作为硫源，成功合成了 $Sc_2S@C_{2n}$（$2n=80 \sim 100$）的大家族[29,30]。这显然不同于使用硫氰酸胍作为硫源，其仅检测到 $Sc_2S@C_{82}$-C_{3v}(8) 的一种异构体。碳笼分布的差异表明，硫源对金属硫化物内嵌富勒烯的形成具有显著的影响，这为探索这种新兴的内嵌富勒烯家族开辟了新的途径。之后，用类似的方法成功合成了 $Sc_2S@C_{2n}$（$2n=70$，72）和 $Ti_2S@C_{78}$[31]。

2.2.5
金属氰化物内嵌富勒烯的合成

$YNC@C_{82}$ 是由改进的 Krätschmer-Huffman 直流电弧放电法合成的，通过在 N_2/He 混合气氛下蒸发含有 Y_2O_3、TiO_2 和石墨粉末的复合石墨棒。$YNC@C_{82}$ 中不含 Ti，但有趣的是，原料混合物中含有 TiO_2 才会形成 $YNC@C_{82}$，这表明 TiO_2 对于形成 $YNC@C_{82}$ 具有重要作用。然而，TiO_2 不适用于其他金属氰化物内嵌富勒烯的合成，如 $TbNC@C_{82}$ 和 $TbNC@C_{76}$。比较有无 TiO_2 的条件下 $TbNC@C_{82}$ 的产量可以发现，在两种条件下都可以形成 $TbNC@C_{82}$[32,33]。

2.2.6
金属碳氢化物内嵌富勒烯的合成

金属碳氢化物内嵌富勒烯的产率很低，合成分离过程比较复杂，研究发现在反应气体气氛下加入少量甲烷（CH_4），并采用改进的Krätschmer-Huffman直流电弧法，可以成功地在C_{80}笼内嵌入五原子Sc_3CH。$Sc_3CH@C_{80}$是第一个金属碳氢化物内嵌富勒烯，从而在团簇内嵌富勒烯系列中开辟了一个新的分支。另外，在含有Sc/Ni_2合金和石墨粉末混合物的石墨棒的蒸发过程中，将一部分H_2引入发生器中，并分离出新的金属碳氢化物内嵌富勒烯——$Sc_4C_2H@C_{80}$。该分子比$Sc_4C_2@C_{80}$-I_h多一个氢原子，实现了一个电子注入和自旋活化，使分子呈现顺磁性[34]。

2.2.7
金属碳氮化物富勒烯的合成

Dorn等首先通过质谱检测到Sc_3NC_{81}。后来，理论预测该物种倾向于采用$Sc_3CN@C_{80}$的形式[35]。直到2010年才确定了这种新型金属碳氮化物内嵌富勒烯$Sc_3CN@C_{80}$。合成过程中，将一小部分N_2引入到Krätschmer-Huffman发生器中，将含有Sc/Ni_2合金混合物的石墨棒气化。后来，相同的条件下还合成了$Sc_3CN@C_{78}$以及$Sc_3(\mu_3$-$C_2)(\mu_3$-$CN)@C_{80}$-I_h[36]。

2.3
金属富勒烯的分离

目前，无论是激光溅射、离子轰击还是电弧放电法，制备金属富勒烯的产率都比较低。在生成金属富勒烯的同时，还产生了大量的空心富勒烯和其他非富勒烯碳杂质，如何高效提取和分离含量极低的金属富勒烯一直都是一个较大的技术壁垒。本节主要介绍从炭灰粗产物中提取金属富勒烯的方法，进而分析最为常用的两种分离金属富勒烯的方法：高效液相色谱分离法和化学反应分离法。

2.3.1
提取方法

分离金属富勒烯之前需要将其从炭灰中提取出来，目前主要是通过溶剂萃取法和升华法来提取金属富勒烯。

富勒烯和金属富勒烯具有大 π 共轭电子结构，能够溶解于二硫化碳、甲苯、二甲苯、氯苯等有机溶剂。利用金属富勒烯的溶解性，已经发展了大量的提取方法，包括高温高压萃取、两步溶剂萃取、极性溶剂索氏提取、超声萃取、固相萃取等。相比于空心富勒烯，金属富勒烯碳笼的电子密度分布不均匀，具有更强的极性。金属富勒烯 $M@C_{82}$（M=Ce，Gd，La，Y）都具有较大的有效偶极矩，因此可以使用甲苯在较低温度下将炭灰中70%以上的 C_{60} 和 C_{70} 萃取出来，再使用较强极性的二硫化碳和甲醇（体积比为 84:16）混合溶剂提取出炭灰中残留的 $M@C_{82}$[37]。

胺类有机溶剂如 N,N-二甲基甲酰胺（DMF）可以与金属富勒烯形成电荷转移复合物，从而被广泛地用于高效率、高选择性地提取金属富勒烯[38～41]，如图2.3所示。在高温高压条件下，吡啶对于大部分的单金属富勒烯 $Ln@C_{2n}$（Ln=La，Ce，Pr，Nd，Sm，Eu，Gd，Tb，Dy，Ho，Er，Tm，Yb）都具有非常高的提取效率[42]。相比于吡啶，DMF 在常压下的索氏提取效率就非常高，适用于大规模提取金属富勒烯。使用 DMF 提取金属富勒烯 $Ce@C_{82}$[43]，提取液中 $Ce_2@C_{82}$ 含量高达15%，比传统方法提高了30倍以上[44]。在提取过程中引入超声作用，能够加强溶剂与金属富勒烯的接触，从而大幅提高提取速率[45]。窄带隙金属富勒烯如 $M@C_{60}$（M=Y，Ba，La，Ce，Pr，Nd，Gd），几乎不溶于常规的有机溶剂，能够通过苯胺从炭灰中提取出来[46]。

升华法非常适合提取溶解度低的金属富勒烯，同时还能实现金属富勒烯与空心富勒烯的初步分离。镧单金属富勒烯 $La@C_{82}$ 在空气中不稳定，在溶剂提取的过程中容易氧化，并且 $La@C_{60}$ 基本不溶于有机溶剂。Smalley 等首次在真空下将炭灰加热到650℃，使镧单金属富勒烯从炭灰中升华出来，从而实现了 $La@C_{2n}$（2n=60，74，82）的提取。金属富勒烯的升华温度是与压力相关的：在 5mTorr 压力下，$Gd@C_{60}$ 要被加热到750℃才能升华；在 $8×10^{-6}$Torr 压力下，与 $Gd@C_{60}$ 结构相似的 $Er@C_{60}$ 只需450℃就能够升华。一般来说，金属富勒烯碳笼越大，其升华温度越高。在相同压力下，放射性金属富勒烯 $U@C_{60}$ 能够在365℃升华，而 $U@C_{74}$ 和 $U@C_{82}$ 需要被加热到680℃才能被收集到。

对于产率较高也较为稳定的金属氮化物富勒烯，只需要使用甲苯、二甲苯、

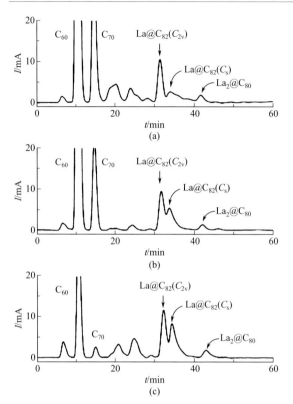

图2.3 镧金属富勒烯的（a）三氯苯、（b）吡啶和（c）DMF提取液的高效液相色谱图[38]

二硫化碳这类常用有机溶剂，通过索氏提取就能将其从炭灰里面提取出来。DMF等胺类溶剂对大部分单金属富勒烯都具有较好的提取效果，能够与单金属富勒烯发生电荷转移，从而选择性地将其提取出来。部分能级带隙较窄的单金属富勒烯如M@C$_{60}$在大部分溶剂中溶解度都非常低，适合通过升华法提取。

2.3.2
色谱分离法

金属富勒烯提取液中存在大量的空心富勒烯，通常使用高效液相色谱对其进行分离。高效液相色谱是基于金属富勒烯与空心富勒烯的色谱保留行为差异，利用合适的色谱柱和流动相实现两者的分离。通过不同类型色谱柱联用、多步分离

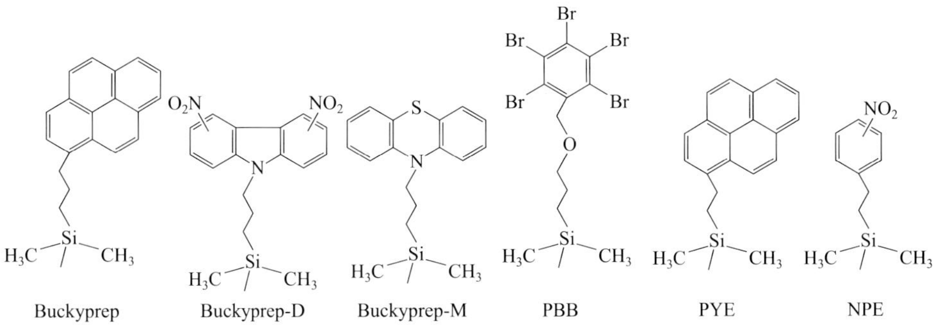

图2.4 常用的金属富勒烯分离色谱柱的填料类型

或者循环分离，还能够实现金属富勒烯异构体的分离纯化。

色谱柱是高效液相色谱分离金属富勒烯的核心，目前常用的色谱柱主要有Buckyprep、Buckyprep-D、Buckyprep-M、PBB、PYE、NPE等（图2.4）。这些色谱柱是基于金属富勒烯与空心富勒烯的分子尺寸、电子结构或极性差异，通过π-π作用或者偶极-偶极作用，让两者在不同的保留时间下进行分离。

金属氮化物富勒烯产率高、稳定性好，其电子结构与空心富勒烯具有较大差异，较容易通过高效液相色谱进行分离。大部分金属氮化物富勒烯（$Sc_3N@C_{68}$、$Sc_3N@C_{78}$和$Sc_3N@C_{80}$等），都能通过单次色谱分离达到非常高的纯度[47,48]。分子结构较为相似的金属富勒烯需要多步色谱分离才能进行纯化，例如电弧放电法制备的钪金属富勒烯中含有$Sc@C_{82}$、$Sc_2@C_{84}$和$Sc_3@C_{82}$等多种成分，就需要两步色谱分离。第一步可以使用PBB色谱柱，以二硫化碳作为流动相，将钪金属富勒烯与空心富勒烯完全分离开。第二步是利用Buckyprep柱和甲苯流动相分离不同类型的钪金属富勒烯，可以分别得到高纯度的$Sc@C_{82}$、$Sc_2@C_{84}$和$Sc_3@C_{82}$[49]。大多数单金属富勒烯$M@C_{82}$都存在2种及以上的异构体，异构体之间的差异较小，需要进行多步色谱分离纯化，$Ca@C_{82}$的4种异构体就是通过这种方式分离发现的[50,51]。目前，利用商用的色谱柱能够实现大部分金属富勒烯的分离纯化，通过不同类型的色谱柱联用还能对金属富勒烯异构体进行分离。

对于具有极其相似分子结构和性质的金属富勒烯，则需要进行色谱循环才能实现有效分离。在制备双金属氮化物富勒烯$A_xB_{3-x}N@C_{2n}$的过程中，会同时产生$A_3N@C_{2n}$和$B_3N@C_{2n}$，它们的碳笼结构完全相同，分子性质也极其相似。为了纯化$MSc_2N@C_{68}$（M=Dy，Lu）、$M_xSc_{3-x}N@C_{80}$（M=Gd，Lu，Ho；$x=0\sim2$）等，先是利用高效液相色谱将其与空心富勒烯完全分离，然后对金属富勒烯进行

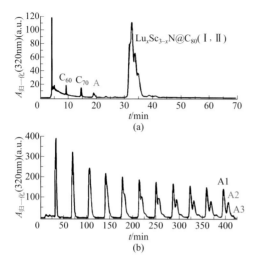

图2.5 （a）色谱分离$Lu_xSc_{3-x}N@C_{2n}$（A）与空心富勒烯；（b）通过循环色谱分离$Sc_3N@C_{68}$（A1）、$LuSc_2N@C_{68}$（A2）和$Lu_2ScN@C_{68}$（A3）[52]

色谱循环分离[52~55]，$Lu_xSc_{3-x}N@C_{2n}$（$x=0 \sim 2$）的分离如图2.5所示。金属碳化物富勒烯（$Er_2C_2@C_{82}$、$Y_2C_2@C_{82}$）[56,57]、金属硫化物富勒烯（$Sc_2S@C_{72}$、$Sc_2S@C_{82}$、$Dy_2S@C_{82}$、$Lu_2S@C_{82}$）[58,59]以及镝金属富勒烯的异构体［$Dy_2@C_{86}$（Ⅰ，Ⅱ）、$Dy_2@C_{88}$（Ⅰ，Ⅱ）、$Dy_2@C_{90}$（Ⅰ，Ⅱ，Ⅲ）、$Dy_2@C_{92}$（Ⅰ，Ⅱ，Ⅲ）、$Dy_2@C_{94}$（Ⅰ，Ⅱ）］[60]，都能够通过色谱循环进行分离纯化。循环色谱能够对绝大部分金属富勒烯及其异构体进行分离纯化，但是耗时较长、分离量非常小，只适合金属富勒烯的基础研究。

高效液相色谱是分离金属富勒烯的有力工具，通过多步色谱和循环色谱能够有效分离分子结构相似的金属富勒烯及其异构体。高效液相色谱在金属富勒烯的分子结构、理化性质及其应用研究中发挥了重大作用，有力推动了金属富勒烯的研究发展。

2.3.3
化学分离法

高效液相色谱分离金属富勒烯要求使用特殊的色谱柱和大量的有机溶剂作为

流动相，并且需要多步分离或循环分离才能得到纯度较高的金属富勒烯，成本高昂并耗时冗长。因此，开发能够快速、大规模分离金属富勒烯的非色谱分离法对于金属富勒烯研究和应用具有重大意义。本节主要介绍几种重要的化学分离金属富勒烯的方法，并分析讨论其分离原理和分离效率。

富勒烯和金属富勒烯碳笼上电子密度都比较大，从而能够与路易斯酸发生电子对转移反应，形成可逆的络合沉淀物。根据金属富勒烯和空心富勒烯的电子结构差异，可以使用路易斯酸选择性沉淀金属富勒烯，空心富勒烯如C_{60}和C_{70}与路易斯酸基本不发生反应。过滤后，空心富勒烯保留在滤液中，金属富勒烯与路易斯酸的络合物被截留在滤膜上，然后水解除去路易斯酸实现金属富勒烯的纯化分离。金属氧化物富勒烯和金属氮化物富勒烯与路易斯酸的反应活性存在较大差异，金属氮化物富勒烯的反应性顺序是$Sc_3N@C_{78} > Sc_3N@C_{68} > Sc_3N@C_{80}\text{-}I_h$。反应活性较强的金属富勒烯（$Sc_4O_2@C_{80}\text{-}I_h$和$Sc_3N@C_{68,78}$）优先被路易斯酸$AlCl_3$分离出来，再使用$FeCl_3$分离得到反应活性较弱的$Sc_3N@C_{80}\text{-}I_h$[61]。$TiCl_4$作为一种液态的路易斯酸，与金属富勒烯的络合反应速率非常快，分离效率和产率都显著高于其他路易斯酸，能够在10min内将$Gd@C_{82}$从提取液中完全分离出来，如图2.6所示。绝大部分金属富勒烯都能通过$TiCl_4$进行分离，单金属富勒烯$M@C_{2n}$（M=La，Sc，Y，Gd，Lu，Er，Ce，Sm，Eu，Tm，Yb等）、双金属富勒烯$M_2@C_{2n}$（M=Ce，Lu，La）、金属碳化物富勒烯（$Sc_2C_2@C_{82}$）和金属氮化物富勒烯（$Gd_3N@C_{80}$、$Sc_3N@C_{80}$）经过一步分离后纯度能够达到99%以上[62,63]。

$TiCl_4$对单金属富勒烯$La@C_{82}$的分离过程中，当分离时间不超过10min时，$TiCl_4$在不同有机溶剂（甲苯、二硫化碳、邻二甲苯、三氯苯等）中对$La@C_{82}$的

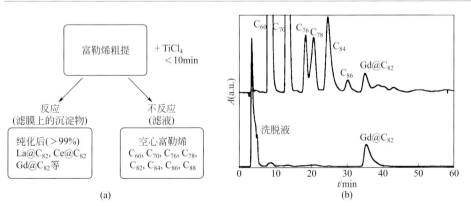

图2.6 （a）通过$TiCl_4$分离金属富勒烯示意图；（b）使用$TiCl_4$分离$Gd@C_{82}$的色谱图[63]

分离产率都高达99%。但是，随着分离时间延长，$TiCl_4$ 会与 La@C_{82} 形成不可逆的络合物，从而降低分离产率[63]。因此，使用路易斯酸分离金属富勒烯时，需要严格监控反应时间，避免路易斯酸与金属富勒烯形成不可逆的电子转移络合物，导致分离效率下降。

通过机理研究发现，路易斯酸是根据金属富勒烯的第一氧化电位差异选择性络合沉淀金属富勒烯。氧化电位能够反映金属富勒烯提供电子对的能力，氧化电位越低越容易与路易斯酸发生电子对转移反应，从而优先被分离纯化。路易斯酸只能分离氧化电位低于某一阈值的金属富勒烯。表2.1总结了常用路易斯酸能够分离的金属富勒烯的氧化电位阈值，为金属富勒烯的分离纯化提供了指导。

表2.1 路易斯酸分离金属富勒烯的第一氧化电位阈值[64~66]

路易斯酸	第一氧化电位阈值（vs.Fc/Fc$^+$）/V
$TiCl_4$	0.62～0.72
WCl_6、$ZrCl_4$、$AlCl_3$、$FeCl_3$	0.6
$MgCl_2$、MnC_2、WCl_4	0.1～0.5
$CuCl_2$	0.19
$CaCl_2$、$ZnCl_2$、$NiCl_2$	0.1

根据富勒烯碳笼之间的化学活性差异，也可以实现金属富勒烯的高效分离。表面修饰了环戊二烯基团的硅胶能够与富勒烯碳笼发生Diels-Alder反应，并且优先与键共振能较小的空心富勒烯发生吸附反应。将金属氮化物富勒烯 $M_3N@C_{80}$（M=Er，Gd，Ho，Lu，Sc，Tb，Tm，Y）提取液流经环戊二烯键合硅胶装填的色谱柱，空心富勒烯被吸附保留在色谱柱上，从而分离得到高纯度的金属富勒烯[67,68]。氨基容易与富勒烯碳笼发生亲核加成反应，所以氨基修饰的硅胶也能够应用于金属富勒烯的分离。将氨基硅胶加入金属富勒烯的提取液中，充分搅拌反应后，氨基硅胶选择性地吸附了键共振能较小的富勒烯，键共振能较大的富勒烯都被保留在滤液中。使用氨基硅胶能够分离得到高纯度的金属氮化物富勒烯 $Sc_3N@C_{80}$，严格控制反应时间还能实现 $Sc_3N@C_{80}$-D_{5h} 和 $Sc_3N@C_{80}$-I_h 两种异构体的分离[69,70]。

金属富勒烯相比于空心富勒烯具有更高还原电位，可以通过电化学还原来纯化金属富勒烯。使用电化学工作站将在三氯苯提取液中的 La@C_{82} 和 La$_2$@C_{82} 还原成阴离子，再利用极性差异将其与其他中性富勒烯分离开，然后使用二氯乙酸将 La@C_{82} 和 La$_2$@C_{82} 阴离子氧化成金属富勒烯本体[71]。这种电化学还原法非常适合分离溶解度差的窄带隙金属富勒烯如 M@C_{60}，能够将不溶的金属富勒烯还原成可溶且稳定的阴离子，再进行分离纯化[72,73]。利用碳笼的尺寸效应也有望实现金属富勒烯的分离，如[11]环对亚苯基能够选择性地捕获尺寸较大的单金属富勒烯$Gd@C_{82}$[74]。

根据金属富勒烯的分子结构和化学反应特性，可以使用路易斯酸配位、功能化硅胶吸附、电化学还原等方式对其进行高效地分离纯化。其中，路易斯酸能够根据第一氧化电位差异分离金属富勒烯及其异构体，分离回收率高、操作简单并且无须使用大量有机溶剂，适用于大规模制备金属富勒烯。

2.4
小　结

金属富勒烯的制备和分离是该类分子材料应用的关键环节。电弧放电法依然是目前合成金属富勒烯常用手段，已经在$Gd@C_{82}$的宏量生产中取得应用。未来，开发金属富勒烯的新型合成技术和提高金属富勒烯产率依然亟待解决。金属富勒烯分离问题仍存在诸多问题，色谱法分离的产品虽然纯度很高，但效率不高，化学分离方法普适性不强，随着应用的开展，分离技术仍需要进一步改进和完善。

参考文献

[1] Kroto H W, Heath J R, O'Brien S C, et al. C_{60}: Buckminsterfullerene[J]. Nature,1985, 318: 162.

[2] Peters G, Jamen M. A new fullerene synthesis[J]. Angewandte Chemie International Edition in English, 1992, 31: 223.

[3] Krätschmer W, Fostiropoulos K, Huffman D R. The infrared and ultraviolet absorption spectra of laboratory-produced carbon dust: evidence for the presence of the C_{60} molecule[J]. Chemical Physics Letters, 1990, 170: 167.

[4] Popov A A, Yang S, Dunsch L. Endohedral fullerenes[J]. Chemical Reviews, 2013, 113 (8): 5989-6113.

[5] Howard J B, Mckinnon J T, Makarovsky Y,et al. Fullerenes C_{60} and C_{70} in flames[J]. Nature,1991, 352: 139.

[6] Taylor R, Langley G J, Kroto H W,et al. Formation of C_{60} by pyrolysis of naphthalene[J]. Nature,1993, 366: 728-731.

[7] Xie S, Huang R, Yu L,et al. Microwave synthesis

of fullerenes from chloroform[J]. Applied Physics Letters, 1999, 75 (18): 2764-2766.

[8] Ivanov V, Nagy J B, Lambin P,et al. The study of carbon nanotubules produced by catalytic method[J]. Chemical Physics, Letters. 1994, 223(4): 329-335.

[9] Boorum M M, Vasil'Ev Y V, Drewello T,et al. Groundwork for a rational synthesis of C_{60}: cyclodehydrogenation of a $C_{60}H_{30}$ polyarene[J]. Science, 2001, 294: 828-831.

[10] Olmstead M M, de Bettencourt-Dias A, Olmstead M M, et al. Isolation and structural characterization of the endohedral fullerene $Sc_3N@C_{78}$[J]. Angewandte Chemie International Edition, 2001, 40: 1223

[11] Fu W, Xu L, Azurmendi H,et al. ^{89}Y and ^{13}C NMR cluster and carbon cage studies of an yttrium metallofullerene family, $Y_3N@C_{2n}$ (n=40-43)[J]. Journal of the American Chemical Society, 2009, 131 (33): 11762-11769.

[12] Stevenson S, Fowler P W, Heine T, et al. A stable non-classical metallofullerene family[J]. Nature,2000, 408: 427.

[13] Dunsch L, Krause M, Noack J,et al. Endohedral nitride cluster fullerenes Formation and spectroscopic analysis of $L_{3-x}M_xN@$ $C_{2n}(0 \leqslant x \leqslant 3; n$=39, 40)[J].Journal of Physics and Chemsitry of Solids, 2004, 65 (2-3): 309-315.

[14] Liu F, Guan J, Wei T, et al. A series of inorganic solid nitrogen sources for the synthesis of metal nitride clusterfullerenes: the dependence of production yield on the oxidation state of nitrogen and counter ion[J]. Inorganic Chemistry, 2013, 52 (7): 3814-3822.

[15] Yang S, Wei T, Jin F. When metal clusters meet carbon cages: endohedral clusterfullerenes[J]. Chemical Society Reviews, 2017, 46 (16): 5005-5058.

[16] Jiao M, Zhang W, Xu Y,et al. Urea as a new and cheap nitrogen source for the synthesis of metal nitride clusterfullerenes: the role of decomposed products on the selectivity of fullerenes[J]. Chemistry-A European Journal, 2012, 18 (9): 2666-2673.

[17] Yang S, Liu F, Chen C, et al. Fullerenes encaging metal clusters-clusterfullerenes[J]. Chemical Communications, 2011, 47 (43): 11822-11839.

[18] Popov A A, Yang S, Dunsch L. Endohedral fullerenes[J]. Chemical Reviews, 2013, 113 (8): 5989-6113.

[19] Lu X, Nakajima K, Iiduka Y,et al. Structural elucidation and regioselective functionalization of an unexplored carbide cluster metallofullerene $Sc_2C_2@C_s(6)$-C_{82}[J]. Journal of the American Chemical Society, 2011, 133 (48): 19553-19558.

[20] Kurihara H, Lu X, Iiduka Y,et al. X-ray structures of $Sc_2C_2@C_{2n}$ (n=40-42): in-depth understanding of the core−shell interplay in carbide cluster Metallofullerenes[J]. Inorganic Chemistry, 2012, 51 (1): 746-750.

[21] Kurihara H, Lu X, Iiduka Y, et al. $Sc_2@C_{80}$ rather than $Sc_2@C_{82}$: templated formation of unexpected $C_{2v}(5)$-C_{80} and temperature-dependent dynamic motion of internal Sc_2C_2 cluster[J]. Journal of the American Chemical Society, 2011, 133 (8): 2382-2385.

[22] Shi Z Q, Wu X, Wang C,et al. Isolation and characterization of $Sc_2C_2@C_{68}$: a metal-carbide endofullerene with a non-IPR carbon cage[J]. Angewandte Chemie International Edition, 2006, 45(13):2107-2111.

[23] Ito Y, Okazaki T, Okubo S,et al.Enhanced 1520 nm photoluminescence from Er^{3+} ions in di-erbium-carbide metallofullerenes $(Er_2C_2)@C_{82}$ (isomers Ⅰ, Ⅱ, and Ⅲ)[J]. ACS Nano, 2007, 1 (5): 456-462.

[24] Yang H, Lu C, Liu Z,et al. Detection of a family of gadolinium-containing endohedral fullerenes and the isolation and crystallographic characterization of one member as a metal−carbide encapsulated inside a large fullerene cage[J]. Journal of the American Chemical Society, 2008, 130 (51): 17296-17300.

[25] Popov A A, Chen N, Pinzón J R,et al. Redox-active scandium oxide cluster inside a fullerene cage: spectroscopic, voltammetric, electron spin

resonance spectroelectrochemical, and extended density functional theory study of $Sc_4O_2@C_{80}$ and its ion radicals[J]. Journal of the American Chemical Society, 2012, 134 (48): 19607-19618.

[26] Mercado B Q, Olmstead M M, Beavers C M, et al. A seven atom cluster in a carbon cage, the crystallographically determined structure of $Sc_4(\mu_3\text{-}O)_3@I_h\text{-}C_{80}$[J]. Chemical Communications, 2010, 46 (2): 279-281.

[27] Zhang M, Hao Y, Li X, et al. Facile synthesis of an extensive family of $Sc_2O@C_{2n}$ (n=35-47) and chemical insight into the smallest member of $Sc_2O@C_2(7892)\text{-}C_{70}$[J]. Journal of Physical Chemistry C, 2014, 118 (49): 28883-28889.

[28] Dunsch L, Yang S, Zhang L, et al. Metal sulfide in a C_{82} fullerene cage: a new form of endohedral clusterfullerenes[J]. Journal of the American Chemical Society, 2010, 132 (15): 5413-5421.

[29] Chen N, Chaur M N, Moore C, et al. Synthesis of a new endohedral fullerene family, $Sc_2S@C_{2n}$ (n=40-50) by the introduction of SO_2[J]. Chemical. Communications, 2010, 46: 4818-4820.

[30] Mercado B Q, Chen N, Rodríguez-Fortea A, et al. The shape of the $Sc_2(\mu_2\text{-}S)$ unit trapped in C_{82}: crystallographic, computational, and electrochemical studies of the isomers, $Sc_2(\mu_2\text{-}S)@C_s(6)\text{-}C_{82}$ and $Sc_2(\mu_2\text{-}S)@C_{3v}(8)\text{-}C_{82}$[J]. Journal of the American Chemical Society, 2011, 133 (17): 6752-6760.

[31] Li F, Chen N, Mulet-Gas M, et al. $Ti_2S@D_{3h}(24109)\text{-}C_{78}$: a sulfide cluster metallofullerene containing only transition metals inside the cage[J]. Chemical Science, 2013, 4: 3404-3410.

[32] Liu F, Wang S, Gao C, et al. Mononuclear clusterfullerene single-molecule magnet containing strained fused-pentagons stabilized by a nearly linear metal cyanide cluster[J]. Angewandte Chemie International Edition, 2017, 56: 1830-1834.

[33] Liu F, Wang S, Guan J, et al. Putting a terbium-monometallic cyanide cluster into the C_{82} fullerene cage: $TbCN@C_2(5)\text{-}C_{82}$[J]. Inorganic

Chemistry, 2014, 53 (10): 5201-5205.

[34] Krause M, Ziegs F, Popov A A, et al. Entrapped bonded hydrogen in a fullerene: the five-atom cluster Sc_3CH in C_{80}[J]. ChemPhysChem, 2007, 8 (4): 537-540.

[35] Jin P, Zhou Z, Hao C, et al. NC unit trapped by fullerenes: a density functional theory study on $Sc_3NC@C_{2n}$ ($2n$=68, 78 and 80)[J]. Physical Chemistry Chemical Physics, 2010, 12 (39): 12442-12449.

[36] Wang T, Wu J, Feng Y. Scandium carbide/cyanide alloyed cluster inside fullerene cage: synthesis and structural studies of $Sc_3(\mu_3\text{-}C_2)(\mu_3\text{-}CN)@I_h\text{-}C_{80}$[J]. Dalton Transactions, 2014, 43: 16270-16274.

[37] Fuchs D, Rietschel H, Michel R H, et al. Extraction and chromatographic elution behavior of endohedral metallofullerenes: Inferences regarding effective dipole moments[J]. Journal of Physical Chemistry, 1996, 100 (2): 725-729.

[38] Tsuchiya T, Wakahara T, Lian Y, et al. Selective extraction and purification of endohedral metallofullerene from carbon soot[J]. Journal of Physical Chemistry B, 2006, 110 (45): 22517-22520.

[39] Kareev I E, Bubnov V P, Laukhina E E, et al. Experimental evidence in support of the formation of anionic endohedral metallofullerenes during their extraction with N,N - dimethylformamide[J]. Fullerenes Nanotubes Carbon Nanostructures, 2005, 12 (1-2): 65-69.

[40] Lian Y, Shi Z, Zhou X, et al. Different extraction behaviors between divalent and trivalent endohedral metallofullerenes[J]. Chemistry of Materials, 2004, 16 (9): 1704-1714.

[41] Solodovnikov S, Tumanskii B, Bashilov V, et al. Spectral study of reactions of $La@C_{82}$ and $Y@C_{82}$ with amino-containing solvents[J]. Russian Chemical Bulletin, 2001, 50 (11): 2242-2244.

[42] Sun D, Liu Z, Guo X, et al. High-yield extraction of endohedral rare-earth fullerenes[J]. Journal of Physical Chemistry B, 1997, 101 (20): 3927-

3930.

[43] Laukhina E E, Bubnov V P, Estrin Y I, et al. Novel proficient method for isolation of endometallofullerenes from fullerene-containing soots by two-step o-xylene-N, N-dimethylformamide extraction[J]. Journal of Materials Chemistry, 1998, 8 (4): 893-895.

[44] Xiao J, Savina M R, Martin G B, et al. Efficient HPLC purification of endohedral metallofullerenes on a porphyrin-silica stationary phase. Journal of the American Chemical Society, 1994, 116 (20): 9341-9342.

[45] Huang H, Yang S. Toward efficient synthesis of endohedral metallofullerenes by arc discharge of carbon rods containing encapsulated rare earth carbides and ultrasonic Soxhlet extraction[J]. Chemistry of Materials, 2000, 12 (9): 2715-2720.

[46] Kubozono Y, Maeda H, Takabayashi Y, et al. Extractions of Y@C_{60}, Ba@C_{60}, La@C_{60}, Ce@C_{60}, Pr@C_{60}, Nd@C_{60}, and Gd@C_{60} with aniline[J]. Journal of the American Chemical Society, 1996, 118 (29): 6998-6999.

[47] Yang S, Kalbac M, Popov A, et al. A facile route to the non-IPR fullerene $Sc_3N@C_{2n}$: synthesis, spectroscopic characterization, and density functional theory computations (IPR: isolated pentagon rule)[J]. Chemistry-A European Journal, 2006, 37 (52): 7856-7863.

[48] Yang S, Dunsch L. A large family of dysprosium-based trimetallic nitride endohedral fullerenes: $Dy_3N@C_{2n}$ ($39 \leqslant n \leqslant 44$)[J]. Journal of Physical Chemistry B, 2005, 109 (25): 12320-12328.

[49] Shinohara H, Yamaguchi H, Hayashi N, et al. Isolation and spectroscopic properties of scandium fullerenes ($Sc_2@C_{74}$, $Sc_2@C_{82}$, and $Sc_2@C_{84}$)[J]. Journal of Physical Chemistry, 1993, (17): 4259-4261.

[50] Yamamoto K, Funasaka H, Takahasi T, et al. Isolation and characterization of an ESR-active La@C_{82} isomer[J]. Journal of Physical Chemistry,1994, 98 (49): 12831-12833.

[51] Xu Z D, Nakane T, Shinohara H, Production and isolation of Ca@C_{82} (I - IV) and Ca@C_{84} (I , II)metallofullerenes[J]. Journal of the American Chemical Society, 1996, 118 (45): 11309-11310.

[52] Yang S, Popov A A, Dunsch L. Large mixed metal nitride clusters encapsulated in a small cage: the confinement of the C_{68}-based clusterfullerenes[J]. Chemical. Communications,2008, 25 (25): 2885-2887.

[53] Yang S, Popov A A, Chen C,et al. Mixed metal nitride clusterfullerenes in cage isomers: Lu_xSc_{3-x}N@C_{80} (x=1, 2) as compared with M_xSc_{3-x}N@C_{80} (M=Er, Dy, Gd, Nd)[J]. Journal of Physical Chemistry C, 2009, 113 (18): 7616-7623.

[54] Yang S, Kalbac M, Popov A,et al. Gadolinium-based mixed-metal nitride clusterfullerenes Gd_xSc_{3-x}N@C_{80} (x=1,2)[J]. ChemPhysChem, 2006, 7 (9): 1990-1995.

[55] Yang S, Popov A, Kalbac M,et al. The isomers of gadolinium scandium nitride clusterfullerenes Gd_xSc_{3-x}N@C_{80}(x=1,2) and their influence on cluster structure[J]. Chemistry—A European Journal, 2008, 14 (7): 2084-2092.

[56] Okimoto H, Kitaura R, Nakamura T,et al. Element-specific magnetic properties of di-erbium $Er_2@C_{82}$ and $Er_2C_2@C_{82}$ metallofullerenes: a synchrotron soft X-ray magnetic circular dichroism study[J]. Journal of Physical Chemistry C,2008, 112 (15): 6103-6109.

[57] Inoue T, Tomiyama T, Sugai T,et al. Trapping a C_2 radical in endohedral metallofullerenes: synthesis and structures of (Y_2C_2)@C_{82} (isomers I , II , and III)[J]. Journal of Physical Chemistry B, 2004, 108 (23): 7573-7579.

[58] Chen N, Beavers C M, Muletgas M,et al. Sc_2S@C_s(10528)-C_{72}: a dimetallic sulfide endohedral fullerene with a non isolated pentagon rule cage[J]. Journal of the American Chemical Society, 2012, 134 (18): 7851.

[59] Dunsch L, Yang S, Zhang L, et al. Metal sulfide in a C_{82} fullerene cage: a new form of endohedral clusterfullerenes[J]. Journal of the American Chemical Society, 2010, 132 (15): 5413.

[60] Tagmatarchis N, Shinohara H. Production, separation, isolation, and spectroscopic study of dysprosium endohedral metallofullerenes[J]. Chemistry of Materials, 2000, 12 (10): 3222-3226.

[61] Stevenson S, Mackey M A, Pickens J E, et al. Selective complexation and reactivity of metallic nitride and oxometallic fullerenes with Lewis acids and use as an effective purification method[J]. Inorganic Chemistry, 2009, 48 (24): 11685-11690.

[62] Wang Z, Nakanishi Y, Noda S,et al. The origin and mechanism of non-HPLC purification of metallofullerenes with $TiCl_4$[J]. Journal of Physical Chemistry C, 2012, 116 (48): 25563-25567.

[63] Akiyama K, Hamano T, Nakanishi Y, et al. Non-HPLC rapid separation of metallofullerenes and empty cages with $TiCl_4$ Lewis acid[J]. Journal of the American Chemical Society, 2012, 134 (23): 9762-9767.

[64] Wang Z Y, Omachi H, Shinohara H, Non-chromatographic purification of endohedral metallofullerenes[J]. Molecules, 2017, 22 (5): 14.

[65] Stevenson S, Rottinger K A, Fahim M,et al.Tuning the selectivity of Gd_3N cluster endohedral metallofullerene reactions with lewis acids[J]. Inorganic Chemistry, 2014, 53 (24): 12939-12946.

[66] Stevenson S, Rottinger K A. $CuCl_2$ for the isolation of a broad array of endohedral fullerenes containing metallic, metallic carbide, metallic nitride, and metallic oxide clusters, and separation of their structural isomers[J]. Inorganic Chemistry, 2013, 52 (16): 9606-9612.

[67] Ge Z, Duchamp J C, Cai T,et al. Purification of endohedral trimetallic nitride fullerenes in a single, facile step[J]. Journal of the American Chemical Society, 2005, 127 (46): 16292-16298.

[68] Merrifield R B. Solid phase peptide synthesis. Ⅰ. The synthesis of a tetrapeptide[J]. Journal of the American Chemical Society, 1963, 85 (14): 2149-2154.

[69] Stevenson S, Mackey M A, Coumbe C E,et al. Rapid removal of D_{5h} isomer using the "stir and filter approach" and isolation of large quantities of isomerically pure $Sc_3N@C_{80}$ metallic nitride fullerenes[J]. Journal of the American Chemical Society, 2007, 129 (19): 6072-6073.

[70] Stevenson S, Harich K, Yu H,et al.Nonchromatographic "stir and filter approach"(SAFA) for isolating $Sc_3N@ C_{80}$ metallofullerenes[J]. Journal of the American Chemical Society, 2006, 128 (27): 8829-8835.

[71] Tsuchiya T, Wakahara T, Shirakura S,et al. Reduction of endohedral metallofullerenes: A convenient method for isolation[J]. Chemistry of Materials, 2004, 16 (22): 4343-4346.

[72] Sun B, Gu Z. Solvent-dependent anion studies on enrichment of metallofullerene[J]. Chemistry Letters, 2002, 31 (12): 1164-1165.

[73] Pagona G, Economopoulos S P, Aono T,et al.Molecular recognition of $La@C_{82}$ endohedral metallofullerene by an isophthaloyl-bridged porphyrin dimer[J]. Tetrahedron Letters, 2010, 51 (45): 5896-5899.

[74] Nakanishi Y, Omachi H, Matsuura S,et al. Size-selective complexation and extraction of endohedral metallofullerenes with cycloparaphenylene[J]. Angewandte Chemie. International Editions,2014, 53 (12): 3102-3106.

NANOMATERIALS

金属富勒烯：从基础到应用

Chapter 3

第3章
金属富勒烯的表征

在合成与分离之后，金属富勒烯的结构表征成为后续研究的关键环节。金属富勒烯和其他碳材料的最大不同之处在于其精准的分子结构，属于分子纳米材料。因此，确定其分子结构就成为研究这类材料的首要任务。在早期，人们使用吸收光谱、红外光谱、拉曼光谱等对金属富勒烯进行结构分析，随着产量的提高，人们获得了更多的分子，此时 ^{13}C NMR和单晶X射线衍射成为表征的主要手段。同时，理论计算一直伴随着金属富勒烯的实验表征，并和实验结果相互补充、相互印证，推动了人们对金属富勒烯结构认知的不断深化。本章将介绍金属富勒烯的主要表征方法，包括光谱方法、核磁共振技术、单晶衍射技术和理论计算方法。

3.1
光谱方法

3.1.1
吸收光谱法

紫外可见吸收光谱是表征富勒烯几何结构和电子结构的重要手段。富勒烯的吸收性质主要取决于富勒烯碳笼上 π 电子的 π-π* 跃迁，因此与碳笼的结构及其电荷态密切相关。对于金属富勒烯，由于内嵌团簇向碳笼转移电子以及内嵌团簇尺寸对碳笼的巨大影响，使得碳笼的电子结构和能级变得更为复杂，因此吸收光谱性质也千变万化。金属富勒烯的紫外可见吸收主要受外层碳笼的大小和对称性的影响，同时还与外层碳笼所带电荷数有关，比如 $Sc_3N@C_{80}$-I_h[1~3]、$Sc_2CeN@C_{80}$-I_h[4]、$Lu_3N@C_{80}$-I_h[2]、$Gd_3N@C_{80}$-I_h[5]、$Dy_3N@C_{80}$-I_h[6,7]都具有 I_h 对称性的 C_{80} 碳笼，而且 C_{80} 都从内嵌团簇接受6个电子，因此它们的吸收峰也很近似。

$M_3N@C_{80}$-I_h 系列碳笼结构相同，所以不同金属内嵌的 $M_3N@C_{80}$-I_h 的吸收谱性质整体相近，但由于内嵌金属的尺寸以及与碳笼的配位能力存在差异，在吸收峰上仍有不同。比如 $Gd_xSc_{3-x}N@C_{80}$-I_h（x=0 ~ 3）的吸收光谱[8]，$Gd_2ScN@$

C_{80} 的紫外可见吸收光谱与 $Gd_3N@C_{80}$ 很相近，而 $GdSc_2N@C_{80}$ 的吸收光谱则与 $Sc_3N@C_{80}$ 更为类似，表明内嵌的 Gd 和 Sc 的尺寸对分子吸收光谱有重要影响。对于 $M_2ScN@C_{80}$-I_h 系列的吸收光谱[9]，主要差别出现在 600～800nm，$Lu_2ScN@C_{80}$ 的最大吸收峰（双峰）的峰值为 666～691nm，而 $Er_2ScN@C_{80}$、$Dy_2ScN@C_{80}$、$Gd_2ScN@C_{80}$ 和 $Nd_2ScN@C_{80}$ 的最大吸收峰则发生红移。而对于 $MSc_2N@C_{80}$-I_h（M=Lu，Er，Dy，Gd，Nd）系列分子吸收峰的位置在 600～800nm 也会随着内嵌金属离子的变化而产生明显移动。

富勒烯分子的最低未被占据分子轨道（LUMO）和最高电子占据分子轨道（HOMO）之间的能量差决定其电子吸收谱吸收起始点的位置。相似地，金属富勒烯的光学带隙（optical bandgap）可以大致通过其吸收光谱的吸收起始点（onset）进行换算而得，可以判断金属富勒烯的稳定性和吸收特性。比如 $Sc_3N@C_{80}$-I_h 吸收谱的吸收起始点位于 820nm 左右[8]，换算成光学带隙约为 1.51eV，如图 3.1 所示。

对于 $Sc_4C_2@C_{80}$-I_h 分子[10]，其吸收起始位置位于 969nm，对应于分子 HOMO-LUMO 带宽为 1.28eV，结果表明该分子也是比较稳定的金属富勒烯。另外该分子 HOMO-LUMO 吸收跃迁峰最大吸收位于 670nm 附近，其他吸收峰位于 550nm 和 435nm 附近。在 $Sc_3CN@C_{80}$-I_h 分子的吸收谱中，吸收起始位置位于 995nm[11]，对应于分子 HOMO-LUMO 带宽为 1.24eV，如图 3.1 所示。$Sc_4C_2H@C_{80}$-I_h 的起始吸收波长 933 nm 对应光谱带隙宽度 1.33eV，其他吸收峰出现在 670nm、416nm 和 335nm 处。这几个分子的吸收峰特征与文献报道的 $M_3N@C_{80}$-I_h 的吸收相似。

$Sc_2C_2@C_{72}$-C_s 的吸收光谱表现出五个明显的吸收[12]，分别位于 548nm、

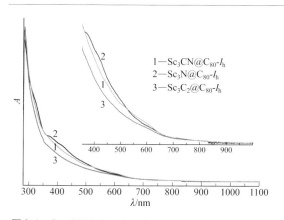

图3.1　$Sc_3CN@C_{80}$-I_h、$Sc_3N@C_{80}$-I_h 和 $Sc_3C_2@C_{80}$-I_h 在甲苯溶液中的紫外可见吸收光谱

595nm、691nm、942nm和1082nm，这些特征吸收与$Sc_2S@C_{72}\text{-}C_s$的吸收光谱的特征峰十分类似。此外，Sc_2C_{74}的起始吸收波长位于1224nm，对应光谱带隙宽度1.01eV。类似地，$Sc_2S@C_{72}\text{-}C_s$的起始吸收波长位于1192nm，对应光谱带隙宽度1.04eV。两者之间的差别则是内嵌团簇的运动模式以及非金属基团（C_2^{2-}和S^{2-}）不同所致。

$Sc_3N@C_{78}\text{-}D_{3h}$的吸收光谱[13]与$Y_3N@C_{78}\text{-}C_2$的吸收光谱[14]有很大不同。$Sc_3N@C_{78}\text{-}D_{3h}$的特征吸收峰位于333nm、455nm和618nm，而$Y_3N@C_{78}$分子的吸收峰则位于400nm、590nm和670nm。$Sc_3N@C_{78}\text{-}D_{3h}$是一个典型的常规富勒烯分子，它的结构已经通过单晶X射线衍射确定，遵循独立五元环规则。而$Y_3N@C_{78}$分子的吸收谱跟已经报道过的$Gd_3N@C_{78}$和$Dy_3N@C_{78}(\mathrm{II})$的吸收谱很类似[15,16]，三者都具有反独立五元环规则的$C_{78}\text{-}C_2$碳笼。

对于衍生化金属富勒烯，它们的紫外可见吸收光谱不但能反映出金属富勒烯和外接基团本体的吸收特征，更重要的是还能反映外接基团对金属富勒烯几何和电子结构的影响。$Sc_3C_2@C_{80}\text{-}I_h$和$Sc_3C_2@C_{80}\text{-}[C_4H_9N]$在甲苯溶液中的紫外可见吸收光谱显示[17]，反应后的$Sc_3C_2@C_{80}\text{-}[C_4H_9N]$除了在600nm处的吸收与$Sc_3C_2@C_{80}\text{-}I_h$本体相似之外，其在$800\sim1000$nm处多了几组吸收峰，另外$Sc_3C_2@C_{80}\text{-}I_h$本体在390nm处的吸收峰在反应后也红移到了410nm处。可见，Prato反应后，外接的吡咯烷基团对$Sc_3C_2@C_{80}\text{-}I_h$分子的几何和电子结构产生了较大的影响。

3.1.2
红外光谱法

在有机物分子中，组成化学键或官能团的原子处于不断振动的状态，其振动频率与红外光的振动频率相当。所以，用红外光照射有机物分子时，分子中的化学键或官能团可发生振动吸收，不同的化学键或官能团吸收频率不同，在红外光谱上将处于不同位置，从而可获得分子中含有何种化学键或官能团的信息。

红外光谱法（infrared spectroscopy，IR）也是表征金属富勒烯结构的重要手段，具有高的结构敏感性，通过一些指纹峰的分析可以快速判断分子的结构，而且红外法样品损失非常小，目前还可以实现显微红外分析。另外，结合密度泛函理论计算出分子的振动谱，并与实验的光谱对比，能辅助确定金属富勒烯的结构。

对于含I_h构型的C_{80}^{6-}的内嵌富勒烯[18]，如$M_3N@C_{80}\text{-}I_h$（M=Sc，Dy，Tm，Gd），

具有1200cm⁻¹、1380cm⁻¹、1450cm⁻¹、1515cm⁻¹的碳笼特征峰，而且内嵌团簇对C_{80}的振动模式改变不大。内嵌团簇的影响区域在低波数，以$Sc_3N@C_{80}\text{-}I_h$和$M_xSc_{3-x}N@C_{80}\text{-}I_h$为例[8]，它们的$C_{80}\text{-}I_h$碳笼结构振动模式主要集中于$1000\sim1600\text{cm}^{-1}$，而在$600\sim800\text{cm}^{-1}$范围，这个区域的谱图是M—N的反对称伸缩振动模式（ν_{M-N}）以及碳笼的呼吸振动等模式，如图3.2所示。$Sc_3N@C_{80}$的ν_{Sc-N}是599cm⁻¹[3]，而$Lu_2ScN@C_{80}$、$Er_2ScN@C_{80}$、$Dy_2ScN@C_{80}$、$Gd_2ScN@C_{80}$、$Nd_2ScN@C_{80}$的ν_{M-N}分别为710cm⁻¹、725cm⁻¹、737cm⁻¹、759cm⁻¹及769cm⁻¹[8,9]。另外，$M_2ScN@C_{80}$中的ν_{Sc-N}随着M离子半径的增大而增大。

对于$Sc_4C_2@C_{80}\text{-}I_h$的红外光谱[10]，$1000\sim1600\text{cm}^{-1}$的红外峰属于碳笼的振动模式，$Sc_4C_2@C_{80}\text{-}I_h$在1184cm⁻¹、1359cm⁻¹、1459cm⁻¹和1513cm⁻¹处有谱峰。更为重要的是，$Sc_4C_2@C_{80}\text{-}I_h$在600cm⁻¹、645cm⁻¹和688cm⁻¹处有较强的信号，而理论计算的结果显示这个区域的峰归属于内嵌Sc_4C_2团簇的振动，并且模拟峰的位置和强度与实验结果非常吻合。因此可以确定Sc_4C_2内嵌团簇的构型应是嵌套结构，即4个钪原子形成四面体结构，C_2单元位于四面体的内部，这样整个分子可以看作$C_2@Sc_4@C_{80}\text{-}I_h$多层嵌套结构。$Sc_4C_2@C_{80}\text{-}I_h$的模拟红外光谱结果表明，在1093cm⁻¹处极弱的吸收峰是由内部的$\mu_4\text{-}C_2^{6-}$中C—C的伸缩振动混合着碳笼中附近碳原子的伸缩振动引起的，而在643cm⁻¹和1330cm⁻¹处的强吸收峰分别是由Sc—C

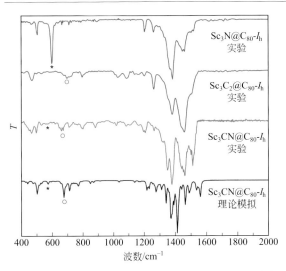

图3.2 $Sc_3CN@C_{80}\text{-}I_h$、$Sc_3N@C_{80}\text{-}I_h$、$Sc_3C_2@C_{80}\text{-}I_h$的实验红外光谱和$Sc_3CN@C_{80}\text{-}I_h$理论模拟的红外光谱

（carbide）的反对称伸缩振动和C_{80}-I_h中C—C的反对称伸缩振动引起的，因此这两处的强吸收峰可以作为$Sc_4C_2@C_{80}$-I_h的指纹区。

对于$Sc_3CN@C_{80}$-I_h的红外光谱[11]，由于Sc_3CN团簇是一个紧凑的结构，并且含有特殊的C≡N键，因此内嵌团簇的振动必定十分特殊。结合实验和理论分析，在660cm^{-1}和672cm^{-1}的两处吸收峰归属于$C_{(CN)}$主导的$v_{as(Sc-CN)}$模式，而$Sc_3C_2@C_{80}$-I_h中的$v_{as(Sc-C)}$则出现在675cm^{-1}和691cm^{-1}处，如图3.2所示。理论模拟表明，N主导的$v_{as(Sc-CN)}$模式位于574cm^{-1}附近，且强度很弱，这主要是由于C≡N键的牵制，导致Sc—N的振动幅度大大减弱。

对于$Sc_3N@C_{78}$-D_{3h}和$Y_3N@C_{78}$-C_2的红外光谱[3,14]，1000～1600cm^{-1}的红外峰仍属于碳笼的振动模式，二者外层碳笼的谱峰也完全不同，因此这就进一步证明这两个分子碳笼的对称性不同。$Y_3N@C_{78}$-C_2在1378cm^{-1}、1357cm^{-1}和1339cm^{-1}处出现的三个谱峰，在结构已知的$Dy_3N@C_{78}$-C_2中也同样存在这三个信号[16]。662cm^{-1}和694cm^{-1}的谱峰归属于Y—N的非对称伸缩振动，$Dy_3N@C_{78}$-C_2在661cm^{-1}和685cm^{-1}处也出现了同样的振动模式。这种$v_{as(M-N)}$振动属于C_{78}-C_2对称性碳笼的特征振动，并且这种模式的多重简并造成了这两个强信号峰的展宽。

3.1.3
拉曼光谱法

光照射到物质上发生弹性散射和非弹性散射。弹性散射的散射光与激发光波长相同。非弹性散射的散射光有比激发光波长长的和短的成分，统称为拉曼效应。在垂直方向观察时，除了与原入射光有相同频率的瑞利散射外，还有一系列对称分布着若干条很弱的与入射光频率发生位移的拉曼谱线。由于拉曼谱线的数目、位移的大小、谱线的长度直接与分子振动或转动能级有关，因此，对拉曼光谱进行研究，可以得到有关分子振动或转动的信息。

拉曼光谱也是表征金属富勒烯结构的有力手段，通过对金属内嵌富勒烯进行红外以及拉曼光谱分析可以指认实验中不易判断的吸收峰，为实验工作者提供了有力的证据。特别是内嵌富勒烯拉曼光谱的低能量振动模式与团簇和碳笼的成键有直接的关系，因此拉曼光谱已被广泛用于直接检测内嵌富勒烯中碳笼与团簇之间的相互作用。

对$M_3N@C_{80}$-I_h（M=Sc, Y, Gd, Ho, Er, Tm）的拉曼光谱进行系统研究发

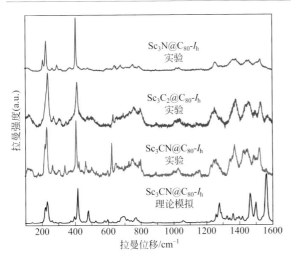

图3.3 Sc$_3$CN@C$_{80}$-I_h、Sc$_3$N@C$_{80}$-I_h和Sc$_3$C$_2$@C$_{80}$-I_h的实验拉曼光谱和Sc$_3$CN@C$_{80}$-I_h理论模拟拉曼光谱（激光波长633nm）

现[18]，C$_{80}$碳笼与金属团簇对应的振动频率信号在220cm^{-1}左右。比如Sc$_3$N@C$_{80}$在210cm^{-1}有很强的拉曼峰，Y$_3$N@C$_{80}$在194cm^{-1}有拉曼峰，其他含氮内嵌富勒烯M$_3$N@C$_{80}$-I_h（M=Gd，Ho，Er，Tm）的拉曼峰在157～165cm^{-1}。可以看出，Sc$_3$N@C$_{80}$的团簇-碳笼的相互作用较弱，这是因为Sc的质量和离子半径较小，当增加稀土金属的质量和离子半径时，团簇与碳笼的力常数和相互作用增强，振动频率将向小波数移动。

对于Sc$_3$N@C$_{80}$-I_h、Dy$_3$N@C$_{80}$-I_h和Sc$_3$CH@C$_{80}$-I_h等含有C$_{80}$-I_h的金属富勒烯[3,6,11,19]，在481cm^{-1}和240cm^{-1}附近的拉曼谱线分别属于C$_{80}$-I_h碳笼上A$_g$(1)和H$_g$(1)的振动模式。Sc$_4$C$_2$@C$_{80}$-I_h在这些位置也有信号出现[10]。值得注意的是，这两处的峰相对于Sc$_3$N@C$_{80}$-I_h和Sc$_3$C$_2$@C$_{80}$-I_h都出现了明显的裂分，如图3.3所示。比如A$_g$(1)模式出现在470cm^{-1}、481cm^{-1}和490cm^{-1}处，H$_g$(1)模式出现在230cm^{-1}、240cm^{-1}和249cm^{-1}处，这种分裂主要是由内嵌的Sc$_4$C$_2$大团簇引起外层碳笼的变形导致的。在208cm^{-1}和187cm^{-1}处的峰来自于Sc$_4$C$_2$团簇的变形振动模式，在407cm^{-1}处的一组峰代表了Sc$_4$C$_2$团簇的对称伸缩振动$v_{s(Sc—C)}$，可以看出，Sc$_4$C$_2$团簇的拉曼谱线相对于Sc$_3$N(C_{3v})和Sc$_3$C$_2$(D_{3h})团簇的谱线更为复杂。这主要是因为在对称性较低的Sc$_4$C$_2$团簇中，它的变形振动和对称伸缩振动有更多的模式，因此相应的拉曼谱线也更丰富。

Sc$_3$CN@C$_{80}$-I_h的拉曼振动模式中，在468cm^{-1}处的一组拉曼峰属于N主导的

$\delta_{\text{(Sc-CN-Sc)}}$ 弯曲振动模式和 $v_{\text{s(Sc-CN)}}$ 伸缩模式，这些模式在 $Sc_3N@C_{80}$-I_h 和 $Sc_3C_2@C_{80}$-I_h 不存在，属于 $Sc_3CN@C_{80}$-I_h 的特征振动。在 $410cm^{-1}$ 处最强的拉曼谱峰归属于 $v_{\text{s(Sc-CN)}}$ 伸缩振动模式。$223cm^{-1}$ 处中等强度的谱峰来源于 $C_{\text{(CN)}}$ 主导的 $\delta_{\text{(Sc-CN-Sc)}}$ 弯曲模式和 Sc_3CN 面内变形模式，如图 3.3 所示。

对于 $Sc_3N@C_{78}$-D_{3h} 和 $Y_3N@C_{78}$-C_2 拉曼光谱，$1200 \sim 1600cm^{-1}$ 属于碳笼的拉曼振动模式，可以看出 $Sc_3N@C_{78}$-D_{3h} 和 $Y_3N@C_{78}$-C_2 的碳笼的拉曼光谱是截然不同的。$Y_3N@C_{78}$-C_2 的拉曼振动模式中，来自于 T_y 位移的模式出现在 $113cm^{-1}$，而沿着分子 C_2 轴的 A-对称模受阻变形振动在 $123cm^{-1}$ 处有强的信号，在 $200 \sim 300cm^{-1}$ 区域的拉曼峰属于 $v_{\text{s(Y-N)}}$ 伸缩模式，$203cm^{-1}$ 和 $235cm^{-1}$ 两处高强度的谱峰来源于 $v_{\text{s(Y-N)}}$；和 $Sc_3N@C_{78}$-D_{3h} 相比，$219cm^{-1}$、$262cm^{-1}$、$270cm^{-1}$ 处的谱峰则属于 $Y_3N@C_{78}$ 的 C_2 对称性碳笼的特征振动。

2004 年，Krause 等用低温拉曼光谱并结合理论计算观察并验证了 $Sc_2C_2@C_{84}$-D_{2d} 内嵌 C_2 单元的平面型量子转动模式[20]，这是第一次在实验上看到两个原子构成的转子，他们形象地称之为量子陀螺。可见拉曼光谱对于研究金属富勒烯的转动量子效应也具有重要作用。

3.2
核磁共振技术

核磁共振波谱分析法（NMR）是分析分子确切结构的强有力的工具。原子核由质子、中子组成，它们也具有自旋现象。描述核自旋运动特性的是核自旋量子数 I。不同的核在一个外加的高场强的磁场中将分裂成（$2I+1$）个核自旋能级（核磁能级），其能量间隔为 ΔE。对于指定的核素再施加一频率为 v 的属于射频区的无线电短波，其辐射能量 hv 恰好与该核的磁能级间隔 ΔE 相等时，核体系将吸收辐射而产生能级跃迁，这就是核磁共振现象。NMR 谱仪可接收到被测核的共振频率与其相应强度的信号，并绘制成以共振峰频率位置为横坐标，以峰的相对强度为纵坐标的 NMR 图谱。在一个分子中，各个质子的化学环境有所不同，或多或少地受到周边原子或原子团的屏蔽效应的影响，因此它们的共振频率也不同，从而导致在核磁共振波谱上，各个质子的吸收峰出现在不同的位置上。但这种差异并不大，难以精确测量其绝对值，因此人们将化学位移设成一个无量纲的相对值，即某一物质吸收峰的频率与标准质子吸收峰频率之间的差异称为该物质的化学位移，常用符号"δ"表示。通过不同质子的化学位移，人们可以得出这些质子所处的化学环境，从而得出该分子的结构信息。

NMR技术是表征和分析富勒烯和金属富勒烯结构的强有力手段。通过分析富勒烯碳笼上C的谱峰，人们可以推导出富勒烯碳笼的对称性等信息。通过分析内嵌金属的NMR谱峰，可以探知内嵌团簇动力学。

1997年，Akasaka等分离了并表征了一个碳笼是I_h对称性的$La_2@C_{80}$分子[21]。该分子在^{13}C NMR谱图中只有两条谱线，这种谱图是I_h对称性的C_{80}碳笼所特有的^{13}C NMR谱图，它们分别来源于轮烯位（corannulene site，一个五元环和两个六元环共用的碳原子）和芘位（pyrene site，三个六元环共用的碳原子）。另外，分子的^{139}La NMR谱图发现两个La具有相同的化学环境，并据此认为$La_2@C_{80}$-I_h分子内的两个La在笼内做三维的自由转动。

1999年，科学家就是用^{13}C NMR和^{45}Sc NMR技术确定的$Sc_3N@C_{80}$分子的结构[1]。该分子在^{13}C NMR谱图中只有两条谱线，位移分别为144.57和137.24，强度比为3∶1，这种谱图是I_h对称性的C_{80}碳笼所特有的^{13}C NMR谱图。另外，^{13}C NMR分析结果显示，Sc_3N团簇在常温下快速转动，从而维持外层碳笼的高度对称性，并使碳笼上所有的C具有均匀的化学环境。^{45}Sc NMR结果表明，三个Sc具有相同的化学位移，这是由高对称性的Sc_3N团簇导致的。2000年，第一个基于金属氮化物团簇的非IPR富勒烯$Sc_3N@C_{68}$通过^{13}C NMR谱表征。^{13}C NMR结果表明C_{68}碳笼为D_3(6140)对称性，它含有三对相邻五元环，每个五元环都和Sc紧密键合而稳定下来；^{45}Sc NMR分析结果显示内嵌的三个Sc是高度对称的且具有等同的化学环境。

2001年，第一例金属碳化物内嵌富勒烯$Sc_2C_2@C_{84}$-D_{2d}也是通过^{13}C NMR确认的结构[22]。^{13}C NMR谱发现Sc_2C_2团簇包在具有D_{2d}对称性的C_{84}笼内。在真正确定金属碳化物之前，$Sc_2C_2@C_{84}$被认为是$Sc_2@C_{86}$，而C_{86}笼最高的对称性为D_3，在^{13}C NMR谱上应该有15（1×2；14×6）根核磁信号，样品却只有11根谱线，这种谱图更符合具有D_{2d}对称性的C_{84}笼（10×8；1×4），进而推断出笼内内嵌有新结构的金属碳化物Sc_2C_2团簇。$Sc_2C_2@C_{84}$的发现让人们开始从金属碳化物内嵌的角度重新审视以往合成的金属富勒烯分子。例如，^{13}C NMR表征了Y_2C_{84}分子的三个异构体，发现它们都是金属碳化物内嵌富勒烯$Y_2C_2@C_{82}$，不同的是C_{82}碳笼的对称性分别为C_s、C_{2v}和C_{3v}。

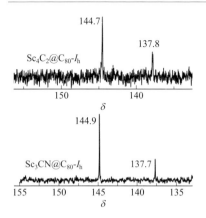

图3.4 Sc$_4$C$_2$@C$_{80}$-I_h和Sc$_3$CN@C$_{80}$-I_h的实验^{13}C NMR谱（溶剂：CS$_2$；D$_2$O锁场）

一直被认为是Sc$_3$@C$_{82}$的金属富勒烯[23]也被^{13}C NMR证明是金属碳化物内嵌结构Sc$_3$C$_2$@C$_{80}$-I_h[24]。由于Sc$_3$C$_{82}$是顺磁性分子，测不到^{13}C NMR信号，需要将其还原成一价阴离子，使分子转变为闭壳层结构，从而得到^{13}C NMR谱。结果显示只有两个谱线出现在碳笼的区域，这正是I_h构型C$_{80}$的特征谱图。

Sc$_4$C$_{82}$[25]同样也是由^{13}C NMR确定的分子结构[10]，即Sc$_4$C$_2$@C$_{80}$-I_h。该分子谱图中只有两条^{13}C信号的谱线，分别位于137.8和144.7处，其强度之比为1∶3，如图3.4所示。这种类型的^{13}C NMR谱与正二十面体对称性的C$_{80}$-I_h碳笼非常吻合，因为C$_{80}$-I_h对称性非常高，只有两种类型的C，一种是三个六元环相交的C（20个），另一种是两个六元环和一个五元环相交的C（60个）。动力学分析结果表明，Sc$_4$C$_2$团簇常温下可以在碳笼内自由转动，使得外层碳笼保持完美的正二十面体对称性，也使得C$_{80}$碳笼^{13}C NMR谱有且只有两种碳。对于Sc$_3$CN@C$_{80}$-I_h，该分子^{13}C NMR给出了两条清晰的谱线，分别位于137.7和144.9处，强度之比为1∶3（图3.4），这种类型的^{13}C NMR谱对应于正二十面体对称性的C$_{80}$-I_h碳笼。

Sc$_2$C$_2$@C$_{72}$-C_s的^{13}C NMR表现出39条NMR谱线[12]，其中33条等强度、6条半强度，这种谱线特征与C$_{72}$-C_s(10528)的模拟谱十分吻合。6条半强度的谱线对应于对称镜面上的6个碳原子，161.25和161.69处的化学位移对应两个碗烯碳原子（6,6,5位点），而并环戊二烯（相邻五元环）碳原子由于去屏蔽效应出现在133.18～152.14范围内，这一点也与之前报道的非IPR构型的La$_2$@C$_{72}$-D_2(10611)[26]和Y$_3$N@C$_{84}$-C_s(51365)[27]大不相同，后两者的并环戊二烯碳原子的化学位移分别出现在低场158.1和160.24处。这也间接说明$Sc_2C_2@C_{72}$-C_s的内嵌团簇的运动受到的限制相比于其他非IPR构型的金属富勒烯要小得多。

金属碳化物团簇富勒烯碳笼内C的^{13}C NMR一直是人们期望观察到的，因为在得不到富勒烯单晶的条件下，能观察到内嵌C的^{13}C NMR就能直接证明金属碳化物内嵌结构。但是由于C在碳笼内不仅受到碳笼的屏蔽，还要受内嵌金属的影响，因此它的^{13}C NMR信号很弱。2008年，在^{13}C标记的金属碳化物富勒烯中成功地观测到了内嵌C的NMR信号[28]。在$Sc_2C_2@C_{82}$-C_{3v}分子中，内嵌C的信号急剧向低场移动，出现在232.2处；对$Sc_2C_2@C_{84}$-D_{2d}分子，内嵌C的NMR信号出现在249.2。

除了结构表征，^{45}Sc NMR谱可用于判断笼内团簇的运动模式。对于$Sc_3CN@C_{80}$-I_h[11]，在常温下，Sc_3CN团簇有两种不同化学环境的Sc，其原子数之比为1：2，考虑到Sc_3CN在静态时具有C_{2v}对称性，三个Sc分成两组，且原子数之比为1：2。因此我们可以推断，在整个内嵌团簇高速转动的过程中，Sc_3CN团簇会依然保持C_{2v}对称性，即CN单元相对于Sc_3宏观上是静止的。这主要归因于Sc_3CN团簇紧凑的结构，Sc—C和Sc—N之间的紧密连接致使CN单元自身的运动受阻，只能和Sc_3一起在笼内转动。CN单元的这种受限运动模式与$Sc_2C_2@C_{84}$中的C_2运动模式明显不同，C_2在笼内相对于Sc_2可以自由转动，就像一个陀螺在转。这两个分子内嵌团簇的运动方式与内嵌团簇的结构有很大关系，$Sc_2C_2@C_{84}$中Sc—C键键长在2.26Å左右，而Sc_3CN团簇中Sc—N键键长在2.07Å左右，Sc—C键键长在2.07～2.18Å。可以看出，由于键长较短，内嵌原子间作用力较强，因此$Sc_3CN@C_{80}$-I_h分子内的CN单元自身的运动受阻，在内嵌团簇高速转动的过程中，Sc_3CN团簇宏观上保持了C_{2v}对称性。

变温^{13}C NMR常用于分析内嵌团簇的尺寸或电子结构对碳笼的影响。$Ce_2@C_{80}$分子的变温^{13}C NMR研究表明[29]，当外界温度改变时，碳笼的^{13}C NMR位移却变化不大。这是由于两个Ce在笼内快速旋转，使得Ce上的f电子被高度分散开来，因此外层碳笼的^{13}C受f电子的影响减弱，最终导致温度对^{13}C NMR信号的影响减弱。对于$Ce_2@C_{80}$-I_h的异构体$Ce_2@C_{80}$-D_{5h}分子，变温NMR实验发现两个Ce沿着碳笼上10个相连六元环组成的带做二维转动，这种由碳笼诱导的内嵌团簇运动模式给了人们更多的启示。对于$Ce_2@C_{72}$分子[30]，其在两极的地方含有两对相邻五元环，而且每个相邻五元环都紧紧地与Ce相连，并且Ce上的f电子极大地影响附近C在不同温度下的^{13}C NMR位移。

3.3
单晶X射线衍射技术

X射线衍射分析是利用X射线在晶体物质中的衍射效应进行物质结构分析的技术。将具有一定波长的X射线照射到结晶性物质上时，X射线因在晶体内遇到规则排列的原子或离子而发生散射，散射的X射线在某些方向上相位得到加强，从而显示与晶体结构相对应的特有的衍射现象。由于晶体中原子是周期排列的，其周期性可用点阵表示。而一个三维点阵可简单地用一个由八个相邻点构成的平行六面体（称晶胞）在三维方向重复得到。一个晶胞形状由它的三个边（a，b，c）及它们间的夹角（α，β，γ）所确定，这六个参数称点阵参数或晶胞参数。这样一个三维点阵也可以看成是许多相同的平面点阵平行等距排列而成的，这样一族平面点阵称为一个平面点阵族，常用符号HKL（HKL为整数）来表示。一个三维空间点阵划分为平面点阵族的方式是很多的，其平面点阵的构造和面间距d可以是不同的。晶体结构的周期性就可以由这一组$dHKL$来表示。若知各衍射的$FHKL$，就可计算晶胞的三维电子密度图。原子所在处电子密度应该很高，故依此可定出原子在晶胞中位置，得出晶体结构。

由于金属团簇被外层的富勒烯碳笼所屏蔽，因而其无法由传统的谱学方法表征，所以到目前为止，单晶X射线衍射晶体学是唯一而且最可靠的表征内嵌富勒烯中的金属团簇的方法。然而，在晶体的晶格中，因为球状的富勒烯分子即使在低温下也倾向于无规则地旋转，所以原始的金属富勒烯直接得到的单晶并不适合于做单晶X射线衍射分析。自20世纪90年代以来，人们已经找到了两种解决方法：一是使用共晶技术，这种技术利用共晶分子如八乙基镍卟啉阻碍富勒烯分子在晶格中的旋转运动；二是通过化学衍生化制备金属富勒烯的加成物，进而培养加成物单晶。尽管大多数情况下，内嵌的金属团簇和外层的富勒烯碳笼还存在多种位置，然而在过去的十多年，众多金属富勒烯的分子结构还是通过X射线衍射晶体学的方法得到最终确定。

单晶X射线衍射实验可以十分清晰地解析金属富勒烯的碳笼结构和对称性。2004年，Reich等首次合成并报道了碱土金属内嵌富勒烯Ba@C$_{74}$的结构表征[31,32]。他们通过Ba@C$_{74}$与八乙基卟啉钴Co(OEP)混合培养得到含Ba@C$_{74}$的单晶，用同步辐射X射线衍射的方法研究了单晶结构。结果显示分子外层为D_{3h}对称性的C$_{74}$碳笼，Ba在笼内运动范围较小。对于单金属内嵌富勒烯Ca@C$_{94}$和Tm@C$_{94}$分子[33]，单晶X射线衍射确定了外层碳笼均为C_{3v}对称性的C$_{94}$。另外有意思的是，Ca位于碳笼中[6,6]键的上方，而尺寸较大的Tm则位于一个六元环的上方。Tb$_3$N@C$_{84}$是一个内嵌Tb$_3$N团簇的蛋形富勒烯[34]，单晶X射线衍射确定碳笼具有C_s(51365)对称性，它含有一对相邻五元环，是典型的非常规富勒烯，碳笼中的Tb$_3$N团簇具有近似平面的构型，其中的一个Tb与相邻五元环有较强的作用力。单晶X射线衍射确定Tm$_3$N@C$_{84}$和Gd$_3$N@C$_{84}$也具有与Tb$_3$N@C$_{84}$-C_s(51365)相同的碳笼结构[35]。

单晶X射线衍射是解析金属富勒烯内嵌团簇构型的有力工具。单晶X射线衍射实验证明，大多数Sc$_3$N内嵌富勒烯如Sc$_3$N@C$_{80}$、Sc$_3$N@C$_{78}$、Sc$_3$N@C$_{68}$等[18]，其内嵌M$_3$N团簇都是四原子共平面结构，这是因为这些金属元素的离子半径较小。而在单晶X射线衍射实验中，Dy$_3$N@C$_{80}$-I_h分子的M$_3$N团簇就偏离了平面结构[6]，Gd$_3$N@C$_{80}$-I_h分子内嵌的Gd$_3$N团簇更是呈三角锥形[5]。这是由于Gd的离子半径（0.94Å）较大，受到笼内空间的限制，Gd$_3$N内嵌团簇不得不变形为空间尺寸较小的三角锥形。

利用单晶X射线衍射人们发现了很多新型的金属富勒烯分子，进一步认识了金属富勒烯的成键和笼内动力学。对于Sc$_2$C$_{74}$与Ni^{II}(OEP)共结晶的单晶样品[12]，从单晶结构可以清楚地看到，Sc$_2$C$_{74}$具有一个非IPR构型的C$_{72}$-C_s(10528)碳笼，内嵌团簇为金属碳化物Sc$_2$C$_2$，这种对称性的碳笼与Sc$_2$S@C$_{72}$-C_s相似，如图3.5

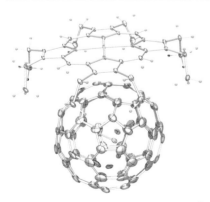

图3.5　Sc$_2$C$_2$@C$_{72}$-C_s(10528)·Ni^{II}(OEP) 的Ortep图
Sc是红色，内嵌的C是蓝绿色，碳笼的C是黑色

所示。在$Sc_2C_2@C_{72}-C_s$的单晶结构中，内嵌的C_2基团被限制在两个位点，出现概率分别为35%和15%，C—C键键长约1.16Å。非常有趣的是在$Sc_2C_2@C_{72}-C_s$单晶结构中，两个Sc在碳笼内总共出现12个概率位点。仔细分析这些位点可以发现，靠近两对相邻五元环处两个Sc出现的概率为24.9%和14.3%，金属Sc在此处的分布归因于两个Sc与相邻五元环之间存在较强的相互作用。然而，其余位点的概率之和达到60.8%，预示两个Sc在碳笼内做较大幅度的运动。这种运动模式之前只在一些IPR构型的金属富勒烯中有所报道，而在非IPR构型的金属富勒烯中金属往往和相邻五元环相互靠近来减缓张力，因而都被束缚在相邻五元环附近而无法自由运动。$Sc_2C_2@C_{72}-C_s$的单晶衍射结果说明了其结构特殊性，对认识和了解金属富勒烯的成键和笼内动力学具有重要意义。

3.4
理论计算方法

金属富勒烯的理论计算方法主要是针对分子结构、电子、光谱和电化学性质的分析，比如分子轨道、核磁共振光谱、红外光谱、拉曼光谱和静电势。例如通过光谱性质的分析可以大概得到表征分子的结构特点、振动类型、超精细耦合等物化性质。目前在这些方面的计算精确度已经达到很高水平，与实验得到的光谱基本吻合，所以理论计算对实验具有很好的指导作用。振动光谱对结构的变化也十分敏感，如果不能通过^{13}C NMR和单晶X射线衍射表征富勒烯的结构，可以通过理论光谱分析结构信息。总之，认识金属团簇在碳笼内的结构、电子转移、化学价态、分子轨道和化学键属性，对于人类认识金属富勒烯非常重要；而理论计算是最有利的工具，与实验技术分工明确，共同促进了富勒烯学科的发展。

金属富勒烯的内嵌团簇和碳笼间相当于化学中的离子模型，金属团簇是阳离子，外围的碳笼相当于阴离子。正是这两者间的电荷转移使得很多不稳定的笼子能够通过从金属团簇上转移的电子而稳定下来。其根本原因在于向笼子上转移的电子使五元环带来的应变张力得到很好地缓解，如$La^{3+}@C_{82}^{3-}$，通过理论计算可以很好地预测出分子结构、电荷转移和分子轨道，这对于金属富勒烯的合成有重要的指导作用。本节将分三个部分分别讨论：预测金属富勒烯结构；电荷转移；成键和光谱特性。

3.4.1
预测金属富勒烯结构

自从20世纪90年代第一次在实验上分离出内嵌金属富勒烯后，金属富勒烯便吸引了世界各地的材料学家和化学家的极大关注，在过去的30多年里越来越多的金属已经被嵌入到碳笼内。但是，最初大家只知道金属嵌入这一事实，对于嵌入金属团簇后分子的结构和电子特性大家一无所知。另外，尽管可以通过单晶X射线衍射得到内嵌金属富勒烯的确切结构，但是对于一些很难实验上分离出来的结构，更多依赖于理论预测。目前理论计算已经能够较为准确地预测金属富勒烯的结构、电子自旋、分子轨道和复杂的光谱特性。总的来说，理论计算对于金属团簇在笼内的状态有很大的指导意义。

空心富勒烯的理论研究意义在于找出诸多异构体中热力学最稳定的结构，金属富勒烯亦然。但是，引入的金属原子往往加大了计算难度和准确性，而且金属团簇和碳笼之间的弱相互作用很难用理论计算准确描述。目前处理金属富勒烯最好的方法仍然是密度泛函理论，经过色散矫正的结果已经比较理想（镧系元素和锕系元素除外）。由于金属富勒烯异构体太多，有的金属富勒烯只得到对应的质谱信号，这时，理论的筛选就尤其重要。但是，随着碳笼增大，异构体数量呈指数增长，所以计算难度也随之增大。$C_{20} \sim C_{100}$经典富勒烯（C_n）异构体数量见表3.1。

表3.1 $C_{20} \sim C_{100}$经典富勒烯（C_n）异构体数量

n	异构体数	n	异构体数
20	1	40	40
24	1	42	45
26	1	44	89
28	2	46	116
30	3	48	199
32	6	50	271
34	6	52	437
36	15	54	580
38	17	56	924

n	异构体数	n	异构体数
58	1205	80	31924
60	1812	82	39718
62	2385	84	51592
64	3465	86	63761
66	4478	88	81738
68	6332	90	99918
70	8149	92	126409
72	11190	94	153493
74	14246	96	191839
76	19151	98	231017
78	24109	100	285913

在拓扑结构上，如果碳材料的组成全是六元环，则会形成蜂窝状的平面薄膜，而且C—C键是sp^2杂化方式；在高温情况下，如果引入了12个五元环，则会形成笼状结构，12个五元环引入的张力被六元环平均掉，此时C—C键含有sp^2和sp^3两种。对于空笼富勒烯，几乎所有稳定存在的结构都符合IPR规则，大多数内嵌金属富勒烯也仍然遵守这一规则。但已经发现很多金属富勒烯违背IPR规则，比如近20年报道了很多含有毗邻五元环的内嵌金属富勒烯，如图3.6所示。理论计算研究表明，这样的结构非常稳定，这主要是因为毗邻五元环可以通过内嵌团簇的电子转移释放张力，使其稳定存在。在计算优化后的非IPR金属富勒烯中，金属原子都倾向于指向含有毗邻五元环的位置。原因是在毗邻五元环的地方曲率非常大，金属原子就像一个楔子，顶住五元环，有效降低了五元环带来的张力，阻止了五元环处的坍塌。

需要特别指出的是，上述情况都是基于"经典富勒烯"，即C$_n$骨架都是由12

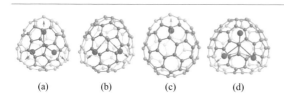

图3.6 含有毗邻五元环的内嵌金属富勒烯优化后的分子结构

（a）Sc$_3$N@C$_{68}$-D_3(6140)；（b）Sc$_2$S@C$_{70}$-C_2(7892)；（c）La@C$_{72}$-C_2(10612)；（d）Sc$_3$NC@C$_{78}$-C_2(22010)

个五元环和（$n/2-10$）个六元环构成。当碳笼引入除五元环和六元环之外的其他多边形时，我们称为"非经典富勒烯"。从拓扑学角度来说，一个封闭的几何多面体可以由三元环到多元环构建而成。但是从富勒烯结构的稳定性角度出发，一方面三元环的张力太大，这对于富勒烯碳笼的形成非常不利；另一方面，碳骨架中引入七元环或者更大的多边形对于富勒烯的稳定也是不利的，因为这会使分子引入更多的张力环，包括三元环、四元环和五元环，同时减少了六元环的数量，会降低 p 电子离域的稳定作用。理论上得不到稳定构型，实验上也从未有过成功的例子。所以，大家公认富勒烯是由五元环和六元环构成，虽然四元环和七元环的引入会降低碳笼的稳定性，但是如果引入这种较大张力的环的数量只有 1～2 个，可能可以通过内嵌金属的电荷转移稳定下来。第一个含有七元环的内嵌金属富勒烯是 $LaSc_2N@C_{80}$[36]，第二个实验上含有七元环的金属富勒烯是 $Sc_2C_2@C_{88}$-C_s(hept)[37]，理论计算也表明该金属富勒烯可以稳定存在。

在合成内嵌金属富勒烯过程中，合成的具体温度和是否存在笼间的相互转换无法得知，异构体的组成是否受到温度的制约，在实验中也无法验证。温度因素考虑其中时，还需要考虑两个因素。① 不稳定结构（$T=0K$）随着温度的升高，相对浓度上升 {服从玻尔兹曼分布，$\exp[-\Delta E/(RT)]$，这里的 ΔE 是相对能量，R 是气体常数。也就是说，随着温度的升高，ΔE 的作用降低}；② 低对称性的结构随着温度的升高而增长 [$R\ln(\sigma)$，这里的 σ 是对称数。对称性越高，熵贡献越小]。鉴于以上分析，实验水平无法评估不同金属富勒烯异构体在不同温度下的稳定性，而这对于了解其形成机理又是至关重要的。2007 年，Slanina 等提出一种基于基态焓值和配分函数评估异构体分子在较大温度区间的相对稳定性的方法[38]。其中重要的参量是配分函数的计算。一般来说，转动-振动配分函数是在较高基组水平上的优化结构及振动数据基础上得到的（只考虑刚性转子和谐波振荡且无频率校正），当结构确定后，配分函数和基态焓值也确定（常量），最终不同温度区间异构体的相对浓度（摩尔分数）x_i 可由配分函数 q_i 和基态能量 ΔH_0 通过下面的公式表示：

$$x_i = \frac{q_i \exp[-\Delta H_{0,i}^{\ominus}/(RT)]}{\sum_{j=1}^{m} q_j \exp[-\Delta H_{0,j}^{\ominus}/(RT)]}$$

式中，R 是气体常数；T 是热力学温度。显然，室温下的生成热 $\Delta H_{f,298}$ 必须转换为 0K 生成热 $\Delta H_{f,0}$。手性的贡献经常被忽略掉，对于一个对映异构体，在以上方程式中作为其配分函数需要加倍。通过这种方式，可以理论上评估富勒烯形成过程中不同异构体的相对稳定性，其中部分热力学平衡是由一组平衡常数所描述，这样焓和熵都被考虑进去。方程是根据统计热力学推导而来的精确公式，即同分异构体的标准吉布斯能量强烈依赖于温度。所有熵的贡献都可以通过异构配分函数评估。

　　金属富勒烯碳笼的命名也是建立在理论计算的基础上。因为富勒烯异构体数量太过于庞大，如果我们在提到特定富勒烯构型时只是用肉眼或者无规则的代号去识别，那么难度太大。在许多实验研究中，会用到一些罗马数字去标记和区分在 HPLC 中不同滞留时间的异构体，这种命名方式在很多文献中用到，这是实验中区分那些不确定富勒烯的唯一方式。显然，这种方式很容易造成混乱，因为不同的合成和分离条件往往导致不一样的结果，反之亦然。为了对每一种异构体附加唯一的、易识别的编号，Fowler 发明了一种名为 Fowler-Monolopoulos spiral 的运算法则。利用该法则可以构建富勒烯异构体，实际上是通过异构体原子间的连接关系得到对应的邻接矩阵。每一种排列对应一个矩阵，而这里邻接矩阵是对称矩阵，维度为 $n \times n$，若 i，j 原子相连接，则 i，j 矩阵元为 1，否则为 0，即富勒烯结构的数学矩阵运算得到一个特征值，而且不同异构体的特征值是不同的。螺旋算法（spiral algorithm）是目前使用得最为广泛的一种生成富勒烯异构体的算法，得到的异构体序列号唯一准确，虽然不能保证一定能够得到全部可能的异构体。测试表明，螺旋法则对于 380 个原子以内的富勒烯是可靠的。螺旋算法比较适合低对称性的多面体构型，由于富勒烯的异构体对称性普遍很低，所以这种算法是适合的。IUPAC 组织采用了这一规则。需要特别指出的是，对于数量不是很多的满足 IPR 规则的异构体，可以采用更为简单的命名方式。比如 C_{80} 的 IPR 结构 $I_h(7)$ 的 IUPAC 命名是 $I_h(39712)$，但是我们在学术交流中一般习惯用 $I_h(7)$ 代替。

3.4.2
电荷转移

　　内嵌金属富勒烯的迷人之处在于，当金属团簇嵌入碳笼，团簇和碳笼的"主客体"相互作用源于两者间发生强烈的电子转移，而且不同的团簇和不同的碳笼形成的金属富勒烯是千变万化的，发生的电子转移也是非常多变。内嵌金属富勒烯的电子转移由多个因素决定，如笼上 π 键影响、笼内空间大小、内嵌金属尺寸等。

　　研究表明，多数金属团簇与碳笼间存在弱相互作用，团簇上的金属原子会自发向碳笼转移电子，使得团簇与笼间形成特殊的离子模型。XPS 光谱研究表明，在笼内的金属氧化物的光谱与对应的氧化态相对应。因此，内嵌金属富勒烯像盐类离子结构一样，即带正电的金属离子嵌入一个带负电荷的碳笼，如$La^{3+}@C_{82}^{3-}$。对于双金属内嵌物，如$(La^{3+})_2@C_{80}^{6-}$，团簇向碳笼转移的是6个电子；而$Sc_2S@C_{82} \sim C_{86}$的团簇向碳笼转移4个电子；金属氮化物内嵌富勒烯的团簇向碳笼转移6个电子；$Sc_3C_2@C_{80}$是6个电子。这些电子转移是由内嵌团簇和碳笼共同决定的，但是相对来说，金属团簇更能决定转移电子的数量和对前线轨道的贡献。

静电势（ESP）的空间分布同样可以验证金属富勒烯的离子模型。Nagase等在计算带负电空笼的ESP时发现[39]，负电荷主要集中在笼内，假如将带正电的金属团簇放在这个空间区域，正好可以和负电中心匹配，这也使金属富勒烯整体的构型更加稳定。在对$M@C_{82}$的ESP计算中，$C_{82}^{3-}-C_{2v}(9)$的静电势最低点位置正好是实验上金属所在的位置处；但是，对于C_{80}却不是，C_{80}^{6-}在对应的位置不是静电势最小值。这是因为C_{80}笼子内部团簇并无真正的键位点，计算表明，对于$La_2@C_{80}-I_h(7)$，嵌入原子在不同的位置有两个等能量位点。所以，I_h对称的碳笼腔室的等能量位点会形成一个正二十面体的结构，两个金属原子实际上在笼内做高速转动。这一现象在$C_{80}-I_h(7)$为母笼的金属富勒烯中都得到理论上和实验上的证明，在分子动力学上也得到很好解释。

分子前线轨道是目前研究内嵌金属富勒烯电子转移最多的工具之一，往往通过比较内嵌金属团簇后的富勒烯、空笼富勒烯、金属团簇本体的前线轨道就能判断出电子转移的情况。譬如，双金属富勒烯$Sc_2@C_{82}$和$Lu_2@C_{82}$[40]的M—M键前线轨道就分别来自于Sc_2和Lu_2团簇，Sc_2二聚体的稳定基态是五重态，$(4s)\sigma_g^2(3d)\pi_u^2(3d)\sigma_g^2(4s)\sigma_u^1$；而$Lu_2$的稳定基态是三重态，$(6s)\sigma_g^2(6s)\sigma_u^2(5d)\pi_u^2$（双过渡金属存在自旋极化的情况，导致高自旋不存在）。金属的最高四个占据轨道能量比碳笼的LUMO和（LUMO+1）轨道高，所以对于$M_2@C_{82}-C_{3v}(8)$分子，会有四个电子从金属团簇向笼上转移，如图3.7所示。

在实验上和理论上，尽管相同类型的同笼内嵌金属富勒烯的不同金属团簇间的振动光谱和吸收光谱非常相似，但与带相同电荷的碳笼相比却有较大差别。也就是说纯粹的离子模型不是一个通用的定律，金属与笼的弱相互作用必须考虑其中。有报道称金属团簇和碳笼间存在一定的共价作用，但并不是指所有的金属富勒烯都存在这种弱共价作用，共价作用只存在于固定的非对称碳笼中。

电荷密度分布可以分析金属对碳笼的电荷影响，比如比较不同金属富勒烯分子与参考片段的电荷密度差异。这里的参考片段可能是：①无相互作用的金属原子或团簇和对应的碳笼；②金属或团簇的阳离子和对应的阴离子碳笼。通过简单

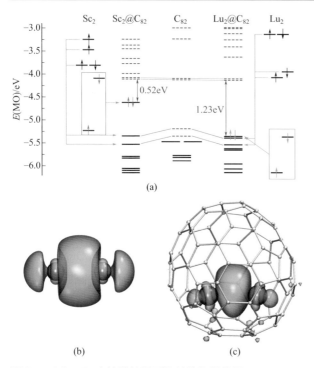

(a)

(b)   (c)

图3.7　(a) DFT方法计算得到的前线轨道能级：Sc_2、Lu_2、C_{82}空笼、双金属内嵌金属富勒烯 $Sc_2@C_{82}$ 和 $Lu_2@C_{82}$，母笼均为 $C_{3v}(8)$，其中实线代表占据轨道，虚线代表未占据轨道，M_2 对应 的 $(ns)\sigma_g^2$ 分子轨道分别用洋红色和绿色方框标注；（b）Sc_2 的 $(4s)\sigma_g^2$ 分子轨道图；（c）$Sc_2@C_{82}$ 的 HOMO 轨道图

在（b）和（c）中钪原子为洋红色，碳原子为淡灰色，分子轨道表面是青色和暗黄色[40]

的片段分解，可以直观地看到不同分子片段重组后轨道重叠的部分，这样非常有 利于分析不同构型的自旋密度差以及判断内嵌团簇和碳笼的相互作用。一般理论 计算得到的原子电荷数值比纯粹的离子模型数值小得多。比如，$Sc_3N@C_{80}$ 的 Sc_3N 团簇的 Bader、Mulliken 和 NBO 电荷分析结果[41]：在B3LYP/6-311g* 水平下的电 荷值分别是：+3.50，+2.88，+2.99；在BP/TZVP水平经ZORA修正的电荷值分别是： +1.28（Mulliken），+1.10（Hirshfeld），+0.94（Voronoi）。显然，化学价态与计算方 法相关性较大，但得到的所有数据都比纯粹的离子模型 $(Sc_3N)^{6+}@C_{80}^{6-}$ 小得多。

　　总的来说，对于内嵌金属富勒烯的分子轨道，金属与碳笼的相互作用可以理 解为金属向碳笼转移一定数量的电子，这些电子反作用于金属的 nd 轨道。有时， 并不能用定域分子轨道去描述金属与笼间的相互作用，却可以理解为碳笼上许多 π轨道与金属 nd 轨道的相互叠加。

3.4.3
成键和光谱特性

QTAIM即"分子中原子"量子理论，是根据电荷密度分布函数得到的电子密度梯度矢量场来分析原子间的成键属性，通过比较原子或者环的电子密度值的大小比较不同拓扑结构的成键强弱，分析的主要参数包括核临界点（NCPs）值、键临界点（BCPs）值、环临界点（CCPs）值以及拉普拉斯算子（电子密度的二阶导数Laplacian值）。若空间中某一点的电子密度的梯度$\nabla\rho=0$，则该点是一个临界点，如果在该点建立一个Hessian（3×3）矩阵，可以得到三个本征值（λ_1，λ_2，λ_3）。而拉普拉斯值$\rho^2(r)$定义为$\rho^2(r)=\lambda_1+\lambda_2+\lambda_3$，若拉普拉斯值为负值，势能占优势，负电荷在该处集中，值越小，代表化学键的共价性越强；若拉普拉斯值为正值，则动能占优势，负电荷在该处分散，值越大，化学键的离子性越强；若拉普拉斯值接近于0，则表示形成较弱的化学键，往往这样的键是很难用量子化学理论准确描述的。

早在1998年，Kobayashi和Nagase第一次使用QTAIM理论用于内嵌金属富勒烯（$Sc_2@C_{84}$、$Ca@C_{72}$和$Sc_2@C_{66}$）[42, 43]的研究。Sc或Ca与部分碳原子间键临界点（BCPs）的电子密度值非常小，Sc—C键的值是0.05au，对于Ca—C键的值是$0.01\sim0.02$au。BCPs的拉普拉斯算子总是正值，所以金属团簇和碳笼间更多的是以离子键的形式存在；而如果在原子间的BCP处能量密度总和为负值，则能说明原子间是以共价键存在，而此种情况在对称性比较差的碳笼里比较容易出现。到目前为止，已经报道了很多通过QTAIM/DFT方法对内嵌金属富勒烯进行键归属的理论研究，如单金属、双金属、三金属、金属氮化物等，几乎涵盖所有内嵌金属富勒烯结构。内嵌金属富勒烯的电荷密度分布是非常复杂的拓扑结构，而且内部含有较多的临界点，对于处于弱相互作用的拓扑空间，拉普拉斯值接近于0，目前这些空间是不可预测或者难以描述的键型。

内嵌金属富勒烯分子内部团簇非常活跃，团簇和键总是伴随着强烈的转动和振动，而光谱分析能解决这一难题。振动光谱（红外光谱和拉曼光谱）非常灵敏，但是它不直接提供结构信息，通常想通过光谱了解分子动力学过程，需要比较几种异构体的理论模型，这依赖于理论计算的正确性。对于一个可信的振动光谱，一般包括两个因素：①严格评估异构体的合理性，排除不可能的结构；②理论计算需要在高精度基组下完成。对于后者，一般采用DFT方法，基组要求在DZVP水平以上（TZVP和TZVPP是比较理想的）。

振动光谱可以广泛研究富勒烯的分子和电子结构。振动光谱的分辨率远远高于 NMR 光谱，可以得到快速运动的分子的笼与团簇的相互作用信息。比如 $M_3N@C_{80}$ 家族的氮化物金属富勒烯，若是用 ^{13}C NMR 光谱表征，能得到很好的对称信息，但用振动光谱表征却表现出低对称性。振动光谱对笼的电子转移十分敏感，假如得到准确的振动光谱，则可以用以分析笼与团簇的相互作用。最后，振动光谱对结构的变化也十分敏感，假如不能通过 ^{13}C NMR 和单晶 X 射线衍射表征结构，可以通过光谱分析结构信息。金属富勒烯有两种明显区别的振动方式：①碳笼；②内嵌团簇，包括它们的内部振动和转动。譬如，对稳定的 $Gd_2@C_{98}$ 异构体的谐波振动频率和红外吸收强度在 B3LYP/3-21G-CEP 水平进行了评估[44]，结果表明，异构体含有两个主要区域，第一个区域（$1000 \sim 1700cm^{-1}$）代表 C—C 键的伸缩振动，第二个区域（$200 \sim 1000cm^{-1}$）代表碳笼与内嵌团簇的振动峰。显然，在第二个区域，这种吸收强度对 $Gd_2@C_{98}$-C_1(168785) 和 $Gd_2@C_{98}$-C_2(230924) 都相似，不好分辨。然而，在第一个区域有明显的不同，如 $Gd_2@C_{98}$-C_2(230924) 在 $1400cm^{-1}$ 处只有一个峰，而 $Gd_2@C_{98}$-C_1(168785) 却在 $1340 \sim 1400cm^{-1}$ 有几个相似的规律峰。此外，$Gd_2@C_{98}$-C_1(168785) 在 $1542cm^{-1}$ 处有一显著的尖峰，相比之下，后者处在较低的吸收谱带。这有助于区分不同的分子结构。较大质量的金属原子通常会与碳笼的振动有效地分离（金属在低频率下即发生振动），但一般情况下，团簇和碳笼的混合振动仍然会发生，理论预测与实验的对比如果能很好地吻合，结构就能基本确认。

通过理论金属富勒烯的发展历程，我们可以知道，理论计算对于理解和预测实验结果有不可替代的作用。实际上，这两种研究方式就像科学的两只翅膀，它们从不同的角度相互促进、相互提高。

3.5
小 结

金属富勒烯结构的精确表征为后面的性质研究奠定了基础。结构决定了性质，金属富勒烯结构的确定大大推动了其性质的研究，如造影剂、生物应用、顺磁性质、单分子磁体性质等，都是在结构确定之后才迅速开展起来。在今后的研究中，确定分子结构依然是一个关键环节，表征手段仍是研究人员需要掌握的重要工具。

参考文献

[1] Stevenson S, Rice G, Glass T, et al. Small-bandgap endohedral metallofullerenes in high yield and purity[J]. Nature, 1999, 401(6748): 55-57.

[2] Stevenson S, Lee H M, Olmstead M M, et al. Preparation and crystallographic characterization of a new endohedral, Lu$_3$N@C$_{80}$·5 (o-xylene), and comparison with Sc$_3$N@C$_{80}$·5 (o-xylene)[J]. Chemistry—AEuropean Journal, 2002, 8(19): 4528-4535.

[3] Krause M, Kuzmany H, Georgi P, et al. Structure and stability of endohedral fullerene Sc$_3$N@C$_{80}$: a Raman, infrared, and theoretical analysis[J]. Journal of Chemical Physics, 2001, 115(14): 6596-6605.

[4] Wang X, Zuo T M, Olmstead M M, et al. Preparation and structure of CeSc$_2$N@C$_{80}$: an icosahedral carbon cage enclosing an acentric CeSc$_2$N unit with buried f electron spin[J]. Journal of the American Chemical Society, 2006, 128(27): 8884-8889.

[5] Stevenson S, Phillips J P, Reid J E, et al. Pyramidalization of Gd$_3$N inside a C$_{80}$ cage. The synthesis and structure of Gd$_3$N@C$_{80}$[J]. Chemical Communications, 2004(4): 2814-2815.

[6] Yang S F, Troyanov S I, Popov A A, et al. Deviation from the planarity—a large Dy$_3$N cluster encapsulated in an I_h-C$_{80}$ cage: an X-ray crystallographic and vibrational spectroscopic study[J]. Journal of the American Chemical Society, 2006, 128(51): 16733-16739.

[7] Yang S F and Dunsch L. Expanding the number of stable isomeric structures of the C$_{80}$ cage: a new fullerene Dy$_3$N@C$_{80}$[J]. Chemistry—A European Journal, 2005, 12(2): 413-419.

[8] Yang S F, Kalbac M, Popov A, et al. Gadolinium-based mixed-metal nitride clusterfullerenes Gd$_x$Sc$_{3-x}$N@C$_{80}$ (x=1, 2)[J]. ChemPhysChem, 2006, 7(9): 1990-1995.

[9] Yang S F, Popov A A, Chen C, et al. Mixed metal nitride clusterfullerenes in cage isomers: Lu$_x$Sc$_{3-x}$N@C$_{80}$(x=1,2) as compared with M$_x$Sc$_{3-x}$N@C$_{80}$(M=Er, Dy, Gd, Nd)[J]. Journal of Physical Chemistry C, 2009, 113(18): 7616-7623.

[10] Wang T S, Chen N, Xiang J F, et al. Russian-doll-type metal carbide endofullerene: synthesis, isolation, and characterization of Sc$_4$C$_2$@C$_{80}$[J]. Journal of the American Chemical Society, 2009, 131(46): 16646-16647.

[11] Wang T S, Feng L, Wu J Y, et al. Planar quinary cluster inside a fullerene cage: synthesis and structural characterizations of Sc$_3$NC@C(80)-I_h[J]. Journal of the American Chemical Society, 2010, 132(46): 16362-16364.

[12] Feng Y Q, Wang T S, Wu J Y, et al. Structural and electronic studies of metal carbide clusterfullerene Sc$_2$C$_2$@C$_s$-C$_{72}$[J]. Nanoscale, 2013, 5(15): 6704-6707.

[13] Olmstead M M, de Bettencourt-Dias A, Duchamp J C, et al. Isolation and structural characterization of the endohedral fullerene Sc$_3$N@C$_{78}$[J]. Angewandte Chemie International Edition, 2001, 40(7): 1223-1225.

[14] Ma Y H, Wang T S, Wu J Y, et al. Size effect of endohedral cluster on fullerene cage: preparation and structural studies of Y$_3$N@C$_{78}$-C$_2$[J]. Nanoscale, 2011, 3(12): 4955-4957.

[15] Beavers C M, Chaur M N, Olmstead M M, et al. Large metal ions in a relatively small fullerene

cage: the structure of $Gd_3N@C_2(22010)$-C_{78} departs from the isolated pentagon rule[J]. Journal of the American Chemical Society, 2009, 131(32): 11519-11524.

[16] Popov A A, Krause M, Yang S, et al. C_{78} cage isomerism defined by trimetallic nitride cluster size: a computational and vibrational spectroscopic study[J]. Journal of Physical Chemistry B, 2007, 111(13): 3363-3369.

[17] Wang T S, Wu J Y, Xu W, et al. Spin divergence induced by exohedral modification: ESR study of $Sc_3C_2@C_{80}$ fulleropyrrolidine[J]. Angewandte Chemie International Edition, 2010, 49(10): 1786-1789.

[18] Popov A A, Yang S F, Dunsch L. Endohedral fullerenes[J]. Chemical Reviews, 2013, 113(8): 5989-6113.

[19] Burke B G, Chan J, Williams K A, et al. Investigation of $Gd_3N@C_{2n}(40 \leqslant n \leqslant 44)$ family by Raman and inelastic electron tunneling spectroscopy[J]. Physical Review B, 2010, 81(11).

[20] Krause M, Popov V N, Inakuma M, et al. Multipole induced splitting of metal-cage vibrations in crystalline endohedral D_{2d}-$M_2@C_{84}$ dimetallofullerenes[J]. Journal of Chemical Physics, 2004, 120(4): 1873-1880.

[21] Akasaka T, Nagase S, Kobayashi K, et al. ^{13}C and ^{139}La NMR studies of $L_{a2}@C_{80}$: first evidence for circular motion of metal atoms in endohedral dimetallofullerenes[J]. Angewandte Chemie International Edition, 1997, 36(15): 1643-1645.

[22] Wang C-R, Kai T, Tomiyama T, et al. A scandium carbide endohedral metallofullerene: $Sc_2C_2@C_{84}$[J]. Angewandte Chemie International Edition, 2001, 40(2): 397-399.

[23] Shinohara H, Sato H, Ohkohchi M, et al. Encapsulation of a scandium trimer in C_{82}[J]. Nature, 1992, 357(6373): 52-54.

[24] Iiduka Y, Wakahara T, Nakahodo T, et al. Structural determination of metallofullerene Sc_3C_{82} revisited: a surprising finding[J]. Journal of the American Chemical Society, 2005,
127(36): 12500-12501.

[25] Tan K, Lu X, Wang C R. Unprecedented μ_4-C_2^{6-} anion in $Sc_4C_2@C_{80}$[J]. Journal of Physical Chemistry B, 2006, 110(23): 11098-11102.

[26] Kato H, Taninaka A, Sugai T, et al. Structure of a missing-caged metallofullerene: $La_2@C_{72}$[J]. Journal of the American Chemical Society, 2003, 125(26): 7782-7783.

[27] Fu W, Xu L, Azurmendi H, et al. ^{89}Y and ^{13}C NMR cluster and carbon cage studies of an yttrium metallofullerene family, $Y_3N@C_{2n}(n=40-43)$[J]. Journal of the American Chemical Society, 2009, 131(33): 11762-11769.

[28] Yamazaki Y, Nakajima K, Wakahara T, et al. Observation of ^{13}C NMR chemical shifts of metal carbides encapsulated in fullerenes: $Sc_2C_2@C_{82}$, $Sc_2C_2@C_{84}$, and $Sc_3C_2@C_{80}$[J]. Angewandte Chemie International Edition, 2008, 47(41): 7905-7908.

[29] Yamada M, Nakahodo T, Wakahara T, et al. Positional control of encapsulated atoms inside a fullerene cage by exohedral addition[J]. Journal of the American Chemical Society, 2005, 127(42): 14570-14571.

[30] Yamada M, Wakahara T, Tsuchiya T, et al. Spectroscopic and theoretical study of endohedral dimetallofullerene having a non-IPR fullerene cage: $Ce_2@C_{72}$[J]. Journal of Physical Chemistry A, 2008, 112(33): 7627-7631.

[31] Friese K, Panthofer M, Wu G, et al. Strategies for the structure determination of endohedral fullerenes applied to the example of $Ba@C_{74}\cdot Co$(octaethylporphyrin)$\cdot 2C_6H_6$[J]. Acta Crystallographica Section B : Structural Science, 2004, 60(5): 520-527.

[32] Reich A, Panthofer M, Modrow H, et al. The structure of $Ba@C_{74}$[J]. Journal of the American Chemical Society, 2004, 126(44): 14428-14434.

[33] Che Y, Yang H, Wang Z, et al. Isolation and structural characterization of two very large, and largely empty, endohedral fullerenes: $Tm@C_{3v}$-C_{94} and $Ca@C_{3v}$-C_{94} [J]. Inorganic Chemistry, 2009, 48(13): 6004-6010.

[34] Beavers C M, Zuo T, Duchamp J C, et al. $Tb_3N@C_{84}$: an improbable, egg-shaped endohedral fullerene that violates the isolated pentagon rule[J]. Journal of the American Chemical Society, 2006, 128(35): 11352-11353.

[35] Zuo T M, Walker K, Olmstead M M, et al. New egg-shaped fullerenes: non-isolated pentagon structures of $Tm_3N@C_s(51365)-C_{84}$ and $Gd_3N@C_s(51365)-C_{84}$[J]. Chemical Communications, 2008, (9): 1067-1069.

[36] Zhang Y, Ghiassi K B, Deng Q, et al. Synthesis and structure of $LaSc_2N@C_s(hept)-C_{80}$ with one heptagon and thirteen pentagons[J]. Angewandte Chemie International Edition, 2015, 54(2): 495-499.

[37] Chen C H, Abella L, Ceron M R, et al. Zigzag Sc_2C_2 carbide cluster inside a [88]fullerene cage with one heptagon, $Sc_2C_2@C_s(hept)-C_{88}$: a kinetically trapped fullerene formed by C_2 insertion?[J]. Journal of the American Chemical Society, 2016, 138(39): 13030-13037.

[38] Slanina Z, Lee S L, Uhlik F, et al. Computing relative stabilities of metallofullerenes by Gibbs energy treatments[J]. Theoretical Chemistry Accounts, 2007, 117(2): 315-322.

[39] Kobayashi K and Nagase S. Structures and electronic states of $M@C_{82}$ (M=Sc, Y, La and lanthanides)[J]. Chemical Physics Letters, 1998, 282(3-4): 325-329.

[40] Samoylova N A, Avdoshenko S M, Krylov D S, et al. Confining the spin between two metal atoms within the carbon cage: redox-active metal-metal bonds in dimetallofullerenes and their stable cation radicals[J]. Nanoscale, 2017, 9(23): 7977-7990.

[41] Popov A A and Dunsch L. Hindered cluster rotation and ^{45}Sc hyperfine splitting constant in distonoid anion radical $Sc_3N@C_{80}^-$, and spatial spin-charge separation as a general principle for anions of endohedral fullerenes with metal-localized lowest unoccupied molecular orbitals[J]. Journal of the American Chemical Society, 2008, 130(52): 17726-17742.

[42] Kobayashi K and Nagase S. A stable unconventional structure of $Sc_2@C_{66}$ found by density functional calculations[J]. Chemical Physics Letters, 2002, 362(5-6): 373-379.

[43] Kobayashi K, Nagase S and Akasaka T. Endohedral dimetallofullerenes $Sc_2@C_{84}$ and $La_2@C_{80}$. Are the metal atoms still inside the fullerence cages?[J]. Chemical Physics Letters, 1996, 261(4-5): 502-506.

[44] Zhao X, Gao W Y, Yang T, et al. Violating the isolated pentagon rule (IPR): endohedral non-IPR C_{98} cages of $Gd_2@C_{98}$[J]. Inorganic Chemistry, 2012, 51(4): 2039-2045.

NANOMATERIALS

金属富勒烯：从基础到应用

Chapter 4

第4章
金属富勒烯的磁性

金属富勒烯与空心富勒烯最大的区别就是有无磁性。金属富勒烯的磁性来源于两个方面，一个是由一个未成对电子带来的顺磁性，另一个则是由多个未成对 f 电子带来的磁性。金属富勒烯因其内嵌金属而具有多变的电子结构。碳笼和内嵌金属之间经过电子转移和重组之后，有的金属富勒烯分子轨道上具有了一个未成对电子，使得分子具有顺磁性。这些未成对电子可以分布在碳笼上，有的分布在碳笼内部的团簇。当富勒烯内嵌含有多个未成对 f 电子的镧系金属时，所形成的金属富勒烯也表现出顺磁性，低温下甚至具有磁滞现象。这些顺磁性的金属富勒烯作为新型磁性材料在磁共振成像、单分子磁体、自旋量子信息处理等方面具有重要应用价值[1~6]。本章将从电子自旋特性、顺磁性、磁性调控、单分子磁体等角度阐述金属富勒烯的磁性质。

4.1
顺磁性的金属富勒烯及其电子顺磁共振研究

自旋是电子、原子、分子等系统的内禀性质。未成对电子自旋（以下简称"自旋"）使得化学分子具有顺磁性，如常见的自由基。顺磁性物质的常用表征手段是电子顺磁共振（electron paramagnetic resonance, EPR）波谱仪。EPR 是基于未成对电子的磁矩开发的一种磁共振技术，用于检测原子或分子中所含的未成对电子，并探索电子周围环境的特性[7,8]。其基本原理为电子运动产生力矩，在运动中产生电流和磁矩，在外加磁场中，简并的电子自旋能级将产生分裂，若在垂直外磁场方向加上合适频率的电磁波，能使处于低自旋能级的电子吸收电磁波能量而跃迁到高能级，从而产生电子的顺磁共振吸收现象[8]。对于顺磁性金属富勒烯而言，金属原子或金属团簇的多样性以及多变的结构赋予其与众不同的电子自旋特性，使得自旋与磁性金属核的耦合十分丰富，分子内的自旋分布较为多样。通过 EPR 研究，我们可以获得金属富勒烯分子中的电子自旋分布情况，可以深入了解自旋与金属磁性核的超精细耦合，可以探知金属富勒烯自旋与磁性在不同环境下的变化。

4.1.1
顺磁性的内嵌单金属富勒烯

Kroto等[9]首次发现富勒烯后不久，他们便从激光蒸发混有$LaCl_3$的石墨产生的灰烬中观测到了内嵌金属镧的富勒烯，如$La@C_{60}$和$La@C_{82}$。随后，人们发现很多稀土金属均可以$M@C_{82}$（M=La, Sc, Y, Gd, Tb, Dy, Ho, Er, …）的形式内嵌到富勒烯碳笼中[10~16]。其中大部分$M@C_{82}$分子中的内嵌金属向C_{82}转移三个电子，使得C_{82}轨道上具有一个未成对电子，导致$M@C_{82}$分子具有顺磁性。随后，人们对$La@C_{82}$、$Sc@C_{82}$与$Y@C_{82}$三个分子做了系统的EPR和顺磁性研究。

$La@C_{82}$是研究最早的具有自旋活性的内嵌单金属富勒烯，它存在两个同分异构体，分别为$La@C_{82}$-C_s和$La@C_{82}$-C_{2v}。La的核自旋量子数$I=7/2$，其在常温下各向同性的EPR谱图均为等距的八条线，两个分子超精细耦合常数（hfcc，a）分别为$a=0.83G$（$La@C_{82}$-C_s）[4]和$a(hfcc)=1.2G$（$La@C_{82}$-C_{2v}）[11]，测试条件见表4.1。需要指出的是，二者之间自旋与磁性核的相互作用差异是由电子自旋在分子上的布居不同导致的。

$Sc@C_{82}$与$Y@C_{82}$是另外两种典型的自旋活性的内嵌单金属富勒烯。Sc的核自旋量子数$I=7/2$，与$La@C_{82}$类似，$Sc@C_{82}$的各向同性的EPR谱图也为等距的八条线[17]，如图4.1所示。而Y的核自旋量子数$I=1/2$，其对应的EPR谱图则为两条等高的谱线。值得注意的是，有研究表明$Sc@C_{82}$的电子自旋表现出明显的温度依赖性，即随着温度降低，EPR谱线呈现出各向异性，表明电子自旋随着温度降低弛豫明显变慢。表4.1总结了$La@C_{82}$、$Sc@C_{82}$与$Y@C_{82}$三个分子的EPR参数和相应测试条件。

表 4.1　几种$M@C_{82}$金属富勒烯的超精细耦合常数（a）和g因子

金属富勒烯	a/G	g	温度/K	溶剂	文献
$La@C_{82}$-C_{2v}(9)	1.2	2.0008	室温	CS_2	[11]
$La@C_{82}$-C_s(6)	0.83	2.0002	室温	甲苯	[4]
$Y@C_{82}$-C_{2v}(9)	0.49	2.0006	室温	甲苯	[12]
	0.48	2.00013	室温	CS_2	[18]
$Y@C_{82}$-C_s(6)	0.32	2.0001	室温	甲苯	[12]
$Sc@C_{82}$-C_{2v}(9)	3.82	1.9999	室温	CS_2	[17]
$Sc@C_{82}$-C_s(6)	1.16	2.0002	室温	CS_2	[17]

注：$1G=10^{-4}T$。

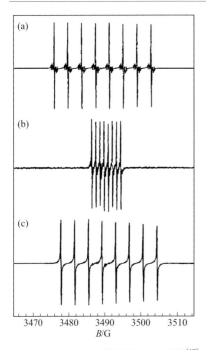

图 4.1　几种金属富勒烯的 EPR 波谱 [17]
（a）$Sc@C_{82}$-C_s；（b）$Sc@C_{82}$-C_{2v}；（c）$Sc@C_{84}$。测试条件：室温，二硫化碳溶剂

另外还有一类单金属富勒烯内嵌有镧系元素，但这些镧系元素中的未成对 f 电子由于其强烈的旋轨耦合作用导致碳笼上电子自旋弛豫过程极快，因而此类分子的 EPR 信号非常弱，在低频（X 波段）和室温情况下甚至无法获取。对于此类内嵌单金属富勒烯的自旋性质主要在高频和极低温条件下进行研究。

4.1.2
顺磁性的内嵌金属团簇富勒烯

内嵌金属团簇富勒烯种类更丰富，结构也更加多样。研究最早的顺磁性金属团簇富勒烯是 $Sc_3C_2@C_{80}$。1994 年，人们首次分离得到纯净的 $Sc_3C_2@C_{80}$ 样品 [19]，但是其构型在 2005 年之前一直被误认为 $Sc_3@C_{82}$ [20]。$Sc_3C_2@C_{80}$ 分子的 EPR 谱图呈现高度对称的 22 条超精细裂分谱线，如图 4.2 所示。超精细耦合常数 $a(Sc)=6.256G$，$g=2.0006$。理论计算表明，$Sc_3C_2@C_{80}$ 分子的电子自旋位于分

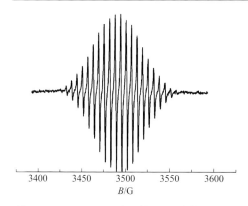

图4.2 Sc₃C₂@C₈₀分子的EPR波谱

测试条件：室温，邻二氯苯溶剂

子中心的C_2单元上，分子中的三个Sc高度对称且具有相同的化学环境[21]。随后人们对其做了变温EPR测试，发现EPR线宽和耦合常数随着温度变化而变化[20]。$Sc_3C_2@C_{80}$的EPR谱图的温度依赖性归因于内嵌的Sc_3C_2团簇的运动状态的改变导致自旋弛豫发生变化。

氮杂内嵌金属富勒烯是富勒烯家族中特别的成员，它是由N取代碳笼上的一个C形成的。N比C多一个电子，因此会对内嵌团簇与碳笼之间的电荷转移产生影响。顺磁性的氮杂金属富勒烯主要是$M_2@C_{79}N$（M=Tb，Y，Gd）和$Y_2@C_{81}N$。其中$Y_2@C_{79}N$的EPR信号最为明晰，室温条件下即可观测到对称的1:2:1三条EPR谱线，如图4.3所示，超精细耦合常数a(Y)=81.23G，g=1.9740[5]。$Y_2@C_{79}N$的较大的a值源于两个Y之间的d轨道上的电子自旋。降温EPR显示，随着温度降低，高场的EPR谱峰随之增强，呈现出顺磁各向异性，反映出自旋弛豫在低温下变慢，并且分子共振态转动取向不均[22]。$Gd_2@C_{79}N$分子是含有镧系元素的氮杂金属富勒烯，其电子结构较为复杂。室温下$Gd_2@C_{79}N$分子在甲苯溶液中有一个单峰，EPR谱中心场位于g=1.978处。在低温下利用X和W波段，EPR波谱仪进一步检测到多条精细裂分，得到分子整体的自旋量子数S=15/2。这源于两个Gd的4f电子自旋（S=7/2）与Gd—Gd单键上的单电子自旋（S=1/2）之间的铁磁耦合相互作用[23]。

$M_2TiN@C_{80}$-I_h（M=Sc，Y）是一类具有顺磁性的内嵌金属富勒烯。该类分子中电子自旋位于Ti（Ⅲ）的3d轨道上，其EPR谱呈现出一个难以分辨精细结构的包峰。该分子在100K时EPR显示为一个250G宽的包峰，EPR谱中心场位于

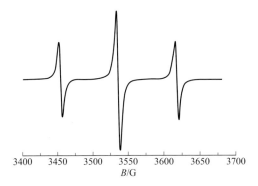

图4.3　$Y_2@C_{79}N$分子的EPR波谱
测试条件：室温，二硫化碳溶剂

$g=1.9454$处，显示了分子内强烈的旋轨耦合作用[24,25]。

　　$Sc_4C_2H@C_{80}\text{-}I_h$具有开壳层的电子结构，是一个自旋活性的分子，它在$Sc_4C_2@C_{80}\text{-}I_h$的基础上增加一个氢原子实现了自旋活化。室温下$Sc_4C_2H@C_{80}\text{-}I_h$的EPR谱图没有观测到EPR信号；把测试温度降低到60K时，一个明显的EPR单峰出现在谱图中；进一步降低温度EPR峰强度随之增大，2K时谱峰宽度约为500G，但没有超精细裂分出现。2K时的谱峰线宽如此之大说明未配对电子自旋主要分布在Sc的3d轨道上，存在很强的自旋-金属相互作用[26]。类似的实验结果也出现在$TiSc_2N@C_{80}\text{-}I_h$中[24]。

4.1.3
金属富勒烯的自旋活化

　　在金属富勒烯大家族中，大多数分子都是抗磁性的，没有未成对电子自旋。为了赋予分子电子自旋，人们发展了化学法和电化学法来制备内嵌金属富勒烯离子自由基，并利用EPR技术深入研究了分子的结构和电子性质。

　　钠和钾是强还原剂，可以将富勒烯C_{60}还原成阴离子自由基[27]。用类似的方法，人们用钠钾合金还原获得了$Sc_3N@C_{80}$的阴离子自由基，如图4.4所示，其EPR图谱呈现22条裂分，超精细耦合常数$a(Sc)=55.6G$，$g=1.9984$。异常大的a值表明自旋单电子集中分布在内嵌的Sc_3N团簇上，理论计算表明在$C_{80}\text{-}I_h$碳笼内Sc_3N团簇可以在纳秒时间尺度上自由旋转[28]。

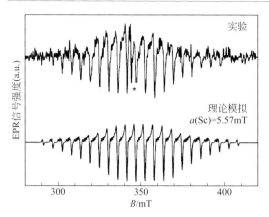

图4.4 $Sc_3N@C_{80}$ 阴离子自由基的 EPR 波谱[28]

在 $Sc_3N@C_{80}$ 的苯并[2+2]环加成产物异构体中，衍生基团分别加成在[5,6]及[6,6]位点，对于这两种衍生物异构体的负离子，[5,6]加成产物的超精细耦合常数有两组 $a(Sc)$：33.3G×2，9.1G；[6,6]加成产物的超精细耦合常数也有两组 $a(Sc)$：47.9G×2，0.6G[29]。EPR 结果表明，$Sc_3N@C_{80}$ 的衍生物阴离子自由基中内嵌 Sc_3N 团簇的运动严重受阻，电子自旋趋异分布，自旋与三个 Sc 核的耦合强度不再等同。$Sc_3N@C_{80}$ 的吡咯烷加成产物（1,3-偶极环加成反应，Prato 反应）的负离子自由基也表现出类似的变化，其[5,6]加成产物对应的超精细耦合常数 $a(Sc)$ 为：33.4G×2，9.6G；较大的 a 值表明电子自旋多分布在 Sc 的 3d 轨道上[30]。在 $Sc_3N@C_{80}(CF_3)_2$[31]、$Sc_3N@C_{80}(CF_3)_{10}$[32] 和 $Sc_3N@C_{80}(CF_3)_{12}$[32] 的阴离子自由基中，不同的钪原子有不等价的 $a(^{45}Sc)$ 值，表明分子的电子结构发生变化。理论计算显示随着 CF_3 基团数目的增加，LUMO 轨道从 Sc_3N 团簇转移到了碳笼上，超精细耦合常数趋向于减小。用 EPR 光谱来表征 $Sc_3N@C_{80}(CF_3)_2$ 产生的 −3 价阴离子，其中一个 Sc 的超精细耦合常数值为 49.2G，其他两个 Sc 超精细耦合常数值为 10.8G。

将 $Y_3N@C_{80}$ 通过钾金属还原，获得其阴离子自由基，EPR 结果发现该阴离子不但具有 Y 核的耦合分裂，还表现出了内嵌 N 的耦合分裂信号，如图4.5所示。超精细耦合常数 $a(Y)=11.42G×3$，$a(N)=1.32G$，$g=2.0053$。EPR 结果和计算结果表明，$Y_3N@C_{80}$ 的阴离子自由基上电子自旋位于碳笼上，离域的电子自旋与 N 容易产生耦合[33]。而这种 N 耦合在 $Sc_3N@C_{80}$ 离子自由基中是观察不到的，因为 $Sc_3N@C_{80}$ 离子自由基多位于 Sc^{3+} 轨道上，自旋与 Sc 的强旋轨作用限制了 N 的耦合。$Y_3N@C_{80}$ 的吡咯烷加成产物 $Y_3N@C_{80}-C_4H_9N$ 也通过钾还原转变为离子自由基，其 EPR

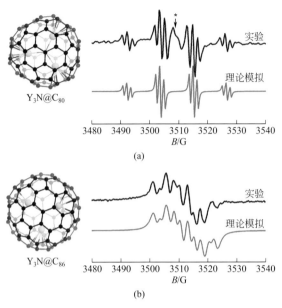

图4.5 $Y_3N@C_{80}$ 和 $Y_3N@C_{86}$ 阴离子自由基的EPR波谱[33]

谱展现出了电子自旋与金属Y（6.26G×2；1.35G）、N（0.51G）和H（0.21G×2；0.19G×2）之间的耦合作用。需要指出的是，这里的H来源于外接的吡咯烷，由此可见，在 $Y_3N@C_{80}$ 吡咯烷衍生物的阴离子中，电子自旋大部分离域在碳笼上，并导致其与笼外的H核发生耦合分裂[34]。

　　除了碱金属还原，电化学氧化还原法也是金属富勒烯的常用自旋活化手段。$Sc_4O_2@C_{80}$ 的阴阳离子自由基就是通过电化学的方法制备，由于具有四个金属核，$Sc_4O_2@C_{80}$ 的阴阳离子自由基表现出复杂的EPR信号[35]。在 $Sc_4O_2@C_{80}$ 中，四个Sc有两种价态，一对Sc具有+3价，另一对Sc具有+2价，使得自旋与磁性核的耦合更为复杂，如图4.6所示。在 $Sc_4O_2@C_{80}$ 阳离子中，体现出两组超精细耦合裂分常数 $a(Sc^{3+})=18G×2$ 以及 $a(Sc^{2+})=150.4G×2$；而在 $Sc_4O_2@C_{80}$ 阴离子中，则具有完全不同的两组超精细耦合裂分常数 $a(Sc^{3+})=27.4G×2$ 以及 $a(Sc^{2+})=2.6G×2$。较大的 a 值反映出两个离子的电子自旋均分布在内嵌的团簇上。尤其是 $Sc_4O_2@C_{80}$ 阳离子自由基，电子自旋完全位于Sc的3d轨道上。$Sc_3N@C_{68}$ 阴离子自由基也可以通过电化学方法制备，阴阳离子的EPR谱呈现出22条裂分，但其超精细耦合常数相对较小，分别为1.28G和1.75G，说明其电子自旋布居在外层碳笼上。

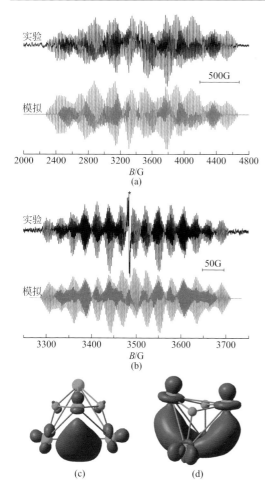

图4.6　$Sc_4O_2@C_{80}$阳离子（a）和阴离子（b）的EPR波谱[35]以及$Sc_4O_2@C_{80}$阳离子（c）和阴离子（d）中Sc_4O_2的自旋密度分布

　　从以上的结果可知，电子自旋可以反映分子的结构、电子的分布、内嵌团簇的运动等。因此，电子自旋可以作为一种探针反映金属富勒烯分子的信息。如在基于C_{82}-C_s碳笼的三种内嵌金属富勒烯$Y_2@C_{82}$-C_s、$Y_2C_2@C_{82}$-C_s和$Sc_2C_2@C_{82}$-C_s中，通过分析这些分子的阴离子自由基的自旋特性和EPR波谱，发现金属碳化物的内嵌团簇在相同的碳笼内翻转相对较慢，使得Y_2C_2和Sc_2C_2中的两个金属原子化学环境异化。如图4.7所示，EPR结果显示，对于$Y_2@C_{82}$-C_s阴离子，它的EPR信号有3条强度为1:2:1的超精细分裂谱线，这是由两个化学环境等同的Y与单

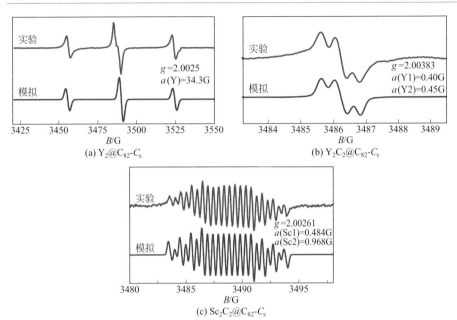

图4.7 $Y_2@C_{82}$-C_s(a)、$Y_2C_2@C_{82}$-C_s(b)和$Sc_2C_2@C_{82}$-C_s(c)阴离子自由基的EPR波谱[36]

电子相互耦合而成，它的g值和超精细耦合常数分别是g=2.0025和a=34.3G（两个Y等同）；而对于$Y_2C_2@C_{82}$-C_s，由于中间场对应的信号峰发生分裂从而出现了四条谱线，g=2.00383，两个Y的超精细耦合常数分别为a=0.4G和a=0.45G；对于$Sc_2C_2@C_{82}$-C_s，这两个Sc也具有不同的超精细耦合常数，分别是a=0.484G和a=0.968G，g=2.00261。由于超精细耦合常数a反映了未配对电子在磁性核附近的分布情况，因此不同的a值说明了两个Y磁性核化学环境的不同。虽然三种富勒烯的碳笼构型一致，但是随着内嵌团簇的细微改变，其相应团簇的转动能垒也发生了较大的变化，最终影响了分子的EPR信号[36]。

　　另一个例子是利用电子自旋区分$Sc_3CN@C_{80}$分子中C与N的位置。利用钾还原方法制备了该分子的阴离子自由基，并使用EPR手段研究了自旋与磁性核的耦合，结果显示当C在中心时，计算的超精细耦合常数与实验得到的超精细耦合常数更接近。$Sc_3CN@C_{80}^{-}$自由基的EPR谱呈现出36条高度对称的超精细裂分，从模拟的结果得知两个等效钪原子的超精细耦合常数为3.890G，另一个钪原子的超精细耦合常数为1.946G，g=2.0031，略大于自由电子的g值。经过计算单电子的自旋密度分布，发现$Sc_3CN@C_{80}^{-}$的单电子自旋主要分布在内嵌团簇尤其是靠近CN基团的两个Sc核上面。理论计算显示若内嵌团簇中心原子为碳原子，计算所得Sc

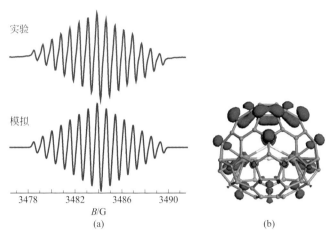

图4.8 $Sc_2C_2@C_{72}$ 阴离子自由基的EPR波谱（a）以及自旋密度分布图（b）[36]

的超精细耦合常数为-4.10091G、-3.94842G（两个等效核）和-3.32803G（第三个核）；若中心原子为氮原子，相应的超精细耦合常数为-2.60452G、-2.32169G（两个等效核）和-4.45982G（第三个核），可以看出以C为中心的构型所得超精细耦合常数与实验结果吻合得较好，说明此构型为最稳定构型[37]。

  $Sc_2C_2@C_{72}$ 阴离子自由基的EPR谱图呈现出15条高度对称的超精细裂分，由模拟谱图得知超精细耦合常数$a(^{45}Sc)=0.77G$，$g=2.0050$，说明自旋密度主要分布在碳笼上，与 $Sc_2C_2@C_{72}$ 的前线分子轨道的分布一致，如图4.8所示。这种高度对称的谱线分布说明两个Sc的电子环境是等同的，这是由 $Sc_2C_2@C_{72}$ 分子的镜面对称性决定的。另外，$Sc_2C_2@C_{72}\text{-}C_s$ 具有两对相邻五元环，但是其单晶衍射谱图显示内嵌的两个Sc在碳笼内出现了12个概率位点，说明两个Sc摆脱了两对相邻五元环的束缚而在碳笼内做跳跃运动，这种运动模式也使得电子与两个Sc磁性核的耦合趋于均等[38]。

4.1.4
金属富勒烯的自旋与顺磁性调控

  电子自旋由于对分子结构和外部环境敏感，因此可以用化学和物理的方法去改变和影响金属富勒烯的自旋和磁性。化学方法主要是在富勒烯笼外进行修饰，利用化学加成反应改变电子自旋的分布和磁性核的转动，最终改变分子的顺磁性[39,40]。

顺磁性单金属内嵌富勒烯因为研究较早，人们曾做了较多的化学修饰和EPR研究。La@C_{82}-C_{2v}的未成对电子对其化学反应性有较大的影响。在Bingel-Hirsch反应中，La@C_{82}与溴代丙二酸二乙酯以及1,8-二氮杂二环[5.4.0]十一碳-7-烯（DBU）反应形成五种单加成产物，其中一种异构体为环加成反应，保持自旋活性，其余四种异构体均发生单键加成反应，变成抗磁性分子[41]。类似地，La@C_{82}-C_{2v}与3-苯-5-噁唑烷酮在甲苯中回流得到单键相连的苯甲基自由基加成产物（抗磁性），在苯中回流则得到环加成吡咯烷（顺磁性）。这种不同的反应性来源于La@C_{82}分子碳笼上较高的电子自旋密度分布[42]。

Sc_3C_2@C_{80}分子的电子自旋位于笼内的C_2单元上，且碳笼具有I_h-对称性，化学反应加成位点相对较少。Sc_3C_2@C_{80}的1,3-偶极环加成反应（Sc_3C_2@C_{80}富勒烯吡咯烷）发生在[5,6]位点，闭环结构，[5,6]位单加成产物的EPR谱具有更复杂的结构，如图4.9所示。其中有两个等价的钪核，超精细耦合常数为4.822G×2，另一个钪核的超精细耦合常数为8.602G，说明内嵌的Sc_3C_2团簇已不能在笼内快速翻转，只能在外接吡咯烷位置附近振动[39]。Sc_3C_2@C_{80}的金刚烷加成产物是[6,6]位的开环结构，其超精细耦合常数为：7.39G×2，1.99G，见表4.2。这些结果说明，Sc_3C_2@C_{80}分子的电子自旋对加成位点和分子结构具有极大的依赖性。加成反应后，电子自旋换变为不均匀分布，发生了电子自旋的极化，再加上内嵌团簇的受限运动，最终导致分子顺磁性质的变化[43]。

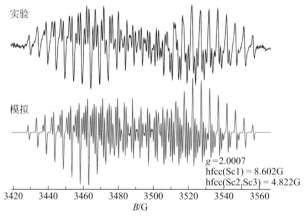

图4.9 Sc_3C_2@C_{80}分子1,3-偶极环加成反应产生的[5,6]位单加成产物的EPR波谱[38]

表 4.2　$Sc_3C_2@C_{80}$ 及其衍生物的超精细耦合常数（a）和 g 因子

金属富勒烯	a/G	g	温度/K	溶剂	参考文献
$Sc_3C_2@C_{80}$	6.51	1.9985	200	二硫化碳	[19]
$Sc_3C_2@C_{80}$	6.22	1.9985	室温	甲苯	[44]
$Sc_3C_2@C_{80}$	6.256	2.0006	室温	邻二氯苯	[39]
$Sc_3C_2@C_{80}$	8.602, 4.822	2.0007	室温	邻二氯苯	[39]
富勒烯吡咯烷	4.822				
$Sc_3C_2@C_{80}$-Ad	7.39, 7.39, 1.99	1.99835	室温	二硫化碳	[43]

$Y_2@C_{79}N$ 的室温 EPR 谱图呈现对称的 1∶2∶1 的三条线，对应两个等效的 Y 核，说明内嵌的 Y 在碳笼内快速转动。而随着温度降低，分子在高场的信号强度明显增强，表现出自旋各向异性，说明低温下 Y_2 的运动受阻，最终使得 Y_2 团簇上的自旋电子转动不均。如对 $Y_2@C_{79}N$ 进行化学修饰，限制 Y_2 的运动，极化 Y_2 上的电子自旋，衍生物的 EPR 谱图也表现出明显的各向异性以及谱线裂分[22]。

将顺磁性金属富勒烯进行组装可获得多维尺度的自旋耦合，制备新型的分子磁性材料。金属-有机框架（MOF）化合物具有多孔结构，框架是芳香体系，可以将富勒烯通过 π-π 相互作用稳定填充在孔道中。MOF-177 是一种较好的多孔材料，具有较大的孔笼，非常适合填充富勒烯和金属富勒烯分子。如将 $Y_2@C_{79}N$ 分子填充到 MOF-177 晶体的孔笼中，获得了自旋分子均匀分散的固态自旋体系。EPR 研究结果表明，低温下 $Y_2@C_{79}N$ 分子在孔笼内由于 π-π 相互作用有了定向的排列，自旋也从无序向有序转变，最终使此固态自旋体系呈现出溶液状态下所不具有的轴对称 EPR 信号，如图 4.10 所示[44]。在 293K 时，$Y_2@C_{79}N \subset MOF$-177 晶体表现出与 $Y_2@C_{79}N$ 在 CS_2 溶液中类似的谱峰，表明在 MOF-177 的孔道内 $Y_2@C_{79}N$ 是完全单分散的，而谱峰的线宽接近后者的两倍，说明在固态自旋体系中自旋晶格相互作用更强。然而，当温度降低到 253K 时，$Y_2@C_{79}N \subset MOF$-177 的 EPR 谱图表现出明显的各向异性，高场的谱峰强度显著增强，这是低温下自旋角动量与轨道角动量之间的相互作用发生改变造成的，这种自旋各向异性归因于分子共振态下转动取向不均。在低于 213K 时，$Y_2@C_{79}N \subset MOF$-177 的 EPR 谱峰呈现出显著的轴对称特性的超精细裂分，说明此时 $Y_2@C_{79}N$ 在 MOF-177 的孔道内由自由转动变为取向排列。80K 下的模拟 EPR 谱图发现自旋参数分布在两个取向，$a_\perp = 76.00$G，$a_{/\!/} = 90.63$G，$g_\perp = 1.961$，$g_{/\!/} = 1.999$。对于 $Y_2@C_{79}N \subset MOF$-177 来说，这种 a 值和 g 值分布说明低温时 $Y_2@C_{79}N$ 在 MOF-177 内有了一定取向。相比而言，$Y_2@C_{79}N$ 固体粉末样品在 293～133K 的温度范围内 EPR 谱图都只表现出

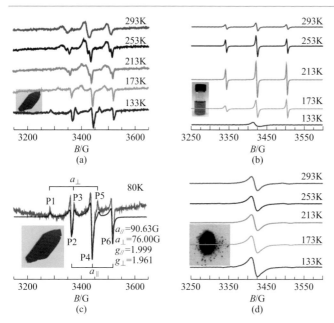

图4.10 （a）$Y_2@C_{79}N$分子填充到MOF-177晶体的孔笼中的EPR波谱；（b）$Y_2@C_{79}N$分子在二硫化碳溶液中的EPR波谱；（c）$Y_2@C_{79}N$分子固态粉末的EPR波谱；（d）$Y_2@C_{79}N$分子在MOF-177晶体孔笼中的EPR波谱[44]

一个没有超精细裂分的包峰，$Y_2@C_{79}N$在CS_2溶液中表现出各向异性。从结构上分析，在$Y_2@C_{79}N \subset$ MOF-177晶体中，MOF-177的骨架有三苯基苯单元，$Y_2@C_{79}N$分子碳笼上的氮原子通过与三苯基苯单元的π-π相互作用而具有一定分子取向，从而改变了$Y_2@C_{79}N$分子的自旋共振信号。

自旋-自旋相互作用是顺磁性分子研究中关注的重点之一，研究该作用可以分析分子的运动和分子构象的变化，甚至进行量子计算。相同顺磁性分子之间的自旋-自旋相会作用会导致EPR谱线的展宽，而不同分子之间的自旋相互作用具有更大的研究价值。顺磁性$Sc_3C_2@C_{80}$分子具有清晰可辨的EPR信号，当将氮氧自由基通过加成反应连接在$Sc_3C_2@C_{80}$分子上（$FSc_3C_2@C_{80}PNO\cdot$），结果发现强烈的自旋-自旋相互作用可以大大减弱$Sc_3C_2@C_{80}$的EPR信号，如图4.11所示[45]。$Sc_3C_2@C_{80}$是典型的顺磁金属富勒烯，有对称的22条曲线，而化学修饰之后最初三个等价的钪原子变成了不等价的。对于$FSc_3C_2@C_{80}PNOH$，一个钪原子的超精细耦合常数$a=8.5G$，还有两个钪原子的超精细耦合常数$a=5.0G$。而含有氮氧自由基的$FSc_3C_2@C_{80}PNO\cdot$表现出来只有三条线，$Sc_3C_2@C_{80}$的信号没有显现出来，这就说明氮氧自由基通过自旋-自旋的相互作用抑制了$Sc_3C_2@C_{80}$的信号。$Sc_3C_2@$

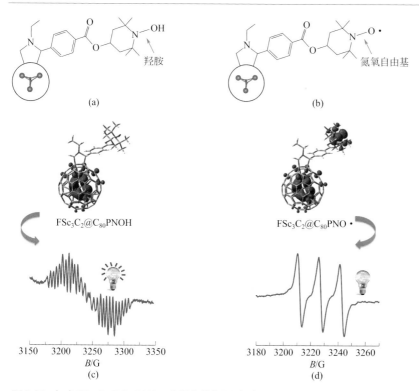

图4.11 （a）$FSc_3C_2@C_{80}PNOH$分子的结构图；（b）$FSc_3C_2@C_{80}PNO\cdot$分子的结构图；（c）FSc_3C_2@$C_{80}PNOH$分子的电子自旋密度分布及其在甲苯溶液中的EPR波谱；（d）$FSc_3C_2@C_{80}PNO\cdot$分子的电子自旋密度分布及其在甲苯溶液中的EPR波谱[45]

C_{80}和氮氧自由基之间的自旋-自旋相互作用跟距离有关，距离越近，作用力越强。另外，自旋-自旋相互作用和温度也是紧密相关的。对于分子$FSc_3C_2@C_{80}PNO\cdot$，在293K时候没有$Sc_3C_2@C_{80}$信号的出现，但是温度降低到253K时候，$Sc_3C_2@C_{80}$和氮氧自由基的信号都增强了。$Sc_3C_2@C_{80}$对分子弱磁场如此灵敏的感应可以用于分子导航、分子罗盘和单分子级别的磁共振成像研究。

4.2
金属富勒烯的磁性与单分子磁体

除了上述的电子顺磁共振波谱表征方法，金属富勒烯还可以用其他磁性测试手段来研究，如超导量子磁强计（superconducting quantum interference device，SQUID）和X射线磁圆二色（X-ray magnetic circular dichroism，XMCD）。比如磁化率的测试，可以反映分子的磁矩和分子之间的磁相互作用。通过这些研究，进一步开发金属富勒烯作为新型磁性材料在磁共振成像、单分子磁体、信息存储、自旋量子信息处理等方面的应用。

4.2.1
金属富勒烯的顺磁性

M@C_{82}（M=Sc，Y，镧系金属）是研究最早的一类顺磁性内嵌金属富勒烯。SQUID测试表明，Gd@C_{82}在温度范围3～300K条件下表现出顺磁性，根据居里外斯公式得到的有效磁矩（μ_{eff}）为6.90μ_B。可以看出，Gd@C_{82}的有效磁矩均小于单个Gd^{3+}离子的磁矩（$S=7/2$，$\mu_{eff}=7.94\mu_B$），这是由Gd的4f电子的自旋与C_{82}^{3-}碳笼上的单电子自旋之间的反铁磁相互作用所导致的[13]。另外，金属富勒烯中金属离子的轨道角动量由于受碳笼晶体场的影响，相比于自由离子M^{3+}大大减小，也导致分子有效磁矩减小。类似地，SQUID和XMCD表征结果也指出Tb@C_{82}、Dy@C_{82}[46]、Ho@C_{82}[47]、Er@C_{82}[48]均为顺磁性。

M_3N@C_{80}（M为镧系金属）是另一类顺磁性的内嵌金属富勒烯。M_3N@C_{80}（M=Ho，Tb）的SQUID磁性测试结果显示两者都是顺磁性的，有效磁矩分别为21μ_B和17μ_B，然而数值均小于三个游离M^{3+}的线性叠加。这是由于N^{3-}的配位场

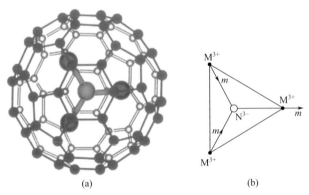

(a)　　　　　　　　　(b)

图4.12 （a）M_3N@C_{80}分子的结构图；（b）M_3N团簇中磁性金属R的磁矩取向图[2]

与 M^{3+} 之间的铁磁交换耦合作用导致净磁矩沿 M-N 轴向，如图 4.12 所示 [2]。$Er_xSc_{3-x}N$ @C_{80}（$x=1 \sim 3$）的磁性结果发现这三个含 Er^{3+} 的分子均为顺磁性，并且随着 Er^{3+} 数目的增加每个 Er^{3+} 的有效磁矩减小 [49]。这种现象也出现在 Gd_2ScN@C_{80} 和 Gd_3N@C_{80} 中，这是因为 M^{3+} 之间具有反铁磁耦合作用 [50]。

金属富勒烯的磁性也可以进行调控，如利用化学修饰或外界作用。如将 Gd@C_{82} 和 Dy@C_{82} 填充到碳纳米管中，得到豆荚状复合物 M@C_{82}@SWNT（M=Gd, Dy；SWNT 为单壁碳纳米管），结果显示 Gd@C_{82}@SWNT 和 Dy@C_{82}@SWNT 的磁矩比本体分子 Gd@C_{82} 和 Dy@C_{82} 的磁矩均有所增大，这是由于在碳纳米管内分子转动受限，自旋弛豫变缓所致 [51]。

4.2.2
内嵌金属富勒烯的单分子磁体性质

单分子/离子磁体性质是内嵌金属富勒烯所具有的一种重要的磁学性质。单分子磁体是一类在阻塞温度以下，去掉外加磁场时，仍然能够保留磁化强度和磁有序的单分子化合物。单分子磁体代表了磁性存储器件的最小尺度，使其在高密度信息存储、量子计算机等领域具有潜在的应用前景 [52]。金属富勒烯在单分子磁体方面具有独特优势。首先，金属富勒烯是球形纳米尺寸分子，易于实现分子磁体的组装和操纵；另外，外层碳笼易于修饰和操控，可通过引入其他磁体设计新型的量子信息处理体系。

$DySc_2N$@C_{80} 的 SQUID 以及 XMCD 结果表明，在低于 4K 时该分子在零场

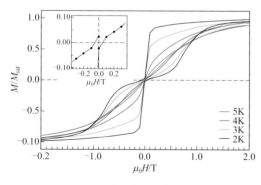

图 4.13　$DySc_2N$@C_{80} 的磁滞回线图 [53]

下出现磁滞现象，具有单分子磁体的特征，见图4.13[53]。在一系列Dy基金属富勒烯$Dy_xSc_{3-x}N@C_{80}$（x=1，2，3）的磁性质研究中，人们发现$DySc_2N@C_{80}$和$Dy_2ScN@C_{80}$表现出更好的单分子磁体特性。其中，$DySc_2N@C_{80}$的磁滞由于量子隧穿而衰减；而$Dy_2ScN@C_{80}$在零场下则具有较大剩磁，两个Dy^{3+}之间的耦合作用使得基态能级分裂，进而抑制了磁量子隧穿。在$Dy_3N@C_{80}$中则出现了铁磁耦合所致的磁阻挫现象，使得剩磁大大减弱[54]。

除了Dy基金属富勒烯，人们也研究了其他镧系金属富勒烯的单分子磁体特性。在1.85K时，$HoSc_2N@C_{80}$的磁化强度在2T范围内达到饱和，说明$HoSc_2N@C_{80}$具有明显的磁各向异性。变温交流磁化率实验发现磁化率峰值所对应的频率随

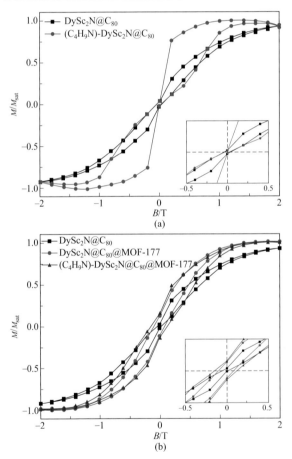

图4.14 （a）$DySc_2N@C_{80}$和$DySc_2N@C_{80}$吡咯烷衍生物的磁滞回线对比图；（b）$DySc_2N@C_{80}$、$DySc_2N@C_{80}@MOF-177$和$(C_4H_9N)-DySc_2N@C_{80}@MOF-177$复合物的磁滞回线对比图[57]

测试温度：5K

着温度升高而增大，低温下弛豫时间延长，且分子在低场条件下遵循慢弛豫过程，弛豫时间在毫秒级，与$DySc_2N@C_{80}$相比高出五个数量级。较长的弛豫时间有望用于量子信息处理中[55]。

金属富勒烯的单分子磁体性质也受外界条件的影响。如将$Dy_2ScN@C_{80}$分子吸附在铑（111）表面，通过对比转角X射线吸收谱（XAS）以及配位场理论计算得知，Dy_2ScN平面平行于基底平面，分子表现出明显的磁各向异性，并且在4K条件下出现磁滞[56]。

化学加成也可以用来调控磁体性质。通过1,3-偶极环加成反应将吡咯烷修饰在$DySc_2N@C_{80}$碳笼的[5,6]双键上，SQUID磁性测试表明衍生化后的分子表现出较大的磁矩，磁滞回线也显示出较大的磁化强度，如图4.14（a）所示。分析结果显示化学修饰后内嵌团簇运动受阻，使得磁各向异性增大，最终导致分子磁矩和磁化强度增强。

金属富勒烯由于其球形结构被广泛用于构筑主客体系，通过自下而上的分子组装有望实现有序的金属富勒烯单分子磁体系统。将$DySc_2N@C_{80}$与多孔的金属-有机框架化合物（MOF-177）通过主客体相互作用复合，进而构建有序的分子磁体晶态体系。MOF-177的孔道可以调控在$1 \sim 2nm$，这个尺寸刚好容纳一个金属富勒烯分子。另外，由于MOF孔道的侧链含有较多的芳香基团，与富勒烯碳笼之间可以形成较强的π-π相互作用，进而获得稳定的金属富勒烯基磁性复合物。SQUID研究结果表明，$DySc_2N@C_{80}$与MOF-177的复合材料在5K下具有磁滞特性，更有意义的是，在零场下，复合材料保留了一定的磁化强度，没有像本体分子一样发生量子隧穿，如图4.14（b）所示。分析表明，来自MOF骨架的振动和π-π相互作用影响了$DySc_2N@C_{80}$的基态磁能级，从而限制了量子隧穿的发生[57]。

4.3
金属富勒烯磁性的应用

4.3.1
量子计算与信息存储

量子计算是一种依照量子力学理论进行的新型计算[58]。量子比特（qubit）是量子计算的理论基石。在常规计算机中，信息单元用二进制的1个位来表示，它不是处于"0"态就是处于"1"态。在二进制量子计算机中，信息单元称为量子比特，它除了处于"0"态或"1"态外，还可处于叠加态。任何两态的量子系统都可用来作为量子比特，例如电子自旋、质子自旋等。以电子自旋为例，电子的旋转可能与磁场一致，称为上旋状态，或者与磁场相反，称为下旋状态。如果提供一定的能量，可以使电子旋转处于重叠状态，即每个量子比特呈现重叠状态0和1，因此量子计算机的计算数是2的n次方，n是量子比特的位数。量子计算由于强大的并行计算能力和可以有效地模拟量子行为的能力而日益受到人们的关注。含有一个电子自旋的金属富勒烯在量子计算方面具有应用潜力[59]。金属富勒烯的电子自旋受到碳笼的保护，具有高稳定性。外层碳笼可以进行组装和修饰，具有可操纵性。

人们基于内嵌富勒烯的自旋设计了一种量子计算机方案。该方案提出用一条有序排列的内嵌富勒烯作为存储器，每一个内嵌富勒烯是一个量子比特，比特之间的耦合通过邻近内嵌在富勒烯内部的电子自旋的偶极耦合来实现。普适量子门可以通过对体系施加磁共振脉冲来完成操控，通过对整个自旋链施加一个梯度磁场可实现单个比特的识别和操作[60]。

量子相干性的时间长短是实现量子计算的关键，如果体系的量子相干时间太短，则不足以进行基本的量子逻辑门操作。在顺磁体系中，自旋电子的弛豫时间是衡量该体系是否能运用于量子计算的一个重要参数。由于受到磁性核的影响，金属富勒烯的T_2相对较短。2.5K下，Sc@C$_{82}$在1,2,4,5-四氯苯中T_2仅仅只有600ns；而在183 ~ 283K温度区间，La@C$_{82}$在CS$_2$中的T_2都少于1.5μs。当把溶剂换成氘代的邻三联苯时，M@C$_{82}$（M=Y，Sc，La）的T_2可以延长到200μs左右。金属富勒烯产率更高、易于纯化、更稳定，仍有潜力用于未来的量子计算[61]。

基于金属富勒烯的单分子磁体可用于信息存储。单分子磁体代表了磁性存储器件的最小尺度，单个分子像微小磁铁一样，可以在"0"和"1"的两个状态之间转换，可以用来存储信息。与常规磁体相比，单分子磁体显然小得多，这就意味着通过这种分子磁体制成的存储器具有更强的数据存储能力。分子磁体具有较快的响应能力、更低的能量损耗和更高的输送效率。金属富勒烯在单分子磁体方面具有独特优势。尤其是金属富勒烯是球形纳米尺寸分子，易于实现分子磁体的组装和操纵。

4.3.2
分子开关

利用金属富勒烯的磁性可以开发分子器件，如分子开关。例如，将La@C$_{82}$吡咯烷衍生物接枝到Au(111)面，形成单分子自组装膜。EPR实验表明这种单分子膜保留了La@C$_{82}$的磁性，还可以通过电化学控制电位实现自旋信号的"开"与"关"[62]。顺磁性Sc$_3$C$_2$@C$_{80}$分子与氮氧自由基的复合体系也可以做成分子开关。氮氧自由基可以影响Sc$_3$C$_2$@C$_{80}$分子的EPR信号，如果能快速控制二者之间的距离，既可以实现信号的"开"与"关"，另外，通过氧化还原氮氧自由基的价态，还可以实现Sc$_3$C$_2$@C$_{80}$的EPR信号的开或关[45]。

4.3.3
磁场感知

金属富勒烯的磁性对分子弱磁场具有较强的感应，如氮氧自由基。基于此，可以设计分子级别的磁场感应体系，称为"分子雷达"。这种磁场感知利用的是偶极-偶极相互作用，该作用会使得氮氧自由基的EPR信号发生变化。如果能设计一些具有空间取向的二元体系，通过EPR信号的变化来分析二者的相对位置，就可以实现分子级别的空间定位。再者，如果未来能实现金属富勒烯磁性对地磁场的感应，就可以做成"分子罗盘"[63]。

基于顺磁性的DySc$_2$N@C$_{80}$和Dy$_2$ScN@C$_{80}$分子，在笼外修饰一个氮氧自由基。由于Dy的f电子自旋和氮氧自由基之间存在强的偶极-偶极相互作用，该作用会使得氮氧自由基的电子自旋弛豫加快和EPR信号减弱。根据EPR信号的强弱，可以分析金属富勒烯的磁性差异，进而设计一种探测其弱磁性的新方法[63]。

基于这种偶极-偶极作用，还可以探测笼外的分子弱磁场。在Dy$_3$N@C$_{80}$与氮氧自由基的二元体系中，二者相距约1.5nm。由于Dy$_3$N团簇含有多个4f电子自旋，沿着Dy—N键方向具有一定的磁矩，它和氮氧自由基之间存在强的偶极-偶极相互作用，该作用会导致氮氧自由基EPR信号降低，信号高低可以反映相互作用的强弱。Dy$_3$N@C$_{80}$在Prato反应中，会产生两种区域异构体，加成位点在[5,6]位和[6,6]位，且异构体

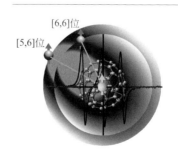

图4.15 Dy$_3$N@C$_{80}$吡咯烷修饰基团上氮氧自由基在两种区域异构体的相对位置示意图以及分子的EPR波谱图[64]

中$Dy_3N@C_{80}$与氮氧自由基的距离基本保持不变。EPR结果发现氮氧自由基相对于Dy_3N平面的取向不同时，异构体中自由基的EPR信号亦不同，如图4.15所示。在[6,6]位异构体中，氮氧自由基的EPR信号比较弱，说明在此角度下，二者的偶极相互作用最强。可见，氮氧自由基对Dy_3团簇的取向非常敏感，基于此可以设计磁感应体系[64]。

4.4
小 结

金属富勒烯的磁性研究具有重要价值。现阶段，多从结构方面出发来探索磁性的变化，也发现了很多神奇的现象。尤其是利用电子顺磁共振波谱技术挖掘了金属富勒烯的众多顺磁特性，为未来的应用开发奠定了基础。另外，未来如能实现金属富勒烯磁性与其他物理性质的协同作用，也将推动这些分子的应用进程。应用方面，除了量子信息处理、分子开关和磁场感知，更多的应用潜力仍有待于人们进一步研究和探索。

参考文献

[1] Popov A A, Yang S, Dunsch L. Endohedral fullerenes[J]. Chemical Reviews, 2013, 113(8): 5989-6113.

[2] Wolf M, Müller K H, Skourski Y, et al. Magnetic moments of the endohedral cluster fullerenes $Ho_3N@C_{80}$ and $Tb_3N@C_{80}$: the role of ligand fields[J]. Angewandte Chemie International Edition, 2005, 44(21): 3306-3309.

[3] Morley G W, Herbert B J, Lee S M, et al. Hyperfine structure of $Sc@C_{82}$ from ESR and DFT[J]. Nanotechnology, 2005, 16(11): 2469.

[4] Yamamoto K, Funasaka H, Takahasi T, et al. Isolation and characterization of an ESR-active $La@C_{82}$ isomer[J]. Journal of Physical Chemistry, 1994, 98(49): 12831-12833.

[5] Zuo T, Xu L, Beavers C M, et al. $M_2@C_{79}N$ (M=Y, Tb): isolation and characterization of stable endohedral metallofullerenes exhibiting M-M bonding interactions inside aza[80]fullerene cages[J]. Journal of the American Chemical Society, 2008, 130(39): 12992-12997.

[6] Yang S, Wei T, Jin F. When metal clusters meet carbon cages: endohedral clusterfullerenes[J]. Chemical Society Reviews, 2017, 46(16): 5005-

5058.

[7] Zavoisky E. Spin-magnetic resonance in paramagnetics[J]. Journal of Physics USSR, 1945, 9: 211-245.

[8] Zavoisky E K. Paramagnetic absorption in orthogonal and parallel fields for salts, solutions and metals[C]. Kazan:Kazan University, 1944.

[9] Kroto H W, Heath J R, O'Brien S C, et al. C_{60}:buckminsterfullerene[J]. Nature, 1985, 318(6042): 162-163.

[10] Hoinkis M, Yannoni C S, Bethune D S, et al. Multiple species of La@C_{82} and Y@C_{82}. Mass spectroscopic and solution EPR studies[J]. Chemical Physics Letters, 1992, 198(5): 461-465.

[11] Kato T, Suzuki S, Kikuchi K, et al. ESR study of the electronic-structures of metallofullerenes: a comparison between La@C_{82} and Sc@C_{82}[J]. Journal of Physical Chemistry, 1993, 97(51): 13425-13428.

[12] Kikuchi K, Nakao Y, Suzuki S, et al. Characterization of the isolated Y@C_{82}[J]. Journal of the American Chemical Society, 1994, 116: 9367-9368.

[13] Funasaka H, Sakurai K, Oda Y, et al. Magnetic properties of Gd@C_{82} metallofullerene[J]. Chemical Physics Letters, 1995, 232(3): 273-277.

[14] Gu G, Huang H, Yang S, et al. The third-order non-linear optical response of the endohedral metallofullerene Dy@C_{82}[J]. Chemical Physics Letters, 1998, 289(1): 167-173.

[15] Bartl A, Dunsch L, Fröhner J, et al. New electron spin resonance and mass spectrometric studies of metallofullerenes[J]. Chemical Physics Letters, 1994, 229(1): 115-121.

[16] Macfarlane R M, Wittmann G, van Loosdrecht P H M, et al. Measurement of pair interactions and 1.5μm emission from Er^{3+} ions in a C_{82} fullerene cage[J]. Phys Review Letters, 1997, 79(7): 1397-1400.

[17] Inakuma M, Shinohara H. Temperature-dependent EPR studies on isolated scandium metallofullerenes: Sc@C_{82}(Ⅰ, Ⅱ) and Sc@C_{84}[J]. Journal of Physical Chemistry B, 2000, 104(32): 7595-7599.

[18] Suzuki S, Kawata S, Shiromaru H, et al. Isomers and carbon-13 hyperfine structures of metal-encapsulated fullerenes M@C_{82} (M=Sc, Y, and La)[J]. Journal of Physical Chemistry, 1992, 96(18): 7159-7161.

[19] Shinohara H, Inakuma M, Hayashi N, et al. Spectroscopic properties of isolated Sc_3@C_{82} metallofullerene[J]. Journal of Physical Chemistry, 1994, 98(35): 8597-8599.

[20] Kato T, Bandou S, Inakuma M, et al. Esr study on structures and dynamics of Sc_3@C_{82}[J]. Journal of Physical Chemistry, 1995, 99(3): 856-858.

[21] Tan K, Lu X. Electronic structure and redox properties of the open-shell metal-carbide endofullerene Sc_3C_2@C_{80}: a density functional theory investigation[J]. Journal of Physical Chemistry A, 2006, 110(3): 1171-1176.

[22] Ma Y, Wang T, Wu J, et al. Susceptible electron spin adhering to an yttrium cluster inside an azafullerene C_{79}N[J]. Chemical Communications, 2012, 48(94): 11570-11572.

[23] Fu W, Zhang J, Fuhrer T, et al. Gd_2@C_{79}N: isolation, characterization, and monoadduct formation of a very stable heterofullerene with a magnetic spin state of S=15/2[J]. Journal of the American Chemical Society, 2011, 133(25): 9741-9750.

[24] Popov A A, Chen C, Yang S, et al. Spin-flow vibrational spectroscopy of molecules with flexible spin density: electrochemistry, ESR, cluster and spin dynamics, and bonding in $TiSc_2$N@C_{80}[J]. ACS Nano, 2010, 4(8): 4857-4871.

[25] Chen C, Liu F, Li S, et al. Titanium/yttrium mixed metal nitride clusterfullerene TiY_2N@C_{80}: synthesis, isolation, and effect of the group-Ⅲ Metal[J]. Inorganic Chemistry, 2012, 51(5): 3039-3045.

[26] Feng Y, Wang T, Wu J, et al. Electron-spin excitation by implanting hydrogen into

metallofullerene: the synthesis and spectroscopic characterization of $Sc_4C_2H@I_h$-C_{80}[J]. Chemical Communications, 2014, 50(81): 12166-12168.

[27] Kukolich S G, Huffman D R. EPR spectra of C_{60} anion and cation radicals[J]. Chemical Physics Letters, 1991, 182(3): 263-265.

[28] Jakes P, Dinse K-P. Chemically induced spin transfer to an encased molecular cluster: an EPR study of $Sc_3N@C_{80}$ radical anions[J]. Journal of the American Chemical Society, 2001, 123(36): 8854-8855.

[29] Popov A A, Pykhova A D, Ioffe I N, et al. Anion radicals of isomeric [5,6] and [6,6] benzoadducts of $Sc_3N@C_{80}$: remarkable differences in endohedral cluster spin density and dynamics[J]. Journal of the American Chemical Society, 2014, 136(38): 13436-13441.

[30] Elliott B, Pykhova A D, Rivera J, et al. Spin density and cluster dynamics in $Sc_3N@C_{80}^-$ upon [5,6] exohedral functionalization: an ESR and DFT study[J]. The Journal of Physical Chemistry C, 2013, 117(5): 2344-2348.

[31] Popov A A, Shustova N B, Svitova A L, et al. Redox-tuning endohedral fullerene spin states: from the dication to the trianion radical of $Sc_3N@C_{80}(CF_3)_2$ in five reversible single-electron steps[J]. Chemistry-A European Journal, 2010, 16(16): 4721-4724.

[32] Shustova N B, Peryshkov D V, Kuvychko I V, et al. Poly(perfluoroalkylation) of metallic nitride fullerenes reveals addition-pattern guidelines: synthesis and characterization of a Family of $Sc_3N@C_{80}(CF_3)_n$(n=2-16)and their radical anions[J]. Journal of the American Chemical Society, 2011, 133(8): 2672-2690.

[33] Zhao C, Wang T, Li Y, et al. Awaking N-hyperfine couplings in charged yttrium nitride endohedral fullerenes[J]. Physical Chemistry Chemical Physics, 2017, 19(39): 26846-26850.

[34] Echegoyen L, Chancellor C J, Cardona C M, et al. X-ray crystallographic and EPR spectroscopic characterization of a pyrrolidine adduct of $Y_3N@C_{80}$[J]. Chemical Communications, 2006, 25: 2653-2655.

[35] Popov A A, Chen N, Pinzón J R, et al. Redox-active scandium oxide cluster inside a fullerene cage: spectroscopic, voltammetric, electron spin resonance spectroelectrochemical, and extended density functional theory study of $Sc_4O_2@C_{80}$ and its ion radicals[J]. Journal of the American Chemical Society, 2012, 134(48): 19607-19618.

[36] Ma Y, Wang T, Wu J, et al. Electron spin manipulation via encaged cluster: differing anion radicals of $Y_2@C_{82}$-C_s, $Y_2C_2@C_{82}$-C_s, and $Sc_2C_2@C_{82}$-C_s[J]. Journal of Physical Chemistry Letters, 2013, 4(3): 464-467.

[37] Feng Y, Wang T, Wu J, et al. Spin-active metallofullerene stabilized by the core of an NC moiety[J]. Chemical Communications, 2013, 49(21): 2148-2150.

[38] Feng Y, Wang T, Wu J, et al. Structural and electronic studies of metal carbide clusterfullerene $Sc_2C_2@C_s$-C_{72}[J]. Nanoscale, 2013, 5(15): 6704-6707.

[39] Wang T, Wu J, Xu W, et al. Spin divergence induced by exohedral modification: ESR study of $Sc_3C_2@C_{80}$ fulleropyrrolidine[J]. Angewandte Chemie International Edition, 2010, 49(10): 1786-1789.

[40] Wang T, Wu J, Feng Y, et al. Preparation and esr study of $Sc_3C_2@C_{80}$ bis-addition fulleropyrrolidines[J]. Dalton Transactions, 2012, 41(9): 2567-2570.

[41] Feng L, Tsuchiya T, Wakahara T, et al. Synthesis and characterization of a bisadduct of $La@C_{82}$[J]. Journal of the American Chemical Society, 2006, 128(18): 5990-5991.

[42] Takano Y, Yomogida A, Nikawa H, et al. Radical coupling reaction of paramagnetic endohedral metallofullerene $La@C_{82}$[J]. Journal of the American Chemical Society, 2008, 130(48): 16224-16230.

[43] Iiduka Y, Wakahara T, Nakahodo T, et al. Structural determination of metallofullerene Sc_3C_{82} revisited: a surprising finding[J]. Journal of the American Chemical Society, 2005, 127(36): 12500-12501.

[44] Yannoni C S, Hoinkis M, de Vries M S, et al.

Scandium clusters in fullerene cages[J]. Science, 1992, 256(5060): 1191-1192.

[45] Wu B, Wang T, Feng Y, et al. Molecular magnetic switch for a metallofullerene[J]. Nature Communications, 2015, 6: 6468.

[46] De Nadaï C, Mirone A, Dhesi S S, et al. Local magnetism in rare-earth metals encapsulated in fullerenes[J]. Physical Review B, 2004, 69(18): 184421.

[47] Huang H J, Yang S H, Zhang X X. Magnetic behavior of pure endohedral metallofullerene Ho@C_{82}: a comparison with Gd@C_{82}[J]. Journal of Physical Chemistry B, 1999, 103(29): 5928-5932.

[48] Huang H, Yang S, Zhang X. Magnetic properties of heavy rare-earth metallofullerenes M@ C_{82} (M=Gd, Tb, Dy, Ho, and Er)[J]. Journal of Physical Chemistry B, 2000, 104(7): 1473-1482.

[49] Tiwari A, Dantelle G, Porfyrakis K, et al. Magnetic properties of ErSc$_2$N@C_{80}, Er$_2$ScN@ C_{80} and Er$_3$N@C_{80} fullerenes[J]. Chemical Physics Letters, 2008, 466(4): 155-158.

[50] Svitova A L, Krupskaya Y, Samoylova N, et al. Magnetic moments and exchange coupling in nitride clusterfullerenes Gd$_x$Sc$_{3-x}$N@C80(x=1-3) [J]. Dalton Transactions, 2014, 43(20): 7387-7390.

[51] Kitaura R, Okimoto H, Shinohara H, et al. Magnetism of the endohedral metallofullerenes M@C_{82} (M=Gd, Dy) and the corresponding nanoscale peapods: synchrotron soft X-ray magnetic circular dichroism and density-functional theory calculations[J]. Physical Review B, 2007, 76(17): 172409.

[52] Bogani L, Wernsdorfer W. Molecular spintronics using single-molecule magnets[J]. Nature Materials, 2008, 7(3):179-186.

[53] Westerström R, Dreiser J, Piamonteze C, et al. An endohedral single-molecule magnet with long relaxation times: DySc$_2$N@C_{80}[J]. Journal of the American Chemical Society, 2012, 134(24): 9840-9843.

[54] Westerström R, Dreiser J, Piamonteze C, et al. Tunneling, remanence, and frustration in dysprosium-based endohedral single-molecule

magnets[J]. Physical Review B, 2014, 89(6): 060406.

[55] Dreiser J, Westerström R, Zhang Y, et al. The metallofullerene field-induced single-ion magnet HoSc$_2$N@C_{80}[J]. Chemistry – A European Journal, 2014, 20(42): 13536-13540.

[56] Westerström R, Uldry A-C, Stania R, et al. Surface aligned magnetic moments and hysteresis of an endohedral single-molecule magnet on a Metal[J]. Physical Review Letters, 2015, 114(8): 087201.

[57] Li Y, Wang T, Meng H, et al. Controlling the magnetic properties of dysprosium metallofullerene within metal-organic frameworks[J]. Dalton Transactions, 2016, 45(48): 19226-19229.

[58] Gershenfeld N, Chuang I L. Quantum computing with molecules[J]. Scientific American, 1998, 278(6): 66-71.

[59] Lee J, Kim H, Kahng S J, et al. Bandgap modulation of carbon nanotubes by encapsulated metallofullerenes[J]. Nature, 2002, 415: 1005-1008.

[60] Harneit W, Meyer C, Weidinger A, et al. Architectures for a spin quantum computer based on endohedral fullerenes[J]. Physica Status Solidi (b), 2002, 233(3): 453-461.

[61] Knorr S, Grupp A, Mehring M, et al. Pulsed esr investigations of anisotropic interactions in M@ C_{82} (M=Sc, Y, La)[J]. Applied Physics A, 1998, 66(3): 257-264.

[62] Crivillers N, Takano Y, Matsumoto Y, et al. Electrochemical and magnetic properties of a surface-grafted novel endohedral metallofullerene derivative[J]. Chemical Communications, 2013, 49(74): 8145-8147.

[63] Wu B, Li Y, Jiang L, et al. Spin-paramagnet communication between nitroxide radical and metallofullerene[J]. Journal of Physical Chemistry C, 2016, 120(11): 6252-6255.

[64] Li Y, Wang T, Zhao C, et al. Magnetoreception system constructed by dysprosium metallofullerene and nitroxide radical[J]. Dalton Transactions, 2017, 46: 8938-8941.

金属富勒烯：从基础到应用

Chapter 5

第5章
金属富勒烯的电学与发光性质

内嵌金属富勒烯保留了空心富勒烯的球状结构，而且因为内部嵌入金属或金属团簇使得这种π电子体系表现出比空心富勒烯更为独特的电学和光学性能。在电化学方面，内嵌金属改变了空心富勒烯的分子轨道，带来了完全不一样的氧化还原能力、电极反应可逆程度、电化学中间产物等。金属富勒烯还表现出了丰富的半导体性质，在电子受体、场效应晶体管、热电器件以及单分子电学器件等方面具有潜在应用。金属富勒烯的发光主要源于内嵌Er等镧系金属元素的发光，内嵌的金属也能调控分子的发光。本章将主要阐述金属富勒烯的电化学特性、半导体特性和发光特性。

5.1
金属富勒烯的电化学特性

金属富勒烯中，一方面，金属向碳笼转移电子会使得碳笼轨道发生变化，进而使分子在氧化还原过程中表现出与空心富勒烯不同的得失电子能力；另一方面，一些分子中金属离子对分子轨道具有较大贡献，使得金属离子也直接参与到氧化还原过程中。研究金属富勒烯的电学性质有助于开发新型的分子器件，如场效应晶体管等。金属富勒烯的电化学研究主要采取循环伏安法（cyclic voltammetry，CV）、差分脉冲伏安法（differential pulse voltammetry，DPV）以及方波伏安法（square-wave voltammetry，SWV）。金属富勒烯的电化学测试一般在邻二氯苯溶液中进行，为了使电位数据更精确还要用二茂铁的氧化还原电位作内标。

对于内嵌单金属富勒烯 $M@C_{2n}$(M=Sc，Y，La，Ce，Gd，Dy，Ho，Tb，…)，分子的前线轨道主要源于碳笼，因此这些金属富勒烯的氧化还原性具有相似性，包括电位和可逆性等。表5.1列出了以 $M@C_{82}$-C_{2v} 为代表的单金属内嵌富勒烯的电化学氧化还原电位[1,2]。这些分子具有清晰可辨的第一氧化峰、第一还原峰和第二还原峰，且第一氧化峰和第一还原峰大多具有可逆性。对于单金属富勒烯，由于其HOMO轨道上含有一个单电子且位于外层碳笼上，导致分子氧化电位非常低。外部碳笼上的化学修饰将改变碳笼的分子轨道，进而影响分子的氧化还原性质。$La@C_{82}$-C_{2v} 是研究最多的一类金属富勒烯，包括化学反应性和衍生物的电化学氧化还原性。$La@C_{82}$-C_{2v} 及其异构体 $La@C_{82}$-C_s 的氧化还原电位比较接近，

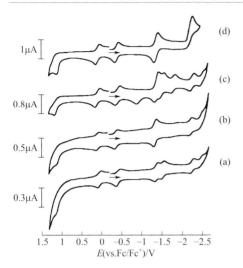

图5.1　La@C$_{82}$-C_{2v}（a）、Y@C$_{82}$-C_{2v}（b）、Ce@C$_{82}$-C_{2v}（c）和Gd@C$_{82}$-C_{2v}（d）的循环伏安曲线[1]

溶剂：邻二氯苯；扫速：20mV/s

La@C$_{82}$-C_{2v}还与其他含Ce、Y、Gd的单金属富勒烯M@C$_{82}$-C_{2v}均有相似的氧化还原电势，见图5.1。需要指出的是，Sc@C$_{82}$-C_{2v}具有不同的电化学性质[2]，其第一氧化电位要比其他同类分子要高，而第一还原电位则变低，这种不同来源于Sc@C$_{82}$-C_{2v}的特殊电子结构：Sc的3d轨道对分子轨道贡献较大，一部分单电子位于Sc的轨道上，造成氧化电位增大，同时碳笼单电子分布的削弱也使其更易还原。

表5.1　几种单金属内嵌富勒烯的电化学氧化还原电位　　　　　　　　　　　单位：V

金属富勒烯	E_2^{ox}	E_1^{ox}	E_1^{red}	E_2^{red}	E_3^{red}
La@C$_{82}$-C_{2v}	1.07	0.07	-0.42	-1.37	-1.53
La@C$_{82}$-C_s	1.08	-0.07	-0.47	-1.40	-2.01
Ce@C$_{82}$-C_{2v}	1.08	0.08	-0.41	-1.41	-1.53
Y@C$_{82}$-C_{2v}	1.07	0.10	-0.37	-1.34	
Sc@C$_{82}$-C_{2v}		0.15	-0.35	-1.29	
Gd@C$_{82}$-C_{2v}	1.08	0.09	-0.39	-1.38	-1.22

内嵌双金属富勒烯尤其是$M_2@C_{80}$属于相对稳定的内嵌双金属富勒烯，如$La_2@C_{80}$和$Ce_2@C_{80}$，其电子结构可以描述为$(M_2)^{6+}@(C_{80})^{6-}$。碳笼内嵌的两个金属离子，因为电荷的排斥作用，在碳笼内相互远离，且两个金属离子能够在C_{80}内自由旋转。$La_2@C_{80}$-I_h的第一还原电位为$-0.31V$，第一氧化电位为$+0.56V$。理论计算结果表明，$La_2@C_{80}$-I_h的LUMO轨道分布在内部的M_2团簇上，因此还原时得到的电子将分布在La_2的轨道上，这也会导致较高电位的第二还原峰（$-1.72V$）[3]。$Ce_2@C_{80}$-I_h由于和$La_2@C_{80}$-I_h的结构相似，二者的氧化还原性也近似[4]。需要注意的是，$M_2@C_{80}$-I_h与其异构体$M_2@C_{80}$-D_{5h}，虽然碳笼的对称性不一样，两个异构体的氧化还原电位却接近，表明两个异构体具有相近的电子结构。

内嵌三金属氮化物金属富勒烯$M_3N@C_{2n}$种类最为丰富，对该家族的电化学研究也最广。在$M_3N@C_{2n}$中，每个金属一般贡献3个电子，N接受3个电子，外层碳笼接受6个电子，分子达到稳定状态。以$M_3N@C_{80}$为例，电子结构可以描述为$(M_3)^{3+}N^{3-}@(C_{80})^{6-}$。内嵌金属氮化物富勒烯的首例电化学研究是基于$Sc_3N@C_{80}$-$I_h$，该分子也是首次发现的该类型金属富勒烯。$Sc_3N@C_{80}$-$I_h$的循环伏安曲线表明，其氧化和还原过程由两个可逆的还原峰和一个可逆的氧化峰组成，第一氧化电位是$0.56V$，第一还原电位在$-1.29V$。需要指出的是，$Sc_3N@C_{80}$-I_h有一个异构体，即$Sc_3N@C_{80}$-D_{5h}，该异构体的氧化电位要比$Sc_3N@C_{80}$-I_h小$0.27V$左右，可见外部碳笼的对称性对分子的轨道有较大影响[5]。

在$M_3N@C_{80}$中，分子的氧化还原性还与内嵌金属的尺寸密切相关。如在$Lu_xY_{3-x}N@C_{80}$（$x=1$，2）和$Y_xSc_{3-x}N@C_{80}$（$x=0\sim3$）的研究中发现，分子的电化学性质随着内嵌原子簇的变化而改变。在一些$M_3N@C_{2n}$分子中，由于内嵌金属对分子轨道的贡献较大，也参与到氧化还原过程中。一个典型的例子就是$Lu_2CeN@C_{80}$[6]，对它的电化学研究发现，所内嵌的Ce^{3+}对$Lu_2CeN@C_{80}$的氧化性质起着决定性的作用。$Lu_2CeN@C_{80}$分子的氧化电位比一般的$M_3N@C_{80}$要低$0.6V$左右，这是因为电化学还原条件下，Ce^{3+}上的4f电子比碳笼上的电子更容易失去，进而变成Ce^{4+}。在$TiSc_2N@C_{80}$-I_h[7]和$TiY_2N@C_{80}$-I_h[8]两个分子中，内嵌的Ti也对分子氧化还原性产生很大影响。$TiSc_2N@C_{80}$和$TiY_2N@C_{80}$的三个还原峰和一个氧化峰均可逆，第一还原峰分别出现在$-0.94V$和$-1.11V$，比$Sc_3N@C_{80}$-I_h（$-1.29V$）的要小。在第一还原和第一氧化过程中，两个分子均从Ti^{3+}得失电子，变成氧化态中的Ti^{2+}和还原态中的Ti^{4+}。

金属碳化物内嵌富勒烯是一类重要的内嵌富勒烯家族。以$Sc_2C_2@C_{82}$为例[9]，电子结构可以描述为$(Sc_2)^{6+}(C_2)^{2-}@(C_{82})^{4-}$。$Sc_2C_2@C_{82}$-$C_{3v}$的第一还原电位

在 $-0.94V$，且是不可逆过程，其可逆的氧化过程发生在 $0.47V$。异构体 $Sc_2C_2@$ C_{82}-C_s 具有相似的氧化还原性，而 $Sc_2C_2@C_{82}$-C_{2v} 则具有较低的氧化还原电位。

双金属碳化物、硫化物和氧化物内嵌富勒烯结构和性质比较接近，比如 M_2C_2、M_2S 和 M_2O 这三个内嵌单元，内嵌团簇均向碳笼转移 4 个电子。在碳笼相同的条件下，这几类金属富勒烯的电化学性能具有相似性，见表 5.2[9～12]。比如 $Sc_2C_2@C_{82}$-C_{3v}、$Sc_2O@C_{82}$-C_{3v} 和 $Sc_2S@C_{82}$-C_{3v} 的氧化过程有相似的模式，它们的第一氧化过程都是可逆的而且半波电位也很接近，分别是 $0.47V$、$0.54V$ 和 $0.52V$，说明三者的 HOMO 轨道近似；但是它们的还原过程略有不同，$Sc_2C_2@C_{82}$-C_{3v}、$Sc_2O@C_{82}$-C_{3v} 和 $Sc_2S@C_{82}$-C_{3v} 的还原峰出现在 $-0.94V$、$-1.17V$ 和 $-1.04V$，这说明三者的 LUMO 轨道有些不同。这些结果说明，内嵌团簇细微的分子结构和成键方式对金属富勒烯的电化学性质具有深刻影响。

另一个例子是 $Sc_2C_2@C_{72}$-C_s 和 $Sc_2S@C_{72}$-C_s[13]。$Sc_2C_2@C_{72}$-C_s 的第一氧化电位为 $0.41V$，四个还原电位分别位于 $-1.19V$、$-1.54V$、$-1.75V$ 和 $-2.23V$；而 $Sc_2S@C_{72}$-C_s 的还原电位出现在 $-1.28V$、$-1.67V$ 和 $-2.36V$。二者的电位变化趋势具有相似性，但电位仍有差别，这来源于两种内嵌团簇里配位方式的不同以及微结构的差异。

表5.2　$Sc_2C_2@C_{82}$、$Sc_2S@C_{82}$ 和 $Sc_2O@C_{82}$ 异构体的电化学氧化还原电位

单位：V

异构体	E_2^{ox}	E_1^{ox}	E_1^{red}	E_2^{red}	E_3^{red}
$Sc_2C_2@C_{82}$-C_{3v}	0.93	0.47	-0.94	-1.15	-1.6
$Sc_2C_2@C_{82}$-C_s	0.64	0.42	-0.93	-1.3	
$Sc_2C_2@C_{82}$-C_{2v}	0.67	0.25	-0.74	-0.96	
$Sc_2S@$ C_{82}-C_{3v}	0.96	0.52	-1.04	-1.19	-1.63
$Sc_2S@C_{82}$-C_s	0.65	0.39	-0.98	-1.12	-1.73
$Sc_2O@C_{82}$-C_{3v}	1.09	0.54	-1.17	-1.44	-1.55
$Sc_2O@C_{82}$-C_s	0.72	0.35	-0.96	-1.28	-1.74

$Sc_4C_2@C_{80}$-I_h 是内嵌团簇最大的金属碳化物内嵌富勒烯[14]。$Sc_4C_2@C_{80}$-I_h 具有特殊的结构，其电子结构可以描述为 $(C_2)^{6-}@(Sc_4)^{12+}@(C_{80})^{6-}$，其 HOMO 轨道分布在内嵌 $(C_2)^{6-}@(Sc_4)^{12+}$ 团簇上。$Sc_4C_2@C_{80}$-I_h 的循环伏安曲线中有三个还原峰，峰电位分别为：$E_1^{red}=-1.49V$，$E_2^{red}=-1.96V$，$E_2^{red}=-2.19V$；有两个氧化峰，峰电位为：$E_1^{ox}=0.06V$，$E_2^{ox}=0.74V$。其中还原反应为不可逆的，而第一氧化反应则是准可逆的。如果对 $Sc_4C_2@C_{80}$-I_h 和 $Sc_3N@C_{80}$-I_h 氧化还原电位进行比较分析，可以看出，

Sc$_3$N@C$_{80}$-I_h在CV条件下只有一个氧化峰，也就是说其阳离子很难再被进一步氧化。但是，Sc$_4$C$_2$@C$_{80}$-I_h同等条件下却有两个氧化峰，而且第一和第二氧化电位分别只有0.06V和0.74V。这个现象是由什么导致的呢？一般认为，在电化学氧化还原中，发生氧化反应时，HOMO轨道失去电子。对于Sc$_4$C$_2$@C$_{80}$-I_h，其HOMO轨道分布在内嵌(C$_2$)$^{6-}$@(Sc$_4$)$^{12+}$团簇上，当被氧化时，由于Sc^{3+}很难被氧化，因此只有从C$_2^{6-}$上失去电子，而C$_2^{6-}$是高价的阴离子，极易失去电子形成C$_2^{5-}$，这是Sc$_4$C$_2$@C$_{80}$-I_h分子的第一氧化电位非常低的重要原因。而分子的HOMO-1轨道仍然分布在(C$_2$)$^{5-}$@(Sc$_4$)$^{12+}$内嵌团簇上，这时候C$_2^{5-}$仍是高价阴离子，很容易再被氧化，因此这就可以解释Sc$_4$C$_2$@C$_{80}$-I_h有两个氧化峰的现象。可以看出，Sc$_4$C$_2$@C$_{80}$-I_h内嵌的C$_2^{6-}$高价阴离子在电化学氧化过程中起着决定性的作用。

在CV条件下，Sc$_4$C$_2$@C$_{80}$-I_h的还原电位与同为闭壳层结构的Sc$_3$N@C$_{80}$-I_h的还原电位变化趋势相近。这是因为Sc$_4$C$_2$@C$_{80}$-I_h与Sc$_3$N@C$_{80}$-I_h的LUMO和LUMO+1分子轨道主要来源于相同的[C$_{80}$-I_h]$^{6-}$碳笼，因此得到的电子主要分布在外层碳笼上，进一步得到电子的能力也主要由碳笼决定，所以二者的还原电位变化趋势相近。但是，它们的还原电位又有不同，这是因为它们的LUMO轨道又受到内嵌金属团簇的不同杂化方式的影响，最终使得Sc$_4$C$_2$和Sc$_3$N内嵌团簇的差异对金属富勒烯分子的电化学还原还是产生了一定的影响。

表5.3　Sc$_4$C$_2$@C$_{80}$-I_h、Sc$_3$N@C$_{80}$-I_h、Sc$_3$C$_2$@C$_{80}$-I_h和Sc$_3$CN@C$_{80}$-I_h的电化学氧化还原电位

单位：V

金属富勒烯	E_2^{ox}	E_1^{ox}	E_1^{red}	E_2^{red}	E_3^{red}
Sc$_4$C$_2$@C$_{80}$-I_h	0.74	0.06	−1.49	−1.96	−2.19
Sc$_3$N@C$_{80}$-I_h		0.62	−1.24	−1.62	
Sc$_3$C$_2$@C$_{80}$-I_h		−0.03	−0.5	−1.64	−1.84
Sc$_3$CN@C$_{80}$-I_h	1.04	0.60	−1.05	−1.68	−2.54

注：Sc$_4$C$_2$@C$_{80}$-I_h取的是峰电位，对Sc$_3$N@C$_{80}$-I_h和Sc$_3$C$_2$@C$_{80}$-I_h取的则是半波电位。

Sc$_3$CN@C$_{80}$-I_h也具有特殊的电子结构，可以描述为(Sc$_3$)$^{9+}$(CN)$^{3-}$@(C$_{80}$)$^{6-}$，分子的HOMO轨道位于外层碳笼上，LUMO轨道主要分布在内嵌的Sc$_3$CN团簇上[15]。Sc$_3$CN@C$_{80}$-I_h的循环伏安曲线中有三个还原峰，峰电位分别为：E_1^{red}=−1.05V，E_2^{red}=−1.68V，E_2^{red}=−2.54V；有两个氧化峰，峰电位为：E_1^{ox}=0.60V，E_2^{ox}=1.04V。Sc$_3$CN@C$_{80}$-I_h的第一还原峰可逆性非常好，第一氧化过程也是近似可逆的。可以看到第一还原的可逆性是由Sc$_3$CN@C$_{80}$-I_h中含有的(CN)$^{3-}$导致的。LUMO轨道主

要分布在内嵌的Sc₃CN团簇上，在还原过程中，$(CN)^{3-}$容易得到电子形成$(CN)^{4-}$，形成的$[(Sc_3)^{9+}(CN)^{4-}@(C_{80})^{6-}]$比较稳定，最终形成电化学可逆的第一还原-氧化过程。可见，Sc₃CN@C₈₀-I_h中含有的$(CN)^{3-}$在分子的电化学还原过程中有重要作用。Sc₃CN@C₈₀-I_h和Sc₃N@C₈₀-I_h的第一氧化电位较为接近，说明这两个分子失电子能力相近，这与二者都是HOMO轨道位于外层碳笼上有关。表5.3对Sc₃CN@C₈₀-I_h、Sc₃N@C₈₀-I_h和Sc₃C₂@C₈₀-I_h的循环伏安实验所得氧化还原电位进行了比较分析。可以看出，Sc₃C₂@C₈₀-I_h分子有一个未配对电子，使得整个分子具有特殊的氧化还原现象，氧化还原电位都特别低，说明该分子既容易被氧化也容易被还原。

Sc₄O₂@C₈₀-I_h的电子结构也很特殊，分子的HOMO和LUMO轨道均位于Sc₄O₂团簇上，因此分子的氧化还原过程由内嵌氧化物团簇主导，最终使得Sc₄O₂@C₈₀-I_h分子具有可逆的两个氧化峰和可逆的两个还原峰，如图5.2所示[16]。Sc₃C₂@C₈₀-I_h分子也具有类似的电子结构，即分子的SOMO和LUMO轨道都位于内嵌的Sc₃C₂团簇上，且内嵌团簇有一个未配对电子，使得整个分子具有特殊的氧化还原现象，氧化还原电位都特别低，说明由于内嵌团簇的参与分子既容易被氧化也容易被还原。

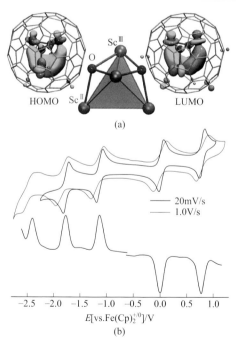

图5.2　(a) Sc₄O₂@C₈₀-I_h的分子轨道图；(b) Sc₄O₂@C₈₀-I_h的循环伏安图和方波伏安图[16]

5.2
金属富勒烯的半导体特性

金属富勒烯具有大π电子体系，因此和空心富勒烯一样具有半导体性质。金属富勒烯可作为有机太阳能电池器件中的受体材料、修饰层材料，可用于场效应晶体管、热电器件以及多种分子电子功能器件。

5.2.1
有机太阳能电池材料

$PC_{61}BM$ 是目前开发出的经典的富勒烯受体材料，但是它与经典的给体材料 P3HT 能级不匹配，器件开路电压低，限制了有机太阳能电池的效率。为了克服这一问题，Martin Drees 等引入内嵌三金属氮化物富勒烯衍生物 $Lu_3N@C_{80}$-PCBH 作为电子受体材料，减少电荷转移过程中的能量损失，提高器件的开路电压与能量转换效率[17, 18]。实验结果表明，与 $PC_{61}BM$ 相比，$Lu_3N@C_{80}$-PCBH 具有类似的电子迁移率。与经典聚合物给体材料 P3HT 共混构筑有机太阳能电池器件，器件的开路电压明显提高。P3HT:$Lu_3N@C_{80}$-PCBH 器件的能量转换效率达到 4.2%，其中开路电压为 810mV，短路电流密度为 8.64mA/cm^2，填充因子为 0.61，而同等条件下，P3HT:$PC_{61}BM$ 器件的能量转换效率为 3.4%，其中开路电压仅为 630mV。由此可见，采用高 LUMO 能级的金属富勒烯衍生物作为受体材料，可有效降低电荷转移过程中的能量损失，大幅度提高器件的开路电压与能量转换效率。但是，由于受限于金属富勒烯的大规模工业化制备，仅有 $Lu_3N@C_{80}$-PCBH 作为电子受体材料被成功报道。

除了做受体材料，金属富勒烯衍生物也是好的有机光伏器件上的电子修饰层材料。乙二胺修饰的金属富勒烯 C_{60} 和 $Gd@C_{82}$ 可用作电子传输层材料，该材料制备简单，性能优良[19]。如图 5.3 所示，该金属富勒烯电子传输层材料的引入，显著提高了器件的短路电流密度。这主要是因为金属富勒烯电子传输层材料具有良

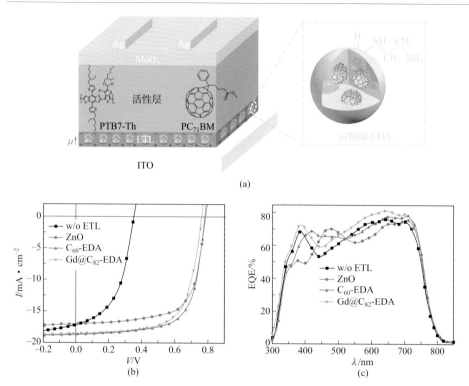

图5.3 (a)器件结构以及所用的给受体材料、电子传输层材料的分子结构;(b)采用金属富勒烯衍生物等电子传输层的器件的I−V曲线;(c)采用金属富勒烯衍生物等电子传输层的器件的EQE曲线[19]

好的导电性,并有效降低了阴极的功函,促进了电子的传输与提取,因此,有效提高了器件的能量转换效率。

5.2.2
场效应晶体管材料

金属富勒烯在场效应晶体管中也有应用。由于薄膜所需的样品量非常少,因此,可通过有机晶体管研究金属富勒烯在固体状态下的性质,尤其是载流子类型与内嵌金属富勒烯的电荷传输机理。Yoshihiro Iwasa等[20]利用真空蒸镀的方法,在玻璃基底上沉积了50nm厚的$La_2@C_{80}$,首次报道了基于双金属内嵌富勒烯$La_2@C_{80}$薄膜的n-型场效应晶体管,如图5.4所示。根据单个$La_2@C_{80}$分子的理论

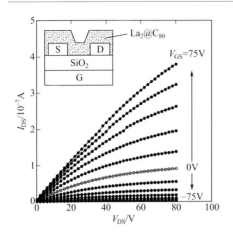

图5.4 La$_2$@C$_{80}$薄膜的场效应晶体管性能[20]

计算和实验研究，La$_2$@C$_{80}$的LUMO能级主要由内嵌的La组成。因此，器件的n-型行为表明，在固体薄膜中发生了经由内嵌La的载流子传导。并且，载流子在La$_2$@C$_{80}$薄膜中的传输机理更倾向于相邻分子间或相邻边界的跳跃，而不是导带模型。La$_2$@C$_{80}$薄膜场效应晶体管是一种n-型沟道常导通型晶体管。La$_2$@C$_{80}$薄膜场效应晶体管的载流子迁移率很低，主要归因于薄膜低的结晶性。这说明，好的金属富勒烯薄膜场效应晶体管非常需要制备高结晶性金属富勒烯薄膜的技术。

根据电阻率测试，Dy@C$_{82}$、Pr@C$_{82}$与Ce@C$_{82}$的带隙分别为0.2eV、0.3eV和0.4eV，表现出类似于半导体的性质。并且，Dy、Pr和Ce均呈现+3价。基于此，Katsumi Tanigaki、Akihiko Fujiwara和Kazuhiko Hirakawa等分别制备了首个Dy@C$_{82}$场效应晶体管、Pr@C$_{82}$场效应晶体管和首个Ce@C$_{82}$的单分子晶体管[21, 22]。与C$_{60}$、C$_{70}$薄膜晶体管不同的是，Dy@C$_{82}$是一个n-型沟道常导通型场效应晶体管。由于Dy会向C$_{82}$碳笼转移三个电子，因此，在栅压V_G=0V时，Dy@C$_{82}$薄膜晶体管中的载流子来源于Dy向C$_{82}$碳笼的电子转移。常导通的性质与体相电流的存在直接相关。并且，当体相电流消失的时候，Dy@C$_{82}$薄膜晶体管表现为增强型晶体管。因此，这种常导通型场效应晶体管是由于Dy@C$_{82}$薄膜的带隙仅为0.2eV，比C$_{60}$（1.8eV）小一个数量级。Dy@C$_{82}$中的三电子转移导致窄带隙半导体行为，而非金属行为，这可能是因为金属富勒烯中强的电子相关性。因此，这种常导通的场效应晶体管特性是由于窄带隙的Dy@C$_{82}$的半导体性质引起的体相电流。另外，在Pr@C$_{82}$薄膜场效应晶体管中，也观察到类似于Dy@C$_{82}$场效应晶体管的特性[23]。

单分子晶体管为我们系统研究单分子的电学性质随栅压 V_G 以及偏压 V_{SD} 的变化规律提供了有力工具。尤其是，我们能够利用栅电场控制单分子的静态电势与充电状态。富勒烯分子经常被选为单分子晶体管的库仑岛，在精准控制偏压下，通过测试电流 - 电压特性来研究富勒烯分子的物理性质，例如振动激发[24]，自旋相关传输[25,26]以及超导[27]。Kazuhiko Hirakawa 等利用电断结（electrical break junction）的方法制备了 Ce@C$_{82}$ 单分子晶体管[22]。他们利用栅极调控分子的电荷状态，测试 Ce@C$_{82}$ 单分子晶体管的电流 - 电压特性。在单电子隧穿通过 Ce@C$_{82}$ 的过程中，可以灵敏地探测到 C$_{82}$ 碳笼中内嵌铈原子的振动模式（弯曲和伸缩运动）。但是，在空心 C$_{84}$ 单分子晶体管中，却未能观察到振动激发。并且，在 Ce@C$_{82}$ 单分子晶体管的源电极与漏电极之间施加 100mV 以上的偏压时，电流 - 电压特性曲线会出现明显的滞后行为。同时，库仑稳定曲线的模式也会发生改变。但是，当偏压加至 500mV 以上时，空心 C$_{84}$ 单分子晶体管也未出现这些滞后现象。这些现象说明，即使是单个铈原子也能够显著改变富勒烯分子的电子传输。

5.2.3
热电器件材料

金属富勒烯在热电器件也有应用。热电势（塞贝克效应）是一种材料对施加温度梯度的电压响应，起源于电子在高温和低温时的费米分布。热电器件在能量转换方面非常具有吸引力，主要是因为它们能够将温度差直接转化为可利用电能，并且能够反向工作，也就是通过电流来传输热能（珀耳帖效应）。利用有机半导体连接金属电极的金属/有机杂化系统是非常有希望的热电体系，但是寻找合适的半导体材料依然充满挑战，尤其是合适的 n- 型传导材料非常稀缺。最近，测试单分子结的热电势变得可行。与体相不同的是，单分子的能级是离散的、量化的，这在热电传输方面起到非常重要的作用。因此，单分子热电器件为从元素角度探究影响热电材料的能量转换机制提供了可能。并且，分子结本身也可能成为良好的 p- 型或者 n- 型热电器件，并且可通过调控能级的方法来调变它们的传输性能。

Hirokazu Tada 等[28]系统研究了 C$_{82}$、Gd@C$_{82}$ 以及 Ce@C$_{82}$ 分子结的热电传输性能。通过扫描隧道显微镜断结的方法精准测量热能以及电导，并结合自能量相关第一原理传输理论进行计算，发现三种富勒烯均产生负的热能，也就是 n- 型传导。并且，Gd@C$_{82}$以及Ce@C$_{82}$分子结的绝对值要大很多。但是，这三者的传导率是大致相当的。Gd@C$_{82}$的能量指数是目前报道的单分子器件的最高值。虽然碳笼内包覆的金属原子对传输性能没有直接贡献，但是，Gd@C$_{82}$以及Ce@C$_{82}$分子结在热能方面有提升，这是由于内嵌金属原子引起了富勒烯在电子结构和几何结构上的重大变化。这一点从计算结果可以得到证实。传输主要是通过离域在碳笼上的最低未占分子轨道（LUMO）来进行的，而内嵌在碳笼内的金属原子并未直接参与电荷传输。而且，虽然Gd@C$_{82}$和Ce@C$_{82}$两种分子都在高自旋态，但是，Au-Ce@C$_{82}$-Au和Au-Gd@C$_{82}$-Au两种分子器件的电流的自旋极化均受到抑制，这主要是由气相分子的电子结果所引起的。另外，在Au的结点上，中性的Ce@C$_{82}$自由基被还原成阴离子。

内嵌金属富勒烯Sc$_3$N@C$_{80}$的单分子热电器件也得到系统研究[29]。与Gd@C$_{82}$和Ce@C$_{82}$不同的是，Sc$_3$N@C$_{80}$单分子热电器件热能的能级和信号与分子的排列取向及电压密切相关。计算结果表明，碳笼内的Sc$_3$N团簇在费米能级附近引起尖锐的谐振，因此，Sc$_3$N@C$_{80}$单分子热电器件的热能能够通过施加电压来调控。这些结果表明，Sc$_3$N@C$_{80}$是一个双热电材料，既有正的热能，也有负的热能，并且，传输共振态在分子结中起到非常重要的作用。这是首次提出双热电这一概念，对于双热电材料，热能的信号以及数量级都是可以被调控的。

5.2.4
单分子器件

利用扫描隧道显微镜（STM）和密度泛函理论可以对金属富勒烯的电子结构进行研究。利用化学吸附的方法，将Sc$_3$N@C$_{80}$吸附于Cu(110)-(2×1)-O的表面[30]。实验结果表明，在Sc$_3$N@C$_{80}$以及Sc$_3$N@C$_{80}$的聚集体中，存在一系列离域的极小的超原子分子轨道。与C$_{60}$不同，Sc$_3$N@C$_{80}$中内嵌的Sc$_3$N团簇使碳笼接近球形的中心电势变得扭曲，使超原子分子轨道也随之变得扭曲。但是，当Sc$_3$N@C$_{80}$分子形成二聚体或者三聚体时，强的分子间杂化导致超原子分子轨道的高度对称杂化，并带有明显的成键与反键特征。Sc$_3$N@C$_{80}$以及Sc$_3$N@C$_{80}$的聚集体的电子结构计算进一步证实了超原子分子轨道的存在，并重现了实验中所观察到的超原子分子轨道的杂化。

人们通过扫描隧道显微镜、扫描隧道能谱以及理论模拟对一种Dy@C$_{82}$异构体的局部结构和电子结构进行研究[31]。通过绘制碳笼与金属的轨道杂化图和电荷转移图，研究了Dy@C$_{82}$异构体的能量分辨的金属与碳笼的杂化态。通过比较实验结果和理论计算，推断了内嵌金属Dy在碳笼内的相对位置以及分子在表面的取向。这两种技术相结合为金属富勒烯纳米器件的原位表征和诊断注入了希望。

Kaneko等通过断结（break junction）的方法以及密度泛函计算对内嵌金属富勒烯Ce@C$_{82}$的电子传输性质进行了研究[32]。他们将Ce@C$_{82}$直接键联在Ag电极上，制备了Ce@C$_{82}$单分子结。该单分子结表现出高的固定电导率，但是却是相同条件下C$_{60}$单分子结电导率的一半。这种出乎意料的低电导率可以通过量子计算得到解释，原因在于Ce@C$_{82}$的电子定域在碳笼上。而如果以Au为电极，则难以通过断结的方法构筑Ce@C$_{82}$单分子结，主要是由于Ce@C$_{82}$分子难以被Au较大的纳米空隙所捕获。

基于内嵌金属富勒烯Tb@C$_{82}$，Yutaka Majima等开发了单分子定位开关，并利用低温超高真空扫描隧道显微镜进行研究[33]。在Tb@C$_{82}$与基底Au(111)之间引入辛硫醇自组装单分子层来控制Tb@C$_{82}$的热旋转状态。13K下，Tb@C$_{82}$在辛硫醇自组装单分子层上的扫描隧道能谱显示出包含负微分电导的磁滞。该磁滞与负微分电导是由于Tb@C$_{82}$的电子偶极矩与外电场的相互作用导致了Tb@C$_{82}$分子定位发生转换。

控制金属富勒烯中内嵌原子的位置有可能有助于设计分子电子功能器件[34]。对于La$_2$@C$_{80}$，从头计算的结果显示La的位置以及La$_2$@C$_{80}$与金属纳米结之间的电子传递都受到金属引线的显著影响，它们赋予分子化学功能以及传输功能。计算结果也表明，这种分子纳米桥的传输性质受纳米器件中总电荷的调制，尤其在针尖-分子-针尖以及表面-分子-针尖纳米结构中。

Tamar Seideman等基于富勒烯碳笼内运动的原子或者团簇的电子驱动设计了一种新的单分子器件[35]。他们通过结合电子结构计算以及动态模拟，研究了内嵌金属富勒烯分子结的电流引发动力学。通过定域在Au-Li@C$_{60}$-Au纳米结的锂原子的非弹性隧穿，结合二维动力学，发现锂原子展现出大幅度振荡。至于富勒烯碳笼在Au基底弹跳，则轻微受到内嵌原子运动的干扰。

5.2.5
其他分子电子功能

Sato等通过La@C$_{82}$与镍卟啉的晶体研究了La@C$_{82}$的电子传输性质，如图5.5

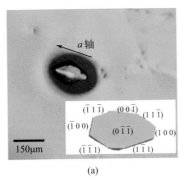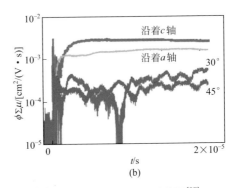

图 5.5　(a) La@C$_{82}$与镍卟啉的晶体照片；(b) 时间分辨微波电子迁移率图[37]

所示[36]。通过时间分辨微波电导率（TRMC）测试发现，La@C$_{82}$与镍卟啉的共晶具有高的电子迁移率，并具有强的各向异性，这是由于在不同取向上La@C$_{82}$分子间的镍卟啉和苯分子定向排列方式不同。沿c轴的电子迁移率最高为3.0×10^{-3}cm^2/(V·s)，在Au表面的电子迁移率达0.9cm^2/(V·s)，远高于M@C$_{82}$的薄膜材料，说明分子的有序组装对于提高电子迁移率具有重要作用。因此，要获得高的电导值，制备内嵌金属富勒烯的单晶是非常重要的。在La@C$_{82}$的衍生物La@C$_{82}$(Ad)的单晶样品中，TRMC测试发现在常温常压下其电子迁移率高达10cm^2/(V·s)，理论计算表明其具有半金属特性。由于La@C$_{82}$(Ad)可以溶于多数有机溶剂，并且通过改变内嵌金属和外部修饰基团可以调节其带隙宽度和载流子浓度，因而此类材料有望成为一种新型的有机半导体材料。

　　通过液-液界面沉积方式用对二甲苯溶解Sc$_3$N@C$_{80}$，然后形成一种微孔的六边形的单晶Sc$_3$N@C$_{80}$纳米棒，进而研究沉积到ITO玻璃上的Sc$_3$N@C$_{80}$单晶纳米棒的光电化学性质。结果表明，Sc$_3$N@C$_{80}$沉积到ITO玻璃上有很高的光电响应，有望基于金属富勒烯制备新型的光电器件[38]。此外，在比较滴涂形成的La$_2$@C$_{80}$、Sc$_3$N@C$_{80}$和Sc$_3$C$_2$@C$_{80}$的TMRC研究中揭示了顺磁EMF的高迁移率。顺磁性Sc$_3$C$_2$@C$_{80}$中的电子迁移率为0.13cm^2/(V·s)（这是EMF多晶膜的最高值），在反磁性La$_2$@C$_{80}$和Sc$_3$N@C$_{80}$中的值约减小为顺磁性的1/20。

　　以包含咔唑部分的聚合物PVP为电子给体，以Gd@C$_{82}$为电子受体，制备存储器件ITO/Gd@C$_{82}$-PVK/Al[39]。电流-电压特征测试结果显示出典型的双稳态电子开关以及非易失性可重复写的存储效应，开启电压在-1.5V，开关整流比在10^{4}以上。这么低的开启电压是由碳笼内的金属导致，并且密度泛函理论计算发现，内嵌金属是非常重要的电子捕获中心，这将有利于达到开启电压。

5.3
金属富勒烯的发光特性

5.3.1
镧系金属富勒烯的发光

　　镧系金属富勒烯由于内嵌有镧系原子，通过镧系原子的f-f跃迁，从而表现出特有的近红外发光（near-infrared photoluminescence）性质。现有的报道中，只有基于Er和Tm的金属富勒烯表现出发光性质，其中对Er基金属富勒烯的研究最为深入。金属富勒烯的发光机理和金属配合物的发光机理类似，它是通过可见光激发碳笼，然后碳笼上的电子转移到金属离子的激发态，再由金属离子的激发态回到基态的过程发光。对于Er基金属富勒烯来说，$^4I_{13/2} \rightarrow {}^4I_{15/2}$的激发态向基态的转移过程发出$Er^{3+}$在1.5μm处的特征近红外光，如图5.6所示。

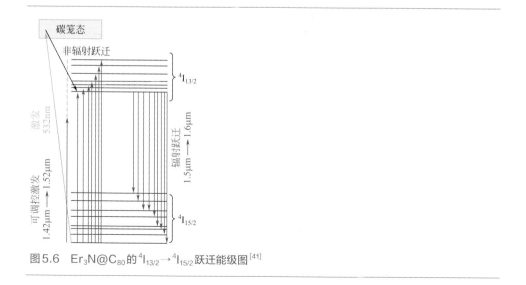

图5.6　$Er_3N@C_{80}$的$^4I_{13/2} \rightarrow {}^4I_{15/2}$跃迁能级图[41]

第一种被研究的Er基金属富勒烯是混合的几种Er的金属富勒烯提取物。用514nm的氩离子激光器激发，可以得到1500～1650nm的近红外发光，20K时，四个相对尖锐的峰归属于Er^{3+}的$^4I_{13/2}→^4I_{15/2}$跃迁[40]，这开启了Er基金属富勒烯发光性质的研究。

$Er_xSc_{3-x}N@C_{80}$（x=1～3）系列金属富勒烯产率较高，而且有三种含Er的材料，结构差异较大，所以引起了研究人员的广泛兴趣。由于碳笼在大于1μm的区域没有吸收，所以可以用1.5μm左右的激光直接激发$Er_3N@C_{80}$里的Er^{3+}，然后再从Er^{3+}的激发态回到基态，发出近红外光[41]。这样可以探测出那些被非辐射跃迁禁阻的发光，也可以选择激发单个的金属离子，得到金属Er^{3+}的激发态和基态的全部图谱，为Er^{3+}的相应发光能级提供了准确的实验证据。

如表5.4所示，$ErSc_2N@C_{80}$、$Er_2ScN@C_{80}$、$Er_3N@C_{80}$在低温下出现了Er^{3+}在1.5μm处的特征荧光峰。同时，由于$ErSc_2N@C_{80}$和$Er_2ScN@C_{80}$的内嵌团簇有两种不同构型，在1.6K时，特征峰出现了明显的裂分，而在77K下裂分并不明显。$Er_3N@C_{80}$三个Er所处的环境相同，所以没有裂分，只有一个尖锐的单峰。5～80K的变温荧光图谱结果中，$ErSc_2N@C_{80}$和$Er_2ScN@C_{80}$的发光强度随温度发生变化，在20K下出现的"热带"来源于热分布的$^4I_{13/2}$多重态，表明温度增加导致内嵌团簇的笼内重排。对于$Er_xSc_{3-x}N@C_{80}$（x=1～3）的发光图谱，发现随着Er^{3+}的减少，峰线逐渐变窄，这说明$Er_2ScN@C_{80}$和$Er_3N@C_{80}$可能存在分子内的Er^{3+}-Er^{3+}相互作用[42]。

表5.4　$Er_xSc_{3-x}N@C_{80}$（x=1~3）在不同温度下的发光性质

金属富勒烯	T/K	λ_1/nm	λ_2/nm
$ErSc_2N@C_{80}$	1.6	1519.7	1522.4
$Er_2ScN@C_{80}$	1.6	1518.9	1521.4
$Er_3N@C_{80}$	1.6	1517.2	—
$ErSc_2N@C_{80}$	77	1518.3	1520.1
$Er_2ScN@C_{80}$	77	1517.5	1518.6
$Er_3N@C_{80}$	77	1515.9	—

Er^{3+}对碳笼的结构非常敏感。如对$Er_3N@C_{80}$进行1,3-偶极环加成修饰，可改变C_{80}碳笼的对称性，而Er^{3+}的$^4I_{13/2}$和$^4I_{15/2}$对它周围的环境较为敏感，进而出现裂分。在低温下，当$Er_3N@C_{80}$的衍生物通过硫基连接到金表面时，在低温下和溶液样品的图谱峰型保持一致，但是强度变弱，可能是由于Au—S键使得分子和金属

基底的取向造成的[30]。

Er$_2$@C$_{82}$和Er$_2$C$_2$@C$_{82}$系列富勒烯都是C$_{82}$碳笼。C$_{82}$结构特殊，有三种不同的点群对称性，分别对应C$_s$、C$_{2v}$和C$_{3v}$三种不同的构型，三种异构体有着不同的荧光发射光谱[43]。碳笼的吸收不同也导致它们的发光强度不同，其中C$_s$和C$_{2v}$对称性的C$_{82}$碳笼的吸收一直到1500nm，而C$_{82}$-C$_{3v}$只到1250nm，所以C$_{3v}$的C$_{82}$碳笼对Er^{3+}的吸收小于C$_s$、C$_{2v}$碳笼，因此C$_{3v}$异构体的发光强度要大于C$_s$、C$_{2v}$异构体。另外，在相同的C$_{82}$碳笼构型下，Er$_2$C$_2$@C$_{82}$的荧光强度要大于Er$_2$@C$_{82}$，这是由于Er$_2$C$_2$@C$_{82}$嵌入了C$_2$之后，HOMO-LUMO能级差变大，导致碳笼对Er^{3+}发光吸收变小。对于Er$_2$@C$_{82}$-C$_s$和Er$_2$C$_2$@C$_{82}$-C$_s$的发光，可以发现二者对应的发光波长是1523nm和1500nm，这有力地验证了C$_2$增大了HOMO-LUMO能级差的结论。Er$_2$C$_2$@C$_{82}$-C$_s$和Er$_2$C$_2$@C$_{82}$-C$_{3v}$只有碳笼不同，但是表现出不同的荧光光谱。Er$_2$C$_2$@C$_{82}$-C$_s$有两个最强峰，一个在1522nm，另一个在1545nm；但Er$_2$C$_2$@C$_{82}$-C$_{3v}$只有一个最强峰。碳笼的对称性改变了Er^{3+}的局域晶体场，因此改变了Er^{3+}的$^4I_{15/2}$能级和$^4I_{13/2}$的最低亚能级到$^4I_{15/2}$的各个亚能级的振动强度。

铥内嵌的金属富勒烯也展现出了近红外发光的性质[44]。Tm@C$_{88}$的Ⅲ、Ⅳ异构体在1200nm有非常强和尖锐的峰，在1150nm和1250nm处也有小峰，这些峰都来自于$^2F_{5/2} \rightarrow {}^2F_{7/2}$的跃迁。需要指出的是，Tm@C$_{88}$-Ⅲ存在直接和间接的激发Tm^{2+}的发光机理，它在825nm处有一个强的吸收峰，说明Tm^{2+}能够直接被激发。

对于Tm$_2$@C$_{82}$和Tm$_2$C$_2$@C$_{82}$的C$_s$、C$_{2v}$、C$_{3v}$三种异构体，它们和Tm@C$_{88}$的Ⅲ、Ⅳ异构体尖锐的峰不同，Tm$_2$C$_2$@C$_{82}$的C$_s$和C$_{3v}$异构体在1500～2000nm有非常宽而且很弱的发光，它们的发光都是对应的Tm^{3+}的$^3F_4 \rightarrow {}^3H_6$的跃迁。当用405nm的波长激发Tm$_2C_2$@C$_{82}$时，一系列的峰出现在1300～1600nm，这些峰对应的是Tm^{3+}的$^3H_4 \rightarrow {}^3F_4$跃迁。Tm$_2C_2$@C$_{82}$的荧光光谱与激发能量有关，当用800nm的激光激发时，能量从C$_{82}$碳笼的激发态转移到Tm^{3+}的$^3F_4$态上，然后$^3F_4$会回到$^3H_6$，发出1800nm的光；当用405nm的光激发时，能量从C$_{82}$碳笼的激发态转移到Tm^{3+}的$^3H_4$态上，然后$^3H_4$会回到$^3F_4$，发出1300～1600nm的光。说明Tm的发光对碳笼大小和碳笼对称性都有关系。

5.3.2
镧系金属富勒烯的发光与磁性调控

磁光功能材料在量子信息存储、磁光器件、光纤通信、国防等领域都有重要的应用。内嵌金属富勒烯由于内嵌的镧系金属原子还具有顺磁性，因此非常有潜力作为磁光功能材料。通过外加磁场调控发光，或者通过外加光照调控EPR、磁化率等手段，可以扩展金属富勒烯材料的功能。

Er^{3+}是Kramers二重态，能够进一步裂分，这为磁光材料的选取提供了理论指导。在$Er_3N@C_{80}$的磁光测试中，先在没有外加磁场的条件下，将测试温度降到4.2K，等温稳定后，再逐渐外加变化的稳态磁场，随着磁场的增强，图谱的塞曼分裂变得越来越明显。将$Er_3N@C_{80}$在外加19.5T的磁场下冷却到4.2K，然后外加变化的稳态磁场，和前面的结果类似，但是信噪比更好，峰型更加尖锐明确[45]。

Er^{3+}的局域晶体场是C_{2v}，所以它有一组对称轴，能级的分裂取决于磁场相对于这些对称轴的方向，和顺磁共振里描述各向异性的g因子概念相似。在没有加磁场之前，得到的图谱是磁场相对于Er的对称轴所有可能取向的各向同性平均值。而能级分裂程度和碳笼的取向有关，一些构型的基态能级低于另一些构型，而且在加了磁场后，低能级的电子排布会更多。低温下冻住溶剂，使得这种不平衡能够保持，导致了变化的和尖锐的场诱导图谱分裂。然而，每个分子有三个Er^{3+}，固定在同一个平面三角形中，其中一个的能量最低构型可能并不是另两个的最低，所以导致了不完美的排列和没有那么轮廓分明的图谱。这个排列在$ErSc_2N@C_{80}$这类杂原子团簇三金属氮化物金属富勒烯中更为明显，因为每一个分子只有一个Er^{3+}有磁响应，减少了离子构型之间的竞争。

$ErSc_2N@C_{80}$的内嵌团簇$ErSc_2N$有两种构型，它们之间的相互转化可以通过光激发调节，热退火得到的一种构型可以通过光照转化成另外一种构型[46]。构型的变化可以通过EPR判断。$ErSc_2N$的构型 Ⅰ 在黑暗中更容易存在，构型 Ⅱ 通过用532nm或者更短的波长光照就能得到，而用1496nm和1499nm的光直接激发Er^{3+}就没有相应的EPR信号变化，因此可以判断构型的变化与碳笼有关。然后再通过原位光照测荧光，则发现光照前后光谱有明显的变化，归属于构型 Ⅰ 的1496nm的峰在光照之后强度变弱，而归属于构型 Ⅱ 的1499nm的峰在光照之后强度增加。

5.3.3
锕系金属富勒烯的发光

锕系金属富勒烯以$Th@C_{82}-C_{3v}$为代表，单晶和理论计算确定Th转移四个电子给碳笼，以Th^{4+}的形式存在。比较特殊的是，$Th@C_{82}-C_{3v}$在二硫化碳溶液和固

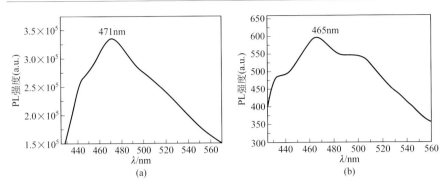

图5.7 （a）室温时406nm激发Th@C$_{82}$-C_{3v}的二硫化碳溶液的荧光图谱；（b）室温时365nm激发Th@C$_{82}$-C_{3v}固体粉末的荧光图谱[47]

体中都表现出强荧光[47]。在406nm的紫外光激发下，Th@C$_{82}$-C_3溶液和固体都在471nm处有相似的发光峰，这对于富勒烯和Th^{4+}来说都是非常少见的，如图5.7所示。虽然镧系金属有明显的f-f跃迁，但是根据光谱选律，它们是Laporte禁阻的，所以发光很弱，以至于很容易就被碳笼吸收。Th^{4+}由于f^{0}的电子组态，本身是不发光的。观察它的荧光图谱可以发现，图谱线宽达到132nm，因此推测发光是由于碳笼向Th的6d轨道转移电子，得到Th^{3+}，然后通过5f构型弛豫发光。它的能级差为2.6eV，刚好和471nm对应的发光峰能级相对应。这个跃迁非常强，以至于不被碳笼吸收而完全猝灭，相对于其他的+3价镧系金属发光，基于电荷转移的发光明显亮很多，这也间接证明了Th和富勒烯碳笼独特的成键特性。

5.3.4
其他金属富勒烯的发光

Y$_3$N@C$_{80}$在溶液中是不发光的，但是在单分子条件下却有一定的发光特性[48]。这个分子有低的本征荧光量子产率，长的辐射时间，实验得到的寿命是240ns，比一般的Y^{3+}的寿命要短得多，Y^{3+}的寿命一般在微秒和毫秒级别，寿命的大幅减少可能是由于Y$_3$N和C$_{80}$间的电子或者振动耦合。为了对单分子Y$_3$N@C$_{80}$进行实验，可以将稀Y$_3$N@C$_{80}$溶液旋涂到透明表面，Y$_3$N@C$_{80}$的光物理性质对局域电介质环境非常敏感，在一个微小的或者干净的表面，只有一小部分的Y$_3$N@C$_{80}$有荧光，而且不稳定。另外，可以将Y$_3$N@C$_{80}$放置在聚甲基丙烯酸甲酯薄膜的表面，选择10nm左右厚度的聚甲基丙烯酸甲酯薄膜。用635nm的径向极化激光激发$Y_3N@C_{80}$得到共聚焦荧光图谱，图谱显示典型的偶极状吸收，这说明内嵌团簇在碳笼内是固定的，并没有自由转动。为了提高$Y_3N@C_{80}$的发光效率，把它连接到金纳米颗粒上，金纳米颗粒作为光学天线，可提高激发速率和量子效率。

综上所述，碳笼的吸收屏蔽作用，使得金属富勒烯的发光信号弱，同时内嵌的金属离子的发光对碳笼结构、碳笼对称性等非常敏感。金属富勒烯的发光还有很大的研究和发展空间，比如碳笼和金属离子的不同组合以及各种不同的修饰碳笼的方法，还会促使很多新的发光现象出现。

5.4
小 结

电化学研究对于认识金属富勒烯的分子结构、光电应用、离子特性等具有重要意义。内嵌金属富勒烯具有较低的还原电势、超快的电荷分离与传输速率，因而在有机电子材料领域潜力巨大。研究金属富勒烯的光物理特性有助于开发新型的光电转换材料，构建基于金属富勒烯的分子光电器件。另外，光学性质与内嵌金属f电子的磁性质相耦合，将有潜力用作量子信息存储和处理。

参考文献

[1] Suzuki T, Kikuchi K, Oguri F, et al. Electrochemical properties of fullerenolanthanides[J]. Tetrahedron, 1996, 52 (14): 4973-4982.

[2] Hachiya M, Nikawa H, Mizorogi N, et al. Exceptional chemical properties of $Sc@C_{2v}(9)\text{-}C_{82}$ probed with adamantylidene carbene[J]. Journal of the American Chemical Society, 2012, 134 (37): 15550-15555.

[3] Suzuki T, Maruyama Y, Kato T, et al. Electrochemistry and ab initio study of the dimetallofullerene $La_2@C_{80}$[J]. Angewandte Chemie International Edition, 1995, 34 (10): 1094-1096.

[4] Yamada M, Nakahodo T, Wakahara T, et al. Positional control of encapsulated atoms inside a fullerene cage by exohedral addition[J]. Journal of the American Chemical Society, 2005, 127(42): 14570-14571.

[5] Cai T, Xu L, Anderson M R, et al. Structure and enhanced reactivity rates of the D_{5h} $Sc_3N@C_{80}$ and $Lu_3N@C_{80}$ metallofullerene isomers: the importance of the pyracylene motif[J]. Journal of the American Chemical Society, 2006, 128 (26): 8581-8589.

[6] Zhang L, Popov A A, Yang S, et al. An endohedral redox system in a fullerene cage: the Ce based mixed-metal cluster fullerene $Lu_2CeN@C_{80}$[J]. Physical Chemistry Chemical Physics, 2010, 12 (28): 7840-7847.

[7] Yang S, Chen C, Popov A A, et al. An endohedral titanium(Ⅲ) in a clusterfullerene: putting a non-group-Ⅲ metal nitride into the C_{80}-I_h fullerene cage[J]. Chemical Communications, 2009 (42): 6391-6393.

[8] Chen C, Liu F, Li S, et al. Titanium/yttrium mixed metal nitride clusterfullerene $TiY_2N@C_{80}$: synthesis, isolation, and effect of the group-Ⅲ metal[J]. Inorganic Chemistry, 2012, 51 (5): 3039-3045.

[9] Lu X, Nakajima K, Iiduka Y, et al. The long-believed $Sc_2@C_{2v}$(17)-C_{84} is actually $Sc_2C_2@C_{2v}$(9)-C_{82}: unambiguous structure assignment and chemical functionalization[J]. Angewandte Chemie International Edition, 2012, 51 (24): 5889-5892.

[10] Iiduka Y, Wakahara T, Nakajima K, et al. Experimental and theoretical studies of the scandium carbide endohedral metallofullerene $Sc_2C_2@C_{82}$ and its carbene derivative[J]. Angewandte Chemie International Edition, 2007, 46 (29): 5562-5564.

[11] Mercado B Q, Chen N, Rodríguez-Fortea A, et al. The shape of the $Sc_2(\mu_2$-S) unit trapped in C_{82}: crystallographic, computational, and electrochemical studies of the isomers, $Sc_2(\mu_2$-S)$@C_s$(6)-C_{82} and $Sc_2(\mu_2$-S)$@C_{3v}$(8)-C_{82}[J]. Journal of the American Chemical Society,2011, 133(17): 6752-6760.

[12] Lu X, Nakajima K, Iiduka Y, et al. Structural elucidation and regioselective functionalization of an unexplored carbide cluster metallofullerene $Sc_2C_2@C_s$(6)-C_{82}[J]. Journal of the American Chemical Society,2011, 133 (48): 19553-19558.

[13] Chen N, Beavers C M, Mulet-Gas M, et al. $Sc_2S@C_s$(10528)-C_{72}: a dimetallic sulfide endohedral fullerene with a non isolated pentagon rule cage[J]. Journal of the American Chemical Society,2012, 134 (18): 7851-7860.

[14] Wang T S, Chen N, Xiang J F, et al. Russian-doll-type metal carbide endofullerene:synthesis, isolation, and characterization of $Sc_4C_2@C_{80}$[J]. Journal of the American Chemical Society, 2009, 131(46): 16646-16647.

[15] Wang T S, Feng L, Wu J Y, et al. Planar quinary cluster inside a fullerene cage: synthesis and structural characterizations of $Sc_3NC@C_{80}$-I_h[J]. Journal of the American Chemical Society, 2010, 132(46): 16362-16364.

[16] Popov A A, Chen N, Pinzón J R, et al. Redox-active scandium oxide cluster inside a fullerene Cage: spectroscopic, voltammetric, electron spin resonance spectroelectrochemical, and extended density functional theory study of $Sc_4O_2@C_{80}$ and its ion radicals[J]. Journal of the American Chemical Society, 2012, 134(48): 19607-19618.

[17] Ross R B, Cardona C M, Guldi D M, et al. Endohedral fullerenes for organic photovoltaic devices[J]. Nature Materials, 2009, 8(3): 208-12.

[18] Ross R B, Cardona C M, Swain F B, et al. Tuning conversion efficiency in metallo endohedral fullerene-based organic photovoltaic devices[J]. Advanced Functional Materials, 2009, 19(14): 2332-2337.

[19] Li J, Zhao F, Wang T, et al. Ethylenediamine functionalized fullerene nanoparticles as independent electron transport layers for high-efficiency inverted polymer solar cells[J]. Journal of Materials Chemistry A, 2017, 5(3): 947-951.

[20] Kobayashi S-i, Mori S, Iida S, et al. Conductivity and field effect transistor of $La_2@C_{80}$ metallofullerene[J]. Journal of the American Chemical Society, 2003, 125(27): 8116-8117.

[21] Kanbara T, Shibata K, Fujiki S, et al. N-channel field effect transistors with fullerene thin films

and their application to a logic gate circuit[J]. Chemical Physics Letters, 2003, 379(3-4): 223-229.

[22] Okamura N, Yoshida K, Sakata S, et al. Electron transport in endohedral metallofullerene Ce@C$_{82}$ single-molecule transistors[J]. Applied Physics Letters, 2015, 106(4): 043108.

[23] Nagano T, Kuwahara E, Takayanagi T, et al. Fabrication and characterization of field-effect transistor device with C$_{2v}$ isomer of Pr@C$_{82}$[J]. Chemical Physics Letters, 2005, 409(4-6): 187-191.

[24] Park H, Park J, Lim A K, et al. Nanomechanical oscillations in a single-C$_{60}$ transistor[J]. Nature, 2000, 407(6800): 57-60.

[25] Grose J E, Tam E S, Timm C, et al. Tunnelling spectra of individual magnetic endofullerene molecules[J]. Nature Materials, 2008, 7(11): 884-9.

[26] Roch N, Florens S, Bouchiat V, et al. Quantum phase transition in a single-molecule quantum dot[J]. Nature, 2008, 453 (7195): 633-7.

[27] Winkelmann C B, Roch N, Wernsdorfer W, et al. Superconductivity in a single-C$_{60}$ transistor[J]. Nature Physics, 2009, 5 (12): 876-879.

[28] Lee S K, Buerkle M, Yamada R, et al. Thermoelectricity at the molecular scale: a large Seebeck effect in endohedral metallofullerenes[J]. Nanoscale, 2015, 7 (48): 20497-502.

[29] Rincon-Garcia L, Ismael A K, Evangeli C, et al. Molecular design and control of fullerene-based bi-thermoelectric materials[J]. Nature Materials, 2016, 15 (3): 289-93.

[30] Huang T, Zhao J, Feng M, et al. Superatom orbitals of Sc$_3$N@C$_{80}$ and their intermolecular hybridization on Cu(110)-(2×1)-Osurface[J]. Physical Review B, 2010, 81 (8): 085434.

[31] Wang K, Zhao J, Yang S, et al. Unveiling metal-cage hybrid states in a single endohedral metallofullerene[J]. Physical Review Letters, 2003, 91 (18): 185504.

[32] Kaneko S, Wang L, Luo G, et al. Electron transport through single endohedral Ce@C$_{82}$ metallofullerenes[J]. Physical Review B, 2012, 86 (15): 155406.

[33] Yasutake Y, Shi Z, Okazaki T, et al. Single molecular orientation switching of an endohedral metallofullerene[J]. Nano Letters, 2005, 5 (6): 1057-1060.

[34] Perez-Jimenez A J. Molecular electronics with endohedral metallofullerenes: the test case of La$_2$@C$_{80}$ nanojunctions[J]. Journal of Physical Chemistry C, 2007, 111 (47): 17640-17645.

[35] Jorn R, Zhao J, Petek H, et al. Current-driven dynamics in molecular junctions: endohedral fullerenes[J]. ACS nano, 2011, 5 (10): 7858-7865.

[36] Sato S, Nikawa H, Seki S, et al. A co-crystal composed of the paramagnetic endohedral metallofullerene La@C$_{82}$ and a nickel porphyrin with high electron mobility[J]. Angewandte Chemie International Edition, 2012, 51 (7): 1589-15891.

[37] Rincón-García L, Ismael A K, Evangeli C, et al. Molecular design and control of fullerene-based bi-thermoelectric materials[J]. Nature Materials, 2015, 15: 289-293.

[38] Xu Y, He C, Liu F, et al. Hybrid hexagonal nanorods of metal nitride clusterfullerene and porphyrin using a supramolecular approach[J]. Journal of Materials Chemistry, 2011, 21 (35): 13538-13545.

[39] Yue D, Cui R, Ruan X, et al. A novel organic electrical memory device based on the metallofullerene-grafted polymer (Gd@C$_{82}$-PVK) [J]. Organic Electronics, 2014, 15 (12): 3482-3486.

[40] Hoffman K R, Conley W G. Does Er@C$_{60}$ emit light?[J]. Journal of Luminescence, 2001, 94-95: 187-189.

[41] Jones M A G, Taylor R A, Ardavan A, et al. Direct optical excitation of a fullerene-incarcerated metal ion[J]. Chemical Physics Letters, 2006, 428 (4): 303-306.

[42] Macfarlane R M, S Bethune D, Stevenson S, et al. Fluorescence spectroscopy and emission lifetimes of Er^{3+} in Er$_x$Sc$_{3-x}$N@C$_{80}$ (x=1–3)[J].

Chemical Physics Letters, 2001, 343 (3): 229-234.

[43] Ito Y, Okazaki T, Okubo S, et al. Enhanced 1520 nm photoluminescence from Er^{3+} ions in di-erbium-carbide metallofullerenes $(Er_2C_2)@C_{82}$ (isomers Ⅰ, Ⅱ, and Ⅲ)[J]. ACS Nano, 2007, 1 (5): 456-462.

[44] Wang Z, Izumi N, Nakanishi Y, et al. Near-infrared photoluminescence properties of endohedral mono-and dithulium metallofullerenes[J]. ACS Nano, 2016, 10 (4): 4282-4287.

[45] Jones M A G, Morton J J L, Taylor R A, et al. PL, magneto-PL and PLE of the trimetallic nitride template fullerene $Er_3N@C_{80}$[J]. Physica Status Solidi (b), 2006, 243 (13): 3037-3041.

[46] Morton J J L, Tiwari A, Dantelle G, et al. Switchable $ErSc_2N$ rotor within a C_{80} fullerene cage: an electron paramagnetic resonance and photoluminescence excitation study [J]. Physical Review Letters, 2008, 101 (1): 013002.

[47] Wang Y, Morales-Martínez R, Zhang X, et al. Unique four-electron metal-to-cage charge transfer of Th to a C_{82} fullerene cage: complete structural characterization of $Th@C_{3v}(8)\text{-}C_{82}$[J]. Journal of the American Chemical Society, 2017, 139 (14): 5110-5116.

[48] Bharadwaj P, Novotny L. Plasmon-enhanced photoemission from a single $Y_3N@C_{80}$ fullerene[J]. Journal of Physical Chemistry C, 2010, 114 (16): 7444-7447.

Chapter 6

第6章
金属富勒烯的复合分子体系

金属富勒烯和富勒烯一样具有电子受体的特性，和电子给体混合会发生电荷或电子转移。这种利用金属富勒烯共价键合电子给体形成的给受体系可以去模拟光合作用过程或者研究光电器件。金属富勒烯与富勒烯相比具有更丰富的分子轨道能级，因此能形成性质多变的给受体系，这对于调控光物理过程、设计光学器件具有重要的价值。另外，金属富勒烯具有球形的分子形状，是主客体化学中一类独特的客体分子。金属富勒烯多与芳香性主体分子形成稳定的复合体，二者之间也可以建立电子给受体系，因此金属富勒烯的主客体体系具有重要研究价值。本章将阐述金属富勒烯的给受体系、主客体系等复合分子体系中的化学与物理特性，特别关注体系中电子特性的变化。

6.1
金属富勒烯的给受体分子

金属富勒烯在紫外到近红外区域对光的特征吸收推进了其在光化学领域的广泛应用[1~4]。利用超快瞬态吸收光谱检测金属富勒烯衍生物的光激发动力学性质是最直接有效的方式，例如在$La@C_{82}$和$La_2@C_{80}$的纳秒尺度瞬态吸收性质研究中发现，$La@C_{82}$的双指数动力学过程的寿命分别是83ns和2.9μs[4]，$La_2@C_{80}$的是150ns和40μs左右。$La@C_{82}$和$La_2@C_{80}$衍生物的瞬态吸收研究表明，第一激发态的寿命没有超过100ps，而三重态或者是多重态的寿命涉及系间窜越过程，是纳秒量级的。在此基础上，目前也报道了一些以金属富勒烯作为电子给体/受体的衍生物，并研究了其光激发动力学性质。人们通过运用金属富勒烯共价键合电子给体的方式去模拟光合作用过程或者研究光电器件，并对这些电子给受体涉及的电子转移机理和生成的自由基离子态进行了相关研究工作。例如，以7,7,8,8-四氰基对苯二醌二甲烷（TCNQ）或者苝二酰亚胺（PDI）作为电子给体，通过一个柔性的键或者吡咯烷连接到富勒烯碳笼上，所得体系存在很高的光电转换效率和电子迁移率。

人们在金属氮化物内嵌富勒烯外面修饰不同特征的给受体基团，研究其光激发电子转移特性，如图6.1所示。对于N-甲基-2-二茂铁-[5,6]-$Sc_3N@C_{80}$-吡咯烷加成产物，在388nm的光激发下，形成基于$Sc_3N@C_{80}$的单重激发态，寿命大概

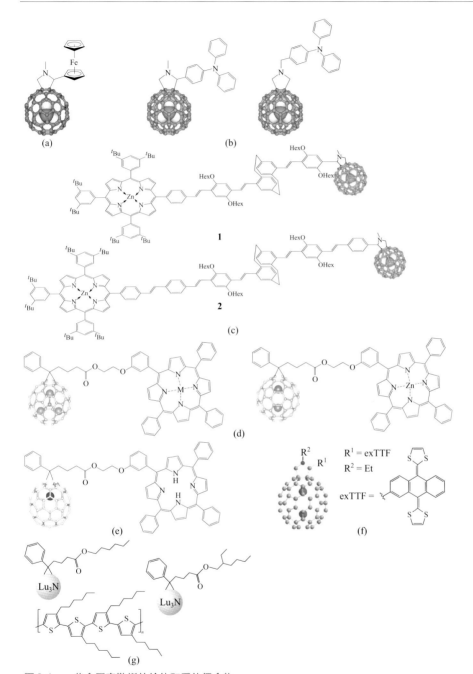

图6.1 一些金属富勒烯的给体和受体偶合物

（a）[5,6]Sc₃N@C₈₀-吡咯烷-二茂铁加成产物；（b）两种[5,6]Sc₃N@C₈₀-吡咯烷-TPA偶合物；（c）两种
[5,6]Sc₃N@C₈₀-吡咯烷-ZnP偶合物；（d）[6,6]Sc₃N@C₈₀-PCBE-ZnP偶合物和[6,6]La₂@C₈₀-PCBE-
ZnP偶合物；（e）La@C₈₂-PCBE-H₂Por偶合物；（f）[5,6]La₂@C₈₀-吡咯烷-exTTF偶合物；（g）[6,6]
Lu₃N@C₈₀-PCBH（左）和[6,6]Lu₃N@C₈₀-PCBEH（右）与聚合物P3HT（下）[2]

有5ps左右，衰减速率很快。在二硫化碳中，这个离子对是稳定的，寿命有128ps左右，在邻二氯苯中寿命有84ps左右[5]。而对结构相似的 C_{60}-吡咯烷-二茂铁的产物，在二硫化碳中电荷分离态的寿命只有46ps左右。另外，金属富勒烯 $Sc_3N@C_{80}$ 的光物理特性还依赖于它和电子给体之间的距离[6,7]。 $Sc_3N@C_{80}$ 的单重激发态和其他的金属富勒烯到它们的三重态的速度比 C_{60} 要快两倍左右，这个可能是由于"重金属原子效应"。用金属富勒烯 $Sc_3N@C_{80}$ 或者 $Y_3N@C_{80}$ 合成的连接着四硫富瓦烯、钛菁或二茂铁的电子给受体偶合物也有类似的特性[8]。

在 $Sc_3N@C_{80}$ 和锌卟啉（ZnP）通过一个长链连接的体系中，人们研究了其长程电荷转移过程。与单独的ZnP比较而言，用420nm的光激发，偶合体中ZnP卟啉的荧光明显的猝灭。特别是在极性溶剂中，ZnP单重激发态的荧光寿命从自由ZnP的2.1ns衰减到了偶合物中的0.5ns和1.6ns（在短链和长链对应的偶合物）。瞬态吸收光谱证明了 $(Sc_3N@C_{80})^{\cdot-}$-$(ZnP)^{\cdot+}$ 的电荷分离态，当二者距离为33Å的时候其寿命有1.0μs，46Å的时候有1.2μs。

另外， $Sc_3N@C_{80}$ 和 $Lu_3N@C_{80}$ 连接TPP和ZnP等光敏基团时会高效地猝灭双卟啉的荧光，瞬态吸收光谱的研究表明，猝灭的原因是分子内电荷转移形成了氮化物金属富勒烯和双卟啉的离子态[9]。把 $Sc_3N@C_{80}$ 和环锌的双卟啉用一个柔性的键连接在芳香的基团上[10]，复合体系中锌卟啉的部分荧光被猝灭，也归因于光激发的电子转移，可以通过紫外可见光谱和荧光光谱确定 $Sc_3N@C_{80}$-双卟啉化合物的键合常数。

在 $Lu_3N@C_{80}$-PCBE化合物基础上连接一个吸收光的物质PDI，其光物理特性也会发生变化。在530nm的光激发下，PDI的单重激发态迅速衰减，直接到一个PDI的自由基离子态，瞬态吸收光谱则能观测到 $Lu_3N@C_{80}^+$ 离子态的近红外吸收[11]。 $(Lu_3N@C_{80})^{\cdot+}$-PCBE-$(PDI)^{\cdot-}$ 的寿命在甲苯中是120ps，在极性溶剂中时间更短。当用387nm的光激发时，只能观测到基于 $Lu_3N@C_{80}$ 的三重态。 $Sc_3N@C_{80}$-I_h 分子还具有反向电子转移能力。ZnPc-$Sc_3N@C_{80}$ 的光激发电子转移过程显示出体系的电子转移二分法，就是 $Sc_3N@C_{80}$ 既可以作为电子受体，又可以作为电子给体[12]。

值得注意的是，溶剂的极性也影响金属富勒烯体系的光激发电子转移的动力学性质和激发态的寿命。例如金属富勒烯 $Ce_2@C_{80}$-I_h 修饰ZnP或者是PCBM类似物等形成给受体系[13]，如图6.2所示，在 $Ce_2@C_{80}$-PCBE-ZnP的偶合物中，极性（DMF和苯腈）和非极性（甲苯和四氢呋喃）溶剂中ZnP的荧光被高效的猝灭，说明有电荷或者能量的转移。在极性和非极性溶液中的瞬态吸收光谱的变化则不一致，在非极性溶剂中，单重激发态 $Ce_2@C_{80}$-PCBE-^{1*}(ZnP)进一步变化到 $(Ce_2@C_{80})^{\cdot-}$-PCBE-$(ZnP)^{\cdot+}$ 离子对，而在极性溶剂中电荷转移的方向是相反的，形成

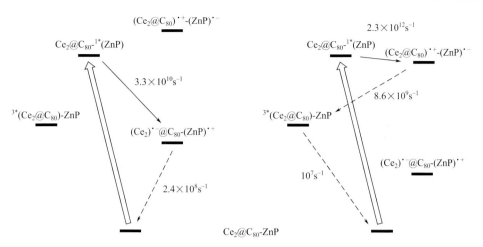

图6.2 Ce$_2$@C$_{80}$-PCBE-ZnP偶合物在非极性溶剂（左，甲苯和四氢呋喃）和极性溶剂（右，苯腈和DMF）中387nm光激发下的路径分析[2]

(Ce$_2$@C$_{80}$)$^{\cdot+}$-PCBE-(ZnP)$^{\cdot-}$，然后快速地重构成三重态 ^{3}*(Ce$_2$@C$_{80}$)-PCBE-ZnP。类似的有溶剂依赖效应的金属富勒烯偶合物对还有La$_2$@C$_{80}$-PCBE-ZnP[14]。而光激发产生的电荷分离态(Sc$_3$N@C$_{80}$)$^{\cdot-}$-PCBE-(ZnP)$^+$是不受溶剂极性影响的，这个现象也出现在[5,6]位加成的La$_2$@C$_{80}$-吡咯烷-TCAQ体系中[15]。光激发该偶合物产生 (La$_2$@C$_{80}$)$^+$-吡咯烷-TCAQ$^-$的离子对，在极性或是非极性溶剂中寿命在80ps到230ps，然后电荷重构形成三重态的La$_2$@C$_{80}$。

相同的外接修饰基团连接到不同的金属富勒烯上面则体现出不同的光激发动力学性质。La$_2$@C$_{80}$-吡咯烷-exTTF偶合物的光物理性质表明[16]，387nm 光激发下，在四氢呋喃和甲苯的溶液中La$_2$@C$_{80}$和exTTF都被激发到单重态，然后快速衰减到一个纳秒寿命的电荷分离态(La$_2$@C$_{80}$)$^{\cdot-}$-吡咯烷-(exTTF)$^{\cdot+}$。类似地，用387nm的光激发后，La@C$_{82}$和exTTF的偶合物也达到激发态，经过几皮秒，形成自由基离子对 (La@C$_{82}$)$^{\cdot-}$-吡咯烷-(exTTF)$^{\cdot+}$。在四氢呋喃的溶液中，这个离子对体系的电荷重构寿命是很长的，大概2.4ns。

对于La@C$_{82}$-PCBE-TPP的共价偶合物，La@C$_{82}$的第一激发双重态的能量是0.88eV，比估算的离子对的能量要低很多。在这个分子中，能量转移是主要的机理，能够高效地猝灭TPP的荧光，表明激发态的TPP和金属富勒烯之间存在强烈的相互作用[17]。用ZnP和富勒烯 C$_{60}$、La$_2$@C$_{80}$、La@C$_{82}$ 通过吡咯烷连接形成不同的加成产物，瞬态吸收光谱可以观测到，在420nm的光激发下三种化合物都存在一个电子转移的过程，产生 (ZnP)$^{\cdot+}$和富勒烯的负离子自由基，最快的电荷分离过程是在La@C$_{82}$体系中，离子对最长的寿命则是在La$_2$@C$_{80}$体系中。

可见光激发电子动力学过程与金属富勒烯的结构息息相关。对于Sc$_2$C$_2$@C$_{82}$-C_s、Sc$_2$C$_2$@C$_{82}$-C_{2v}和Sc$_2$C$_2$@C$_{82}$-C_{3v}这三种异构体[18]，通过超快瞬态吸收的方式研究了分子三重态的寿命。在超快飞秒光谱测试中，激发光的中心波长是530nm，这个波长的光正适合把内嵌Sc系列的金属富勒烯的电子从基态激发到激发态。探测结果发现C_s和C_{3v}存在相似的动力学特性，但是C_{2v}的明显不同。对于C_s和C_{3v}结构，首先有一个超快的瞬态信号，然后是一个双指数的衰减。C_{2v}的三个弛豫时间变长。这是因为电子的转移需要跨过一个很高的势垒，对于C_{2v}来说激发态的电子从碳笼转移到内嵌团簇上更加容易。所以，激发态电子的自旋-轨道耦合在Sc$_2$C$_2$@C$_{82}$-C_{2v}中增加了，因此得到一个长寿命的激发态电子态。可以看到通过改变碳笼点群的对称性，可以获得一个长激发态寿命的电子。尤其是C_{2v}结构的富勒烯轨道之间的能量差很小，这表明分子有相对低稳定性的单重基态和高稳定性的三重激发态。当两种不同的有机基团（例如电子受体和电子给体）修饰到金属富勒烯的碳笼上之后，可见光激发的电子动力学性质发生变化。一个例子就是基于Sc$_2$C$_2$@C$_{82}$-C_{3v}，合成了Sc$_2$C$_2$@C$_{82}$-C_{3v}-TCAQ（7,7,8,8-四氰基对苯二醌二甲烷，TCAQ，修饰电子受体）和Sc$_2$C$_2$@C$_{82}$-C_{3v}-DDPA（吩嗪，DDPA，修饰电子给体），结果表明连接了电子受体的Sc$_2$C$_2$@C$_{82}$-C_{3v}-TCAQ和Sc$_2$C$_2$@C$_{82}$-C_{3v}本体的瞬态吸收性质基本是一致的，都存在一个双指数的相似弛豫时间的动力学过程。而连接了电子给体的Sc$_2$C$_2$@C$_{82}$-C_{3v}-DDPA与本体Sc$_2$C$_2$@C$_{82}$-C_{3v}相比，瞬态吸收的电子动力学过程有明显的差异，动力学的弛豫过程可以归结为一个超过三指数的弛豫。这表明，修饰电子给体的化合物Sc$_2$C$_2$@C$_{82}$-C_{3v}-DDPA的三重态的弛豫过程是很缓慢的。通过改变金属富勒烯的碳笼对称性或者是在笼外修饰不同的基团可以调控其激发态寿命，得到长寿命的三重态，这为金属富勒烯给受体系的研究以及长寿命激发态物质在物理化学反应中的应用奠定了坚实的基础。

6.2
金属富勒烯在不同介质中的电子特性

从以上的主客体体系中可以看出金属富勒烯具有丰富的光电过程。除此之外，人们也研究了金属富勒烯在不同介质中的光物理性质。例如，金属富勒烯独特的碳笼、内嵌的结构以及优异的能级特性，使其具有特殊的非线性光学性质。在 CS_2 溶液中，$Dy@C_{82}$ 的三阶非线性光学性质表明，在532nm处其二级极化率远高于空心富勒烯[19]。$Dy@C_{82}$ 极大的非线性光学响应可能是由共振增强和内嵌镝原子向 C_{82} 笼的电子转移共同作用的。同样，在 $Er_2@C_{82}(III)$ 的光物理性质研究中也发现了类似的现象[20]。这些研究结果发现，金属富勒烯的非线性响应比空心富勒烯的非线性响应高2～3个数量级，并且不同的内嵌团簇向碳笼转移的电子不同也会影响非线性光学性质。800nm光激发的不同脉冲持续时间下的 $Gd_2@C_{80}$ 瞬态吸收光谱表明，光谱的实质依赖性和非线性光学系数，需要结合双光子和激发态吸收的理论模型共同进行解释[21]。

人们通过光学克尔效应技术研究 $Dy@C_{82}(I)$、$Dy_2@C_{82}(I)$ 和 $Er_2@C_{92}(IV)$ 的非线性光学响应[22]，结果发现，含单金属分子的 $Dy@C_{82}$ 的第二极化率高于空心 C_{82}，而内嵌两个金属原子将降低第二极化率。理论研究发现，$M@C_{82}$（M=Sc，Y，La）的三阶非线性光学极化率和两光子吸收截面会随着金属尺寸的增加而增加（即由Sc到Y至La）[23]。$M@C_{82}$（M=Gd，Ce，La和Y）分子在二甲基甲酰胺溶液中的光学特性伴有拉曼散射增强的可见范围的发光[24]。

另外，在二甲苯溶液中用633nm光激发时，$Y_3N@C_{80}$ 呈现出以710nm为中心的荧光峰，该峰归属于具有240ns激发态寿命的LUMO→HOMO转变，这种长寿命的单激发态是比较少见的（与 $Sc_3N@C_{80}$ 和 $Lu_3N@C_{80}$ 中48ps的寿命以及 $Sc_3N@C_{80}$ 中109ns的三重态寿命相比）[25,26]。使用共聚焦光致发光显微镜研究旋涂在不同透明表面上的单个 $Y_3N@C_{80}$ 分子的发光特性发现，$Y_3N@C_{80}$ 的光物理性质明显取决于基底，使用聚甲基丙烯酸甲酯可获得最好的实验结果。在635nm处 $Y_3N@C_{80}$ 的量子产率小于0.05。然而，当 $Y_3N@C_{80}$ 分子与金纳米颗粒偶联时，如图6.3所示，光致发光效率被等离子体增强了2个数量级[27]。

金属富勒烯及其衍生物表现出了多种光电性质，在光电器件中也有较多的应用。下面将简要介绍几种应用的例子[28～32]。

$Dy@C_{82}$ 在光激发电子转移过程中与空心富勒烯有明显的差异。当把 $Dy@C_{82}$ 和P3HT共混的时候，成膜性很好，研究结果发现P3HT-$Dy@C_{82}$ 层光电化学器件在负极的光电流方面有显著提高，量子产率约为3.88%，揭示了P3HT和 $Dy@C_{82}$ 之间的光激发电子转移过程[30]。另外，通过液-液界面沉积方式用对二甲苯溶解 $Sc_3N@C_{80}$ 然后再形成一种微孔的六边形单晶 $Sc_3N@C_{80}$ 纳米棒[31]，通过电化学手

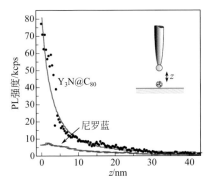

图6.3　$Y_3N@C_{80}$分子与金纳米颗粒作用时，$Y_3N@C_{80}$光致发光效率随二者距离的变化趋势图[27]

段将$Sc_3N@C_{80}$单晶纳米棒沉积到ITO玻璃上，研究表明$Sc_3N@C_{80}$纳米棒在ITO玻璃上有很高的光电响应。

　　光电化学器件在近年来开始着眼于能量转换过程。电极电势的改变、电极的电流、激发的电极系统都影响光电化学的性质。它提供了一种高效的能量转换路线，光电化学对于电子产品和光电技术的研究有重要的意义。内嵌金属富勒烯兼具富勒烯和金属（尤其是富4f电子的稀土金属）的共同特性，其还原电势明显高于空心富勒烯，理论上可以弥补富勒烯衍生物作为电子受体时与给体之间分子轨道能量不匹配的问题，从而进一步提高有机光伏器件的光电转换效率。金属富勒烯及其衍生物高的电子亲和力和低的重构能在电子转移和能量转换过程中有重要的作用。有些研究选用能够捕捉光子并转换成激发态的天线分子，利用分子激发态能够将电子传输给受体部分（金属富勒烯可以充当良好的电子受体材料），控制激发态寿命足够长以保证电子有效传输的过程，然后去构筑光电传输体系，进而实现高效的电子转移和能量转换。

　　在有机太阳能电池中，相对较高的LUMO能级意味着较高的开路电压V_{oc}，而且可以大大减少光致电子传输的能量损失，从而提高光电转换效率。$Lu_3N@C_{80}$的甲醇衍生物可以作为一个好的电子受体材料用于聚合物太阳能电池中。实验结果表明，$Lu_3N@C_{80}$-PCBH有很大的开路电压（890mV），比相同条件下C_{60}-PCBM的值高出了260mV左右。$Lu_3N@C_{80}$-PCBH作为一个新的电子受体，能量转换效率可以达到4%以上。与C_{60}-PCBM相比的优越性使它能更好地占据LUMO轨道，从吸收的光子中捕获更多的能量[32]。

6.3
金属富勒烯的主客体体系

金属富勒烯具有球形的分子形状，是主客体化学中一类独特的客体分子。金属富勒烯多与芳香性主体分子形成稳定的复合体，二者之间也可以建立电子给受体系。能与金属富勒烯形成主客体的主体包括：碳纳米管、氮杂醚、硫杂冠醚、笼状分子、环苯撑、MOF孔道等，这些主体丰富了金属富勒烯的物理化学性质，拓展了金属富勒烯的应用范围，可应用于分离、自旋调控、分子器件等。

苯胺、N,N-二甲基甲酰胺（DMF）、吡啶等可以从富勒烯炭灰中提取金属富勒烯，这是由于溶剂中氮原子对金属富勒烯有特殊的亲和力。实验结果表明，氮杂冠醚能够与金属富勒烯形成稳定配合物，并且由于金属富勒烯的还原电位低，氮杂冠醚金属富勒烯配合物还伴随着电子转移[33]。

金属富勒烯的还原电位要比空心富勒烯低。已有研究报道了硫掺杂的C_{60}薄膜导电性以及C_{60}和S_8^3共晶化合物原子的电荷分布，硫与C_{60}之间有弱的电荷转移。不饱和的硫杂冠醚的硫有选择性的朝向里面的环，这样有利于形成包合物。通过对比15环、18环、21环、24环的不饱和硫杂冠醚对$La@C_{82}$的配位作用，结果表明尺寸对配位作用有重要影响，如图6.4所示，其中21环的不饱和硫杂冠醚与$La@C_{82}$复合的尺寸最适合[34]。

碳纳米管也是富勒烯和金属富勒烯的优良主体，能形成所谓的豌豆荚结构。

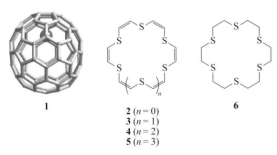

1

2 ($n = 0$)
3 ($n = 1$)
4 ($n = 2$)
5 ($n = 3$)

6

图6.4 $La@C_{82}$分子和硫杂冠醚的结构图[34]

豌豆荚的制备是通过将富勒烯嵌入到单壁碳纳米管（SWCNT，平均直径大约是1.4nm）的管道中。对于自旋活性的内嵌富勒烯$N@C_{60}$和金属富勒烯而言，这些分子可以通过填充到单壁碳纳米管中来实现自旋的调控以及量子计算，主客体结构可以获得长电子自旋相干时间和强度可控的自旋相互作用，因此具有重要的科学意义。已有研究将$N@C_{60}$、$Gd@C_{82}$、$Y@C_{82}$、$Sc@C_{82}$、$Dy@C_{82}$、$La@C_{82}$成功地嵌入到碳纳米管中，这些材料有潜力成为未来量子计算机的重要组成部分。以$La@C_{82}$为例，$La@C_{82}$的电子结构式可以写成$La^{3+}@C_{82}^{3-}$，La转移三个电子给碳笼，因此La的$S=0$，而碳笼则为$S=1/2$。由于^{139}La的核量子数为$I=7/2$，因此它与碳笼的单电子有耦合作用，将$La@C_{82}$嵌入到SWCNT中（通常是在没有Pt、Rh、Re作为催化剂的条件下激光溅射而得到），可以获得新的电子自旋特性[35]。

通过主客体化学还可以实现自旋活性金属富勒烯的有序排列，能够有效地设计铁磁自旋耦合，因此需要设计超分子自旋耦合体系。铜卟啉［cyclodimeric copper (Ⅱ) porphyrin cyclo-[PCu]$_2$］可以和$La@C_{82}$形成具有铁磁耦合的开口主客体复合物（cyclo-[PCu]$_2$⊃$La@C_{82}$），该类型铜卟啉带有含烯烃端的烷基侧链，通过分子内闭环烯烃复分解反应，可以转化为闭口笼状物（cage-[PCu]$_2$⊃$La@C_{82}$）。在开口主客体复合物（cyclo-[PCu]$_2$⊃$La@C_{82}$）中，主体分子与$La@C_{82}$铁磁耦合，但是当构型改变之后，在闭口笼状物（cage-[PCu]$_2$⊃$La@C_{82}$）中，主体分子与$La@C_{82}$则变成亚铁磁耦合。这种"可转换"的分子设计为研究主客体自旋耦合提供了新的思路[36]。

金属富勒烯是一类在富勒烯碳笼内嵌金属的物质，金属富勒烯独特的性质使它与空心的富勒烯有很大的差异，比空心富勒烯有更广泛的应用前景。但由于金属富勒烯分离提纯过程复杂烦琐，严重限制了金属富勒烯的发展。现有的色谱分离技术存在低效、大量消耗溶剂、不能批量分离金属富勒烯等因素，所以发展非色谱法批量分离金属富勒烯是非常有必要的。用非色谱法从初始溶液中提取金属富勒烯，可以通过金属富勒烯和环对苯撑配位来实现。[11]环对苯撑（[11]CPP）对$M_x@C_{82}$有很强的亲和力，所以可以利用这种亲和力来实现选择分离金属富勒烯。例如，通过不断滴加[11]环对苯撑，可以将$Gd@C_{82}$有选择性地从富勒烯混合物中提取出来；通过紫外滴定、核磁等手段可以判断金属富勒烯和[11]环对苯撑是否配位；同时，它们两者的结合能力K_a可以通过荧光猝灭的方法来判断。值得注意的是，[11]环对苯撑对含C_{82}碳笼的金属富勒烯的配位作用与碳笼内的金属种类和金属个数无关[37]。

在溶液状态下和固体状态下，[11]CPP也能选择性地包裹$La@C_{82}$，从而形成

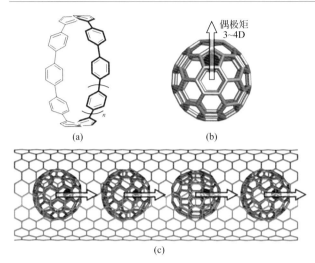

图6.5 （a）CPP的结构图；（b）La@C$_{82}$分子结构图；（c）La@C$_{82}$分子在碳纳米管中的示意图[38]

1D=3.336×10^{-30}C·m

最短的富勒烯豌豆荚La@C$_{82}$⊂[11]CPP，如图6.5所示。溶剂对配位作用的影响非常大，在极性溶剂硝基苯中的配位作用要比在非极性溶剂邻二氯苯中强16倍。La@C$_{82}$⊂[11]CPP配合物的还原电位比La@C$_{82}$的还原电位要更负，并且随着溶剂极性的增强，这种趋势更加明显。这是因为形成La@C$_{82}^{\delta-}$⊂[11]CPP$^{\delta+}$极性配合物，两者之间存在部分电荷转移。单晶X射线衍射结果表明，镧原子在[11]CPP的边缘，La@C$_{82}$的偶极垂直于CPP轴[38]。

金属-有机框架化合物（MOF）是一种重要的多孔材料，由于它的框架是有机分子，孔道尺寸可调，因此成为金属富勒烯的优良载体，是金属富勒烯分子的"固态溶剂"。第一例MOF与金属富勒烯的复合是将Y$_2$@C$_{79}$N顺磁性分子填充到MOF-177晶体的孔笼中，获得了金属富勒烯分子均匀分散的固态顺磁体系。ESR研究结果和理论计算表明，孔笼内的Y$_2$@C$_{79}$N分子与MOF-177有机框架之间存在强的π-π相互作用，在碳笼上氮原子的诱导下，Y$_2$@C$_{79}$N分子在孔笼内有定向排列的趋势。进一步地，通过转角EPR测试研究了金属富勒烯Y$_2$@C$_{79}$N与MOF-177复合单晶的磁各向异性。结果表明，在253K以下Y$_2$@C$_{79}$N的EPR信号随着晶体的旋转发生变化，显示出Y$_2$@C$_{79}$N分子取向排列导致的磁各向异性。鉴于此，可以利用Sc$_3$C$_2$@C$_{80}$作为分子探针来探测其与MOF孔道的相互作用，如图6.6所示。EPR结果表明Sc$_3$C$_2$@C$_{80}$在MOF-177孔笼内部运动受限，自旋-核的超精细耦合常数各向异性，反映出二者的强主客体作用。基于这种强

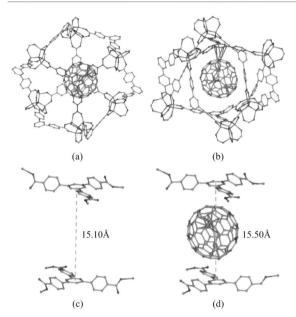

(a)   (b)

15.10Å   15.50Å

(c)   (d)

图6.6 （a）、（b）$Sc_3C_2@C_{80}$在MOF-177孔笼内的理论计算图；（c）理论计算的空白MOF-177孔笼；（d）理论计算的$Sc_3C_2@C_{80}$与MOF-177复合物的结构图[41]

相互作用，$Sc_3C_2@C_{80}$还可以灵敏感应MOF-177孔笼的微弱变化，比如MOF-177的热胀冷缩以及在负压下孔笼的扩张，$Sc_3C_2@C_{80}$分子的EPR信号都可以进行灵敏感应[39～41]。

6.4

小 结

本章主要介绍了金属富勒烯的给受体分子体系以及主客体体系等，这些研究考察了金属富勒烯复合体系中的光学、电子、磁学等性质，进一步拓展了金属富勒烯的功能，这对于调控光物理过程、设计光学器件、开发光电转化应用具有重要的价值。研究给受体分子可以开发基于金属富勒烯的新型有机半导体材料、有机太阳能电池的受体材料、非线性光学材料等。主客体复合体系则可使金属富勒烯应用于分离、自旋调控、分子器件等方面。

参考文献

[1] Meyer T J. Chemical approaches to artificial photosynthesis[J]. Accounts of Chemical Research, 1989, 22 (5): 163-170.

[2] Popov A A, Yang S, Dunsch L. Endohedral fullerenes[J]. Chemical Reviews, 2013, 113 (8): 5989-6113.

[3] Wasielewski M R. Photoinduced electron transfer in supramolecular systems for artificial photosynthesis[J]. Chemical Reviews, 1992, 92 (3): 435-461.

[4] Fujitsuka M, Ito O, Kobayashi K, et al. Transient spectroscopic properties of endohedral metallofullerenes, La@C_{82} and La$_2$@C_{80}[J]. Chemistry Letters, 2000, 29 (8): 902-903.

[5] Pinzon J R, Plonska-Brzezinska M E, Cardona C M, et al. Sc$_3$N@C_{80}-ferrocene electron-donor/acceptor conjugates as promising materials for photovoltaic applications[J]. Angewandte Chemie International Edition, 2008, 47 (22): 4173-4176.

[6] Pinzon J R, Gasca D C, Sankaranarayanan S G, et al. Photoinduced charge transfer and electrochemical properties of triphenylamine I_h-Sc$_3$N@C_{80} donor-acceptor conjugates[J]. Journal of the American Chemical Society, 2009, 131 (22): 7727-7734.

[7] Wolfrum S, Pinzon J R, Molina-Ontoria A, et al. Utilization of Sc$_3$N@C_{80} in long-range charge transfer reactions[J]. Chemical Communications, 2011, 47 (8): 2270-2272.

[8] Pinzon J R, Cardona C M, Herranz M A, et al. Metal nitride cluster fullerene M$_3$N@C_{80} (M=Y, Sc) based dyads: synthesis, and electrochemical, theoretical and photophysical studies[J]. Chemistry—A European Journal, 2009, 15 (4): 864-877.

[9] Grimm B, Schornbaum J, Cardona C M, et al. Enhanced binding strengths of acyclic porphyrin hosts with endohedral metallofullerenes[J]. Chemical Science, 2011, 2 (8): 1530-1537.

[10] Hernandez-Eguia L P, Escudero-Adan E C, Pinzon J R, et al. Complexation of Sc$_3$N@C_{80} endohedral fullerene with cyclic Zn-bisporphyrins: solid state and solution studies[J]. Journal of Organic Chemistry, 2011, 76 (9): 3258-3265.

[11] Feng L, Rudolf M, Wolfrum S, et al. A paradigmatic change: linking fullerenes to electron acceptors[J]. Journal of the American Chemical Society, 2012, 134 (29): 12190-12197.

[12] Trukhina O, Rudolf M, Bottari G, et al. Bidirectional electron transfer capability in phthalocyanine-Sc$_3$N@I_h-C$_{80}$ complexes[J]. Journal of the American Chemical Society, 2015, 137 (40): 12914-12922.

[13] Guldi D M, Feng L, Radhakrishnan S G, et al. A molecular Ce$_2$@I_h-C$_{80}$ switch-unprecedented oxidative pathway in photoinduced charge transfer reactivity[J]. Journal of the American Chemical Society, 2010, 132 (26): 9078-9086.

[14] Sanchez L, Perez I, Martin N, et al. Controlling short- and long-range electron transfer processes in molecular dyads and triads[J]. Chemistry—A. European Journal, 2003, 9 (11): 2457-2468.

[15] Takano Y, Obuchi S, Mizorogi N, et al. An

endohedral metallofullerene as a pure electron donor: intramolecular electron transfer in donor-acceptor conjugates of $La_2@C_{80}$ and 11,11,12,12-tetracyano-9,10-anthra-p-quinodimethane (TCAQ)[J]. Journal of the American Chemical Society, 2012, 134 (47): 19401-19408.

[16] Takano Y, Herranz M A, Martin N, et al. Donor-acceptor conjugates of lanthanum endohedral metallofullerene and π-extended tetrathiafulvalene[J]. Journal of the American Chemical Society, 2010, 132 (23): 8048-8055.

[17] Feng L, Slanina Z, Sato S, et al. Covalently linked porphyrin-$La@C_{82}$ hybrids: structural elucidation and investigation of intramolecular interactions[J]. Angewandte Chemie International Edition, 2011, 50 (26): 5909-5912.

[18] Wu B, Wang T, Feng Y, et al. Molecular magnetic switch for a metallofullerene[J]. Nature Communications, 2015, 6: 6468.

[19] Gu G, Huang H, Yang S, et al. The third-order non-linear optical response of the endohedral metallofullerene $Dy@C_{82}$[J]. Chemical Physics Letters, 1998, 289 (1): 167-173.

[20] Heflin J R, Marciu D, Figura C, et al. Enhanced nonlinear optical response of an endohedral metallofullerene through metal-to-cage charge transfer[J]. Applied Physics Letters, 1998, 72 (22): 2788-2790.

[21] Yaglioglu G, Pino R, Dorsinville R, et al. Dispersion and pulse-duration dependence of the nonlinear optical response of Gd_2 at C_{80}[J]. Applied Physics Letters, 2001, 78 (7): 898-900.

[22] Xenogiannopoulou E, Couris S, Koudoumas E, et al. Nonlinear optical response of some isomerically pure higher fullerenes and their corresponding endohedral metallofullerene derivatives: C_{82}-C_{2v}, $Dy@C_{82}$ (Ⅰ), $Dy_2@C_{82}$ (Ⅰ), C_{92}-C_2 and $Er_2@C_{92}$ (Ⅳ)[J]. Chemical Physics Letters, 2004, 394 (1-3): 14-18.

[23] Hu H, Cheng W, Huang S, et al. Size effect of encased atom on absorption and nonlinear optical properties of embedded metallofullerenes $M@C_{82}$ (M =Sc, Y, La)[J]. Journal of Chemical Theory and Computation, 2008, 7 (4): 737-749.

[24] Alidzhanova E K, Yu D L, Letuta S N, et al. Optical properties of nanoplasmon excitations in clusters of endometallofullerenes[J]. Optics and Spectroscopy, 2010, 109 (4): 578-583.

[25] Pinzón J R, Plonska-Brzezinska M E, Cardona C M, et al. $Sc_3N@C_{80}$-ferrocene electron-donor/acceptor conjugates as promising materials for photovoltaic applications[J]. Angewandte Chemie International Edition, 2008, 47(22): 4173-4176.

[26] Grimm B, Schornbaum J, Cardona C M, et al. Enhanced binding strengths of acyclic porphyrin hosts with endohedral metallofullerenes[J]. Chemical Science, 2011, 2 (8): 1530.

[27] Bharadwaj P, Novotny L. Plasmon-enhanced photoemission from a single $Y_3N@C_{80}$ Fullerene[J]. Journal of Physical Chemistry C, 2010, 114 (16): 7444-7447.

[28] Sato S, Nikawa H, Seki S, et al. A co-crystal composed of the paramagnetic endohedral metallofullerene $La@C_{82}$ and a nickel porphyrin with high electron mobility[J]. Angewandte Chemie International Edition, 2012, 51 (7): 1589-1591.

[29] Sato S, Seki S, Honsho Y, et al. Semi-metallic single-component crystal of soluble $La@C_{82}$ derivative with high electron mobility[J]. Journal of the American Chemical Society, 2011, 133 (8): 2766-2771.

[30] Yang S, Fan L, Yang S. Significantly enhanced photocurrent efficiency of a poly(3-hexylthiophene) photoelectrochemical device by doping with the endohedral metallofullerene $Dy@C_{82}$[J]. Chemical Physics Letters, 2004, 388 (4-6): 253-258.

[31] Xu Y, Guo J, Wei T, et al. Micron-sized

hexagonal single-crystalline rods of metal nitride clusterfullerene: preparation, characterization, and photoelectrochemical application[J]. Nanoscale, 2013, 5 (5): 1993-2001.

[32] Ross R B, Cardona C M, Guldi D M, et al. Endohedral fullerenes for organic photovoltaic devices[J]. Nature Materials, 2009, 8 (3): 208-212.

[33] Tsuchiya T, Sato K, Kurihara H, et al. Host-guest complexation of endohedral metallofullerene with azacrown ether and its application.[J]. Journal of the American Chemical Society, 2006, 128(20):6699-703.

[34] Tsuchiya T, Kurihara H, Sato K, et al. Supramolecular complexes of La@C$_{82}$ with unsaturated thiacrown ethers.[J]. Chemical Communications, 2006, 34(34):3585-3587.

[35] Ćirić L, Pierzchala K, Sienkiewicz A, et al. La@C$_{82}$ as a spin-active filling of SWCNTs: ESR study of magnetic and photophysical properties[J]. Physica Status Solidi B, 2008, 245(10):2042-2046.

[36] Hajjaj F, Tashiro K, Nikawa H, et al. Ferromagnetic spin coupling between endohedral metallofullerene La@C$_{82}$ and a cyclodimeric copper porphyrin upon inclusion[J]. Journal

of the American Chemical Society, 2011, 133(24):9290-9292.

[37] Nakanishi Y, Omachi H, Matsuura S,et al. Size-selective complexation and extraction of endohedral metallofullerenes with cycloparaphenylene[J]. Angewandte Chemie International Edition, 2014, 53(12):3102-3106.

[38] Iwamoto T，SlaninaZ，Mizorogi N，Guo J，et al. Partial charge transfer in the shortest possible metallofullerene peapod, La@C$_{82}$⊂[11] cycloparaphenylene. Chemistry—A European Journal ,2014, 20: 14403-14409.

[39] Feng Y, Wang T, Li Y, et al. Steering metallofullerene electron wpin in porous metal-organic framework[J]. Journal of the American Chemical Society, 2015, 137(47):15055-15060.

[40] Zhao C, Meng H, Nie M, et al. Anisotropic paramagnetic properties of metallofullerene confined in metal-organic framework[J]. Journal of Physical Chemistry C, 2018, 122(8)：4635-4640.

[41] Meng H, Zhao C, Li Y, et al. An implanted paramagnetic metallofullerene probe within a metal-organic framework[J]. Nanoscale, 2018，10：3291-3298.

Chapter 7

第 7 章

金属富勒烯的化学反应性

研究金属富勒烯的化学反应性具有重要意义。和空心富勒烯相比，金属富勒烯的化学反应性有较多独特的地方，这主要得因于内嵌团簇对碳笼尺寸的影响以及笼内电子转移对分子能级的影响。金属富勒烯比空心富勒烯种类多得多，其化学反应性也更为复杂和多变，化学性质丰富，具有重要研究价值。首先，对金属富勒烯进行笼外化学修饰是调控分子的溶解能力、光电磁性能和生化功能的关键环节；其次，通过化学反应性研究可以探究金属富勒烯的结构特点、团簇运动以及电子结构；最后，通过化学修饰可以获得更多的分子和材料，为今后的应用提供丰富的物质来源。金属富勒烯的反应包括环加成反应、单键加成反应以及水溶化修饰，下面做详细介绍。

7.1
环加成反应

7.1.1
硅烷基化反应

1995年，Akasaka等发现，La@C_{82}-C_{2v}(9)可以与杂二硅环丙烷发生热反应和光化学[3+2]环加成反应，在碳笼上修饰硅杂五元环的结构[1]。之后，人们又发现多种金属富勒烯可发生此类硅烷基化（disilylation）反应，包括La$_2$@C_{80}、Ce$_2$@C_{80}、Sc$_3$N@C_{80}、Lu$_3$N@C_{80}、Ce$_2$@C_{78}、Sc$_2$C$_2$@C_{82}-C_{3v}(8)等，反应可以在光照或加热的条件下进行，如图7.1所示[2~6]。研究结果显示，单金属和双金属原子内嵌富勒烯具有较高的硅烷基化化学反应性，而团簇内嵌富勒烯如Sc$_3$N@C_{80}、Lu$_3$N@C_{80}和Sc$_2$C$_2$@C_{82}-C_{3v}(8)需要在光照条件下才能发生加成反应，和C_{60}等空心富勒烯一样具有较低的反应活性。这主要源于单金属和双金属原子富勒烯具有较低的LUMO能级，在加热条件下即可发生反应[7]。

单金属内嵌富勒烯La@C_{82}-C_{2v}(9)由于碳笼对称性低，其硅烷基化产物有较多的异构体，反应发生在多个不同碳碳双键上[1]。而La$_2$@C_{80}和Sc$_3$N@C_{80}由于高分子对称性，反应产物异构体较少。比如La$_2$@C_{80}其加成反应仅发生在1,4键上[3]；Sc$_3$N@C_{80}则发生在1,2键和1,4键上，而且1,2异构体在加热条件下会转变为1,4

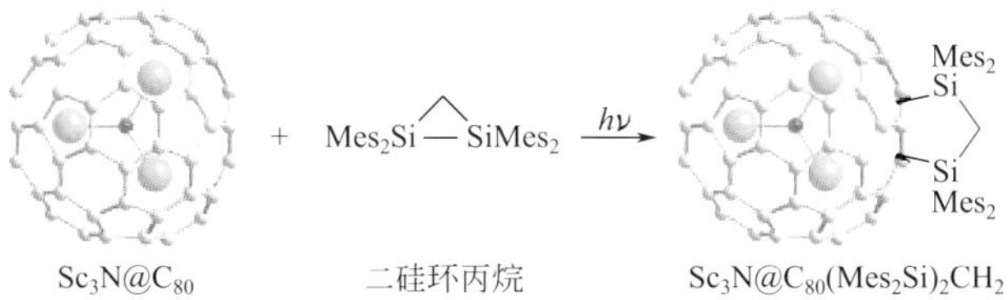

图7.1 Sc₃N@₈₀与二硅环丙烷在光照下的硅烷基化反应

异构体，说明1,4异构体是热力学产物[2]。特别的是，对于$Ce_2@C_{78}$和$La_2@C_{78}$的硅烷基化，二者碳笼具有比C_{80}-I_h更低的对称性，但是二者均产生一个1,4异构体，说明硅烷基化加成具有一定的选择性[5]。

内嵌团簇在调控分子电子结构进而影响分子化学反应活性方面具有重要作用。$Sc_3N@C_{80}$和$La_2@C_{80}$具有不同的硅烷基化反应活性，$Sc_3N@C_{80}$反应活性较低，这是由于$Sc_3N@C_{80}$具有较高的LUMO能级，说明了内嵌团簇对分子的轨道能级和化学反应性的巨大影响。虽然这两个分子具有相同的电子结构，但是由于内嵌金属和碳笼的杂化方式的不同，$La_2@C_{80}$-I_h的LUMO轨道能级较低，易于被亲核试剂进攻发生加成反应。而$Sc_3N@C_{80}$-I_h的LUMO能级高，不易接受电子发生加成反应，其仅在光照和加热的条件下才能发生亲核加成反应。

硅烷基化反应对内嵌团簇的动力学有重要影响。单晶X射线衍射结果表明，在$La_2@C_{80}$和$Sc_3N@C_{80}$的1,4异构体中，La_2金属从原来的三维旋转运动转变为二维运动，Sc_3N团簇则更是被限制在加成基团附近。$La_2@C_{78}$的硅烷基化产物中，La_2的运动也被限制在C_{78}的赤道面上。

7.1.2
1,3-偶极环加成反应

多聚甲醛和甘氨酸在加热条件下生成具有高度反应活性的1,3-偶极子，即甲亚胺叶立德，它与富勒烯和金属富勒烯发生环加成反应，生成具有氮杂五元环结构的吡咯烷衍生物。该反应条件温和，还可以通过改变甘氨酸或醛上的取代基来引进更多官能团，成为金属富勒烯化学修饰的主要反应类型。1993年Prato等最先报道此反应，后来此反应也常被称作Prato反应[8]。2004年起，Prato反应用于金属富勒烯修饰，如对$La@C_{82}$等单金属富勒烯的化学修饰，由于$M@C_{82}$的对称

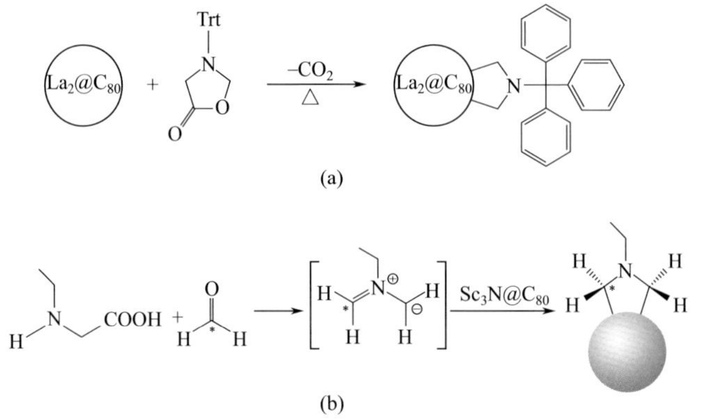

图7.2 （a）La$_2$@$_{80}$与三苯基氮氧杂戊烷的Prato反应；（b）Sc$_3$N@$_{80}$与甲醛和甘氨酸的Prato反应

性较低，常产生多种加成产物[9～11]。

而对于高对称性的Sc$_3$N@C$_{80}$-I_h的Prato反应，加成反应选择性发生在碳笼的[5,6]双键上，如图7.2（b）所示[11]。而Y$_3$N@C$_{80}$的Prato反应，产物都是[6,6]加成产物[12]。通过对比Gd$_x$Sc$_{3-x}$N@C$_{80}$-I_h和Y$_x$Sc$_{3-x}$N@C$_{80}$-I_h等一系列金属富勒烯的Prato反应，实验发现了内嵌金属团簇的大小对加成位点的调控作用，即M$_3$N团簇尺寸越大，越容易加成在[6,6]键上，但是[6,6]异构体是动力学产物，在高温加热时会转变为热力学更稳定的[5,6]异构体[12]。利用^{1}H NMR跟踪Y$_3$N@C$_{80}$的Prato反应产物的异构化过程，发现[6,6]异构体在邻二氯苯中高温回流，逐渐转化为热力学稳定的[5,6]异构体。理论计算也发现，Y$_3$N@C$_{80}$-I_h在1,3-偶极环加成反应中[6,6]加成位点是主要产物，而对于Sc$_3$N@C$_{80}$-I_h分子[5,6]位点却是最主要产物，同时理论计算显示金属原子越大，内嵌团簇与碳笼作用越紧密，[6,6]位加成物就越稳定。

除了用氨基酸和甲醛作前体，三苯基氮氧杂戊烷也可以在加热的条件下脱去CO$_2$生成氮叶立德。La$_2$@C$_{80}$与三苯基氮氧杂戊烷反应后得到两种单加成产物，[5,6]和[6,6]异构体，如图7.2（a）所示[10]。同样，Sc$_3$N@C$_{80}$与三苯基氮氧杂戊烷反应后也得到两种异构体，其中[5,6]加成产物是动力学产物，而[6,6]加成物为热力学稳定产物，在邻二氯苯中回流时动力学产物将转化为热力学稳定产物[11]。

1,3-偶极环加成反应也对内嵌团簇有重要影响。在La$_2$@C$_{80}$的1,3-偶极环加成反应中，当加成反应发生在[6,6]位点时，两个La位于分子的镜面上，原子之间的连线与外接吡咯环成一定夹角。对于$Ce_2@C_{80}$的1,3-偶极环加成反应,也得到了两种异构体,发现对于[6,6]加成产物,两个Ce与La的位置相似,而当加成反应发生在[5,6]位点时,两个Ce与吡咯环则在一条直线上[13]。

7.1.3
Diels-Alder环加成反应

共轭二烯与烯烃之间的加成称为Diels-Alder反应,曾被用于合成多种C_{60}的衍生物,加成位点多位于[6,6]键。2002年,Dorn等用$Sc_3N@C_{80}$和6,7-二甲氧基苯并二氢呋喃通过Diels-Alder环加成反应合成了相应的单加成衍生物,单晶X射线衍射表征结果发现环加成反应发生在碳笼的[5,6]位上,如图7.3(b)所示[14]。$La@C_{82}$与过量环戊二烯可以在室温下发生加成反应,生成单加成产物,但此反应在室温下可逆,如图7.3(a)所示[15]。$M_3N@C_{80}$(M=Sc,Lu)的I_h和D_{5h}异构体具有不同的Diels-Alder反应活性,发现D_{5h}异构体的活性更高,主要得因于D_{5h}异构体的分子能级较低。理论计算结果也能揭示出$M_3N@C_{80}$(M=Sc,Lu,Gd)的

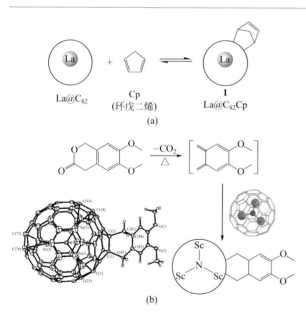

图7.3 (a)$La@C_{82}$与环戊二烯的Diels-Alder反应;(b)$Sc_3N@C_{80}$与6,7-二甲氧基苯并二氢呋喃的Diels-Alder反应

I_h和D_{5h}异构体的Diels-Alder反应活性，得到了D_{5h}异构体的高反应活性[16]。利用这种反应活性的差异，如果用环戊二烯修饰的树脂作反应物，可以发展为非色谱法分离金属富勒烯异构体。

7.1.4
Bingel-Hirsch反应

溴代丙二酸酯在DBU存在下脱氢生成碳负离子，进而与富勒烯或金属富勒烯发生[2+1]反应生成环丙烷加成物，又称为Bingle-Hirsch反应。对于$Y_3N@C_{80}$的Bingle-Hirsch反应，产物是[6,6]位的开环单加成，如图7.4所示[17]。但是相同的条件下$Sc_3N@C_{80}$却不会发生此类反应，说明此类反应对内嵌团簇特别敏感[18]。另一个规律是Bingle-Hirsch反应跟碳笼的相互关系。对于$Gd_3N@C_{2n}$系列以及$Sc_3N@C_{2n}$系列金属富勒烯，研究表明，小碳笼的金属富勒烯反应活性较高，比如$Sc_3N@C_{68}$更容易发生反应得到五加成产物[19,20]。

7.1.5
金属富勒烯与卡宾的加成反应

重氮甲烷是一种非常不稳定的物质，很容易失去N_2成为卡宾进而与缺电子烯烃发生加成反应。重氮金刚烷与$M@C_{82}$（M=Sc，La，Y，Ce，Gd）的反应研究较多，如图7.5所示，反应区域选择性很高，它们反应均得到两种异构体。实验和理论计算结果表明，靠近金属原子的六元环上的碳具有很强的亲核性，极易与卡宾发生反应，使得反应具有高选择性[21～24]。

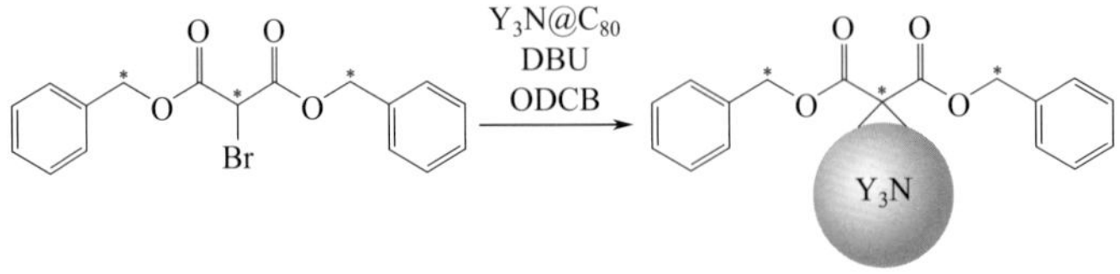

图7.4　$Y_3N@C_{80}$与溴代丙二酸酯在DBU存在下发生的Bingle-Hirsch反应

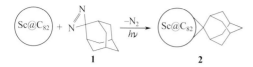

图7.5　Sc@C_{82}与重氮金刚烷发生的加成反应

Sc$_3$C$_2$@C_{80}与重氮金刚烷在光照条件下反应，生成一种[6,6]位开环的单加成产物。当用Sc$_2$C$_2$@C_{82}-C_{3v}与重氮金刚烷反应时，得到了一种[5,6]位开环的单加成产物，而Sc$_2$C$_2$@C_{82}-C_{2v}与重氮金刚烷反应后则生成5种异构体，说明卡宾的加成反应具有一定的选择性[25]。重氮金刚烷与M$_3$N@C_{80}（M=Sc，Lu）和La$_2$@C_{80}反应时，则会同时生成[5,6]位和[6,6]位的加成异构体[26,27]。

La$_2$@C_{72}-D_2具有两对相邻五元环，其与重氮金刚烷反应后会产生六种异构体，但是主产物却选择性发生在相邻五元环的[5,5]位上[28]，且二加成产物中，依然发生在另一对相邻五环上，说明卡宾加成容易发生在曲率较高的地方。对于La$_2$@C_{78}-D_{3h}，其在光照条件下产生四种异构体，加热条件下产生较多的异构体[28]。

7.1.6
碳自由基加成反应

丙二酸二乙酯在乙酸锰催化下产生碳自由基，该类自由基可以与Sc$_3$N@C_{80}和Lu$_3$N@C_{80}反应，生成一个外接环丙烷的单加成产物，且是[6,6]位的开环单加成[29]。苯基溴在光照下产生的碳自由基，也会与Sc$_3$N@C_{80}和Lu$_3$N@C_{80}反应。甲苯或氯苯在光照下会产生一些碳自由基，并与金属富勒烯反应，如Sc$_3$N@C_{80}[30]。

7.2
单键加成反应

单键加成反应是金属富勒烯特有的一类反应。因为有些金属富勒烯是开壳层的，含有一个未成对电子，容易生成单键加成产物，且产物非常稳定。例如La@C$_{82}$的Bingle-Hirsch反应过程中，并未得到环丙烷加成物，而是得到了一种单键加成产物，即加成基团和碳笼之间只有单键相连，如图7.6所示[31]。该反应还可以生成选择性高的二加成产物，并倾向于形成二聚体，在两个La@C$_{82}$本体之间存在弱的共价键[32]。随后的研究表明，TiSc$_2$N@C$_{80}$和TiY$_2$N@C$_{80}$也会生成单键加成产物。单键产物生成的原因在于金属富勒烯La@C$_{82}$和TiSc$_2$N@C$_{80}$具有一个未成对电子，La@C$_{82}$的单电子在碳笼上，TiSc$_2$N@C$_{80}$的单电子在Ti的3d轨道上，碳负离子进攻碳笼形成单键后分子就稳定下来[33,34]。

在用三氯苯提取含La内嵌金属富勒烯时，意外地发现了La@C$_{74}$与氯苯的加成产物。在成功分离得到3种异构体后，用NMR和XRD等手段测定其中两种异构体的结构，发现氯苯基团与碳笼之间以单键相连。这是因为在高温提取的过程中，少量三氯苯分解产生氯苯自由基，并与混合物里的La@C$_{74}$发生反应。需要指出的是，La@C$_{74}$用常规方法无法提取出来，可能是由于分子的溶解性差或者不稳定，但是一旦与自由基反应生成衍生物，溶解性和稳定性都大幅提高。La@C$_{74}$的电子结构是开壳层的，具有自由基特性，非常活泼[35]。随后，利用类似方法，La@C$_{72}$和La@C$_{80}$这两种新型的金属富勒烯也被发现并表征。利用化学反应修饰后进而提取一些难溶金属富勒烯的方法为今后的合成提供了一条新的思路[36]。

甲苯或氯苯在光照下会产生一些碳自由基，并与金属富勒烯反应。比如顺磁性的La@C$_{82}$和Ce@C$_{82}$会与甲苯和二氯苯在光照下发生自由基反应，生成单键加成产物[22,37]。但是抗磁性的Sc$_3$N@C$_{80}$则不会发生此类反应。需要指出的是，La@

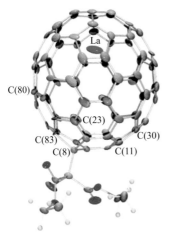

图7.6　La@C$_{82}$在Bingle-Hirsch反应过程中生成的单键加成产物

C_{82}的单键加成产物在一定条件下会发生可逆反应，脱掉加成物变成本体分子。

三氟甲基化也是单键加成反应，只是加成数较多，富勒烯和金属富勒烯都可发生此类反应。对金属富勒烯，三氟甲基化修饰是通过碳自由基反应完成的，反应物是CF_3I或$AgCF_3CO_2$，它们在加热条件下产生自由基。比如开壳层的$Y@C_{82}$[38]，质谱表征表明仅有奇数个三氟甲基修饰上去，而对于闭壳层的$Sc_3N@C_{80}$-I_h，往往得到偶数加成物。另外$Sc_3N@C_{80}$-D_{5h}异构体的反应活性比I_h对称性的较高，加成数可达16个三氟甲基。该类自由基加成反应说明反应性跟分子的电子结构紧密相关[39,40]。

7.3
水溶化修饰

金属富勒烯在核磁共振成像、中子捕获治疗和抑制肿瘤等生物医学领域具有众多重要应用[41～43]。由于碳笼结构的疏水性，金属富勒烯难以被直接用于生物体系，需要对其进行功能化修饰来提高生物相容性。目前，主要是通过羟基、羧基、氨基等亲水官能团对金属富勒烯进行表面修饰以改善其水溶性，从而拓展其在生物医学领域的应用。

羟基化反应被广泛应用于金属富勒烯的水溶化修饰，制备得到的多羟基衍生物具有优异的水溶性和显著的生理活性。钆基金属富勒烯兼具内嵌钆离子的顺磁性和碳笼的稳定性，在核磁共振成像（MRI）造影剂研究中表现出显著的生物安全性优势[41,44,45]。通过多羟基表面修饰，可以合成一系列具有高效MRI造影功能的多羟基衍生物（金属富勒醇）。最早期的多羟基化反应是在氮气保护下，将少量的钾加入钆基金属富勒烯的甲苯提取液中进行加热回流，金属富勒烯在熔化的钾液滴表面被还原而从甲苯溶液中析出，还原产物经水解后得到棕黑色的金属富勒醇水溶液。对钆基金属富勒烯与空心富勒烯的混合物进行钾金属还原反应，合成了$Gd@C_{2n}(OH)_x$和各种空心富勒醇的混合物，其造影增强效率也比商用造影剂（Gd-DTPA）提高了数倍以上[46]。使用发烟硫酸对金属富勒烯进行磺酸化，将多个磺酸根通过环加成反应加成至$Gd@C_{82}$表面，再进行后续的水解反应，能够制备半缩醛结构较少的多羟基金属富勒烯$Gd@C_{82}(OH)_{\sim20}O_{\sim2}$。但是，无论是碱还原还是磺酸化，其反应都较为剧烈，无法调控羟基的加成数量，难以得到固定化学组成的金属富勒醇。

随后的研究发现，金属富勒烯与强碱溶液在相转移催化剂（四丁基氢氧化铵，TBAH）的作用下进行羟基化反应，能够可控合成金属富勒醇[41]。图7.7为相转移催化法合成钆基金属富勒醇的示意图，NaOH水溶液中的OH^-通过两相界面的TBAH转移至金属富勒烯Gd@C_{82}的甲苯溶液中，并且在TBAH的催化作用下将羟基键合至Gd@C_{82}碳笼上。只键合了少量羟基的Gd@C_{82}极性增大，从甲苯中析出并进入下层的NaOH溶液中，继续发生羟基加成反应生成水溶性的Gd@$C_{82}(OH)_x$。控制相转移催化反应时间可以调控羟基的加成数量，从而能够合成含有不同羟基数的金属富勒醇，如Gd@$C_{82}(OH)_{16}$、Gd@$C_{82}(OH)_{27}$和Gd@$C_{82}(OH)_{40}$等[43,47]。通过凝胶色谱对金属富勒醇进行进一步分离纯化，可以得到窄分布的钆基金属富勒醇Gd@$C_{82}(OH)_{22}$，其能够有效抑制恶性肿瘤在小鼠体内的生长[48,49]。富勒醇表面修饰的羟基数量直接影响其理化性质，合成固定羟基数的金属富勒醇对其应用研究具有重要意义。

大部分金属富勒烯都可以通过相转移催化法进行羟基化修饰，从而拓展了金属富勒烯在生物医学领域的应用研究。Kato等合成了一系列单金属富勒烯的水溶性多羟基衍生物M@$C_{82}(OH)_n$（M=La，Ce，Dy，Er），并且研究发现这些多羟基衍生物都具有显著的MRI增强效果[50]。利用相转移催化法将^{165}Ho@C_{82}转化成水溶性的^{165}Ho@$C_{82}(OH)_x$，再通过高强度中子辐射得到具有放射性的^{166}Ho@$C_{82}(OH)_x$。^{166}Ho经过衰变后可以转变成稳定的^{166}Er，具有一定的生物安全性，并且其半衰期适中（26.8h），使得^{166}Ho@$C_{82}(OH)_x$非常适合用于核医学研究[51]。通过相转移催

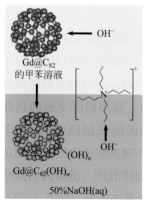

图7.7 相转移催化法合成Gd@$C_{82}(OH)_n$的示意图[41]

化法对金属氮化物富勒烯 $Gd_3N@C_{80}$ 和 $Gd_3N@C_{84}$ 进行羟基衍生化，得到了水溶性的 $Gd_3N@C_{80}O_{11}(OH)_{21}$ 和 $Gd_3N@C_{84}O_6(OH)_{28}$，它们是目前弛豫效率最高的 MRI 造影剂[52]。

　　为了高效、快速合成金属富勒醇，并且避免相转移催化法容易残留催化剂的问题，利用简单的固液反应也可以实现羟基金属富勒烯纳米颗粒的大批量制备。将金属富勒烯 $Gd@C_{82}$ 的固体加入过氧化氢和碱溶液中，在 50℃ 下进行搅拌反应，来源于碱溶液的羟基被键合至 $Gd@C_{82}$ 团簇表面，从而制备得到新结构的水溶性金属富勒烯纳米颗粒 $Gd@C_{82}(O)_{10}(OH)_{16}$[53]。相比于单分散的金属富勒醇，这种羟基纳米颗粒具有更大的粒径，容易被生物体的内皮网络系统捕获而具备特殊的生物效应。该纳米颗粒不仅具有突出的磁共振造影成像功能，并且能够在射频作用下发生体积膨胀，发展成为一种金属富勒烯纳米靶向肿瘤治疗新技术。

　　多羟基金属富勒具有优异的水溶性和生理活性，但是难以对其进行进一步的功能化修饰。相比而言，羧基金属富勒烯可以通过酰胺化反应调控其表面基团、键合靶向分子、药物分子和荧光分子等，从而有望满足多样化应用需求。如图 7.8 所示，利用 Bingel 反应使丙二酸酯与富勒烯的碳碳双键发生环加成，通过质谱可以准确表征金属富勒烯上加成的丙二酸酯分子数量，并且可以使用普通色谱柱色谱分离纯化得到固定组成和结构的加成产物分子。再进行水解反应得到水溶性的多羧基富勒烯衍生物，笼外修饰的羧基就可以作为前驱体进一步功能化。对于 $Gd@C_{82}$，通常是以 1,8-二氮杂二环十一碳-7-烯（DBU）作为催化剂，在其甲苯溶液中进行 Bingel 加成反应生成酯化物 $Gd@C_{82}[C(COOCH_2CH_3)_2]_n$，然后通过碱金属氢化物（NaH 或 KH）催化水解得到羧基衍生物 $Gd@C_{82}[C(COONa)_2]_n$[54]。对于 $Gd@C_{60}$ 这类不溶的金属富勒烯，需要在四氢呋喃中并使用碱金属氰化物催化剂，才能让丙二酸酯直接与 $Gd@C_{60}$ 固体发生 Bingel 反应，其中丙二酸酯的加成数量可以通过质谱表征。利用这种方法，Bolskar 等[44]首次得到了分子组成固定的 $Gd@C_{60}$ 羧基水溶性衍生物 $Gd@C_{60}[C(COOH)_2]_{10}$，并且系统地研究了其 MRI 造影行为[47,55,56]。在放射性的 $^{177}Lu_xLu_{3-x}N@C_{80}$ 碳笼表面修饰羟基和羧基可使其具有良好的水溶性，还能够通过羧基修饰靶向分子，得到靶向脑胶质瘤细胞的多模态分子影像探针[57]。

　　与羧基金属富勒烯类似，氨基修饰的金属富勒烯衍生物也具有良好的生物相容性，同时其表面的氨基也使之适合进一步的功能化修饰。富电子的有机胺类如乙二胺等容易将其电子对转移至缺电子的富勒烯碳笼，与富勒烯的亲核加成反应，从而应用于制备氨基修饰的金属富勒烯衍生物。将金属富勒烯 $Gd@C_{82}$ 的固体与

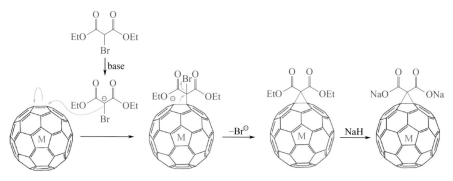

图7.8 通过Bingel反应合成多羧基金属富勒烯衍生物的示意图

乙二胺在室温下进行搅拌反应，多个乙二胺分子被键合至Gd@C$_{82}$团簇上，再使用稀盐酸将反应产物溶解后进行透析纯化和阴离子交换，得到表面带正电荷的水溶性氨基富勒烯纳米颗粒Gd@C$_{82}$-(EDA)$_8$。将金属富勒烯的溶液滴入有机胺中进行反应，还可以制备单分子状态的氨基金属富勒烯衍生物，其相比于纳米颗粒具有更好的水溶性。

为了满足金属富勒烯多样化的应用需求，通常需要在碳笼表面同时引入羟基、羧基或氨基等多种官能团。在对金属富勒烯进行羟基衍生化反应时加入氨基酸，氨基酸会通过氨基与富勒烯碳笼发生亲核加成反应，从而制备得到表面同时修饰了羟基和羧基的金属富勒烯衍生物。向NaOH和β-丙氨酸的水溶液中加入少量乙醇，然后滴加Gd@C$_{82}$的甲苯溶液进行搅拌反应，可以制备得到水溶性良好的Gd@C$_{82}$O$_6$(OH)$_{16}$(NHCH$_2$CH$_2$COOH)$_8$[58]。通过类似的反应，也可以将磺酸基引入Gd@C$_{82}$表面，合成得到同时含有羟基和磺酸基的Gd@C$_{82}$(OH)$_6$(NHCH$_2$CH$_2$SO$_3$H)$_8$[59]。对Bingel反应进行改进后，能够把具有趋骨性的磷酯基直接修饰到Gd@C$_{82}$上，得到在骨疾病诊断中具有潜在靶向性检测功能的Gd@C$_{82}$O$_{-2}$(OH)$_{-16}$[C(PO$_3$Et$_2$)$_2$]$_{-10}$[60]。将Gd$_3$N@C$_{80}$与丁二酸酐过氧化物在加热条件下进行自由基反应，可得到同时含有较多羟基和羧基的Gd$_3$N@C$_{80}$(OH)$_{26}$(CH$_2$CH$_2$COOM)$_{16}$[61]。

将固体Gd@C$_{82}$与过氧化氢和氨水进行一步反应，能得到同时修饰了羟基和氨基的Gd@C$_{82}$O$_{14}$(OH)$_{14}$(NH$_2$)$_6$纳米颗粒。该纳米颗粒同时具备突出的顺磁性和荧光特性，能够作为多功能分子影像探针实现磁/荧光双模态成像[62]。利用该反应合成的Gd$_3$N@C$_{80}$O$_{12}$(OH)$_{10}$(NH$_2$)$_7$(NO$_2$)$_2$，还可以通过酰胺化反应对其进行功能化修饰，从而使其具有生物靶向性[63]。使用固体Gd@C$_{82}$与NaOH和β-丙氨酸的水溶液在加热条件下反应，可以将羟基和丙氨酸修饰至Gd@C$_{82}$的团簇表面，从而得到Gd@C$_{82}$(OH)$_{13}$(NHCH$_2$CH$_2$COOH)$_6$纳米颗粒，该纳米颗粒具有显著的抗肿瘤效应[64, 65]。

　　总之，金属富勒烯的水溶化主要是通过羟基、羧基、氨基等亲水基团对金属富勒烯分子或者其团簇进行表面修饰而实现的。其中，多羟基化反应最为简单，可以通过碱还原、磺酸化、相转移催化法和简单的固液法，制备得到具有一定羟基分布的不同类型金属富勒醇；通过Bingel反应对金属富勒烯进行羧基化修饰，可以精确可控地合成固定的分子组成和分子结构的羧基衍生物，并且适用于进一步的功能化修饰；利用有机胺类与金属富勒烯的亲核加成反应，既可以合成氨基金属富勒烯纳米颗粒，又能制备单分散的氨基金属富勒烯分子；使用多种水溶性基团对金属富勒烯进行表面修饰，能够制备得到同时修饰几种不同基团的水溶性富勒烯衍生物，满足金属富勒烯多样化的应用需求。

7.4
小　结

　　本章主要阐述金属富勒烯的化学反应性，包括多种环加成反应、单加成产物的生成以及水溶化的修饰技术等。一方面，这些化学反应性能反映金属富勒烯的结构特点以及内嵌金属对反应活性的调控；另一方面，通过各种化学修饰人们可以获得非常丰富的材料，进而用于光伏器件、药物等。需要指出的是，本章概述了部分主要的化学反应，还有其他的反应类型没有介绍。今后，仍将有众多的反应性将被发现。基于这些基本类型，还可以修饰多种有机功能团，进而获得更多的金属富勒烯分子材料。

参考文献

[1] Akasaka T, Kato T, Kobayashi K, et al. Exohedral adducts of La@C$_{82}$[J]. Nature, 1995, 374 (6523): 600.

[2] Wakahara T, Iiduka Y, Ikenaga O, et al. Characterization of the bis-silylated endofullerene Sc$_3$N@C$_{80}$[J]. Journal of the American Chemical

Society, 2006, 128 (30): 9919-9925.

[3] Akasaka T, Nagase S, Kobayashi K, et al. Synthesis of the first adducts of the dimetallofullerenes La$_2$@ C$_{80}$ and Sc$_2$@ C$_{84}$ by addition of a disilirane[J]. Angewandte Chemie International Edition, 1995, 34 (19): 2139-2141.

[4] Yamada M, Nakahodo T, Wakahara T, et al. Positional control of encapsulated atoms inside a fullerene cage by exohedral addition[J]. Journal of the American Chemical Society, 2005, 127 (42): 14570-14571.

[5] Yamada M, Wakahara T, Tsuchiya T, et al. Location of the metal atoms in Ce$_2$@C$_{78}$ and its bis-silylated derivative[J]. Chemical Communications, 2008, (5): 558-560.

[6] Sato K, Kako M, Mizorogi N, et al. Bis-silylation of Lu$_3$N@I_h-C$_{80}$: considerable variation in the electronic structures[J]. Organic Letters, 2012, 14 (23): 5908-5911.

[7] Popov A A, Yang S, Dunsch L. Endohedral fullerenes[J]. Chemical Reviews, 2013, 113 (8): 5989-6113.

[8] Prato M, Li Q C, Wudl F, et al. Addition of azides to fullerene C$_{60}$: synthesis of azafulleroids[J]. Journal of the American Chemical Society, 1993, 115 (3): 1148-1150.

[9] Cao B, Wakahara T, Maeda Y, et al. Lanthanum endohedral metallofulleropyrrolidines: synthesis, isolation, and EPR characterization[J]. Chemistry—A European Journal, 2004, 10 (3): 716-720.

[10] Yamada M, Wakahara T, Nakahodo T, et al. Synthesis and structural characterization of endohedral pyrrolidinodimetallofullerene: La$_2$@ C$_{80}$(CH$_2$)$_2$NTrt[J]. Journal of the American Chemical Society, 2006, 128 (5): 1402-1403.

[11] Cardona C M, Kitaygorodskiy A, Ortiz A, et al. The first fulleropyrrolidine derivative of Sc$_3$N@ C$_{80}$: pronounced chemical shift differences of the geminal protons on the pyrrolidine ring[J]. Journal of Organic Chemistry, 2005, 70 (13): 5092-5097.

[12] Aroua S, Yamakoshi Y. Prato reaction of M$_3$N@

I_h-C$_{80}$(M= Sc, Lu, Y, Gd) with reversible isomerization[J]. Journal of the American Chemical Society, 2012, 134 (50): 20242-20245.

[13] Hoinkis M, Yannoni C S, Bethune D S, et al. Multiple species of La@C$_{82}$ and Y@C$_{82}$. Mass spectroscopic and solution EPR studies[J]. Chemical Physics Letters, 1992, 198 (5): 461-465.

[14] Lee H M, Olmstead M M, Iezzi E, et al. Crystallographic characterization and structural analysis of the first organic functionalization product of the endohedral fullerene Sc$_3$N@C$_{80}$[J]. Journal of the American Chemical Society, 2002, 124 (14): 3494-3495.

[15] Maeda Y, Miyashita J, Hasegawa T, et al. Reversible and regioselective reaction of La@C$_{82}$ with cyclopentadiene[J]. Journal of the American Chemical Society, 2005, 127 (35): 12190-12191.

[16] Cai T, Xu L, Anderson M R, et al. Structure and enhanced reactivity rates of the D_{5h} Sc$_3$N@C$_{80}$ and Lu$_3$N@C$_{80}$ metallofullerene isomers: the importance of the pyracylene motif[J]. Journal of the American Chemical Society, 2006, 128 (26): 8581-8589.

[17] Lukoyanova O, Cardona C M, Rivera J, et al. "Open rather than closed" malonate methano-fullerene derivatives. The formation of methanofulleroid adducts of Y$_3$N@C$_{80}$[J]. Journal of the American Chemical Society, 2007, 129 (34): 10423-10430.

[18] Bartl A, Dunsch L, Fröhner J, et al. New electron spin resonance and mass spectrometric studies of metallofullerenes[J]. Chemical Physics Letters, 1994, 229 (1): 115-121.

[19] Cai T, Xu L, Shu C, et al. Synthesis and characterization of a non-IPR fullerene derivative: Sc$_3$N@C$_{68}$[C(COOC$_2$H$_5$)$_2$][J]. Journal of Physical Chemistry C, 2008, 112 (49): 19203-19208.

[20] Chaur M N, Melin F, Athans A J, et al. The influence of cage size on the reactivity of trimetallic nitride metallofullerenes: a mono- and bis-methanoadduct of Gd$_3$N@C$_{80}$ and

a monoadduct of Gd$_3$N@C$_{84}$[J]. Chemical Communications, 2008(23): 2665-2667.

[21] Hachiya M, Nikawa H, Mizorogi N, et al. Exceptional chemical properties of Sc@C_{2v}(9)C$_{82}$ probed with adamantylidene carbene[J]. Journal of the American Chemical Society, 2012, 134 (37): 15550-15555.

[22] Takano Y, Aoyagi M, Yamada M, et al. Anisotropic magnetic behavior of anionic Ce@C$_{82}$ carbene adducts[J]. Journal of the American Chemical Society, 2009, 131 (26): 9340-9346.

[23] Lu X, Nikawa H, Feng L, et al. Location of the yttrium atom in Y@C$_{82}$ and its influence on the reactivity of cage carbons[J]. Journal of the American Chemical Society, 2009, 131 (34): 12066-12067.

[24] Akasaka T, Kono T, Takematsu Y, et al. Does Gd@C$_{82}$ have an anomalous endohedral structure? Synthesis and single crystal X-ray structure of the carbene adduct[J]. Journal of the American Chemical Society, 2008, 130 (39): 12840-12841.

[25] Yamada M, Tanabe Y, Dang JS, et al. D_{2d}(23)-C$_{84}$ versus Sc$_2$C$_2$@D_{2d}(23)-C$_{84}$: impact of endohedral Sc$_2$C$_2$ doping on chemical reactivity in the photolysis of diazirine[J]. Journal of the American Chemical Society, 2016, 138 (50): 16523-16532.

[26] Liu T-X, Wei T, Zhu S E, et al. Azide addition to an endohedral metallofullerene: formation of azafulleroids of Sc$_3$N@I_h-C$_{80}$[J]. Journal of the American Chemical Society, 2012, 134 (29): 11956-11959.

[27] Yamada M, Someya C, Wakahara T, et al. Metal atoms collinear with the spiro carbon of 6, 6-open adducts, M$_2$@C$_{80}$(Ad)(M= La and Ce, Ad= adamantylidene)[J]. Journal of the American Chemical Society, 2008, 130 (4): 1171-1176.

[28] Feng Y, Wang T, Wu J, et al. Electron-spin excitation by implanting hydrogen into metallofullerene: the synthesis and spectroscopic characterization of Sc$_4$C$_2$H@I_h-C$_{80}$[J]. Chemical Communications, 2014, 50 (81): 12166-12168.

[29] Kukolich S G, Huffman D R. EPR spectra of C$_{60}$ anion and cation radicals[J]. Chemical Physics Letters, 1991, 182 (3): 263-265.

[30] Shu C, Cai T, Xu L, et al. Manganese (Ⅲ)-catalyzed free radical reactions on trimetallic nitride endohedral metallofullerenes[J]. Journal of the American Chemical Society, 2007, 129 (50): 15710-15717.

[31] Shu C, Slebodnick C, Xu L, et al. Highly regioselective derivatization of trimetallic nitride templated endohedral metallofullerenes via a facile photochemical reaction[J]. Journal of the American Chemical Society, 2008, 130 (52): 17755-17760.

[32] Feng L, Nakahodo T, Wakahara T, et al. A singly bonded derivative of endohedral metallofullerene: La@C$_{82}$CBr(COOC$_2$H$_5$)$_2$[J]. Journal of the American Chemical Society, 2005, 127 (49): 17136-17137.

[33] Feng L, Slanina Z, Sato S, et al. Covalently linked porphyrin-La@C$_{82}$ hybrids: structural elucidation and investigation of intramolecular interactions[J]. Angewandte Chemie International Edition, 2011, 50 (26): 5909-5912.

[34] Yang S, Chen C, Li X, et al. Bingel-Hirsch monoadducts of TiSc$_2$N@I_h-C$_{80}$ versus Sc$_3$N@I_h-C$_{80}$: reactivity improvement via internal metal atom substitution[J]. Chemical Communications, 2013, 49 (92): 10844-10846.

[35] Wang S, Huang J, Gao C, et al. Singly bonded monoadduct rather than methanofullerene: manipulating the addition pattern of trimetallic nitride clusterfullerene through one endohedral metal atom substitution[J]. Chemistry-A European Journal, 2016, 22 (24): 8309-8315.

[36] Nikawa H, Kikuchi T, Wakahara T, et al. Missing metallofullerene La@C$_{74}$[J]. Journal of the American Chemical Society, 2005, 127 (27): 9684-9685.

[37] Nikawa H, Yamada T, Cao B, et al. Missing metallofullerene with C$_{80}$ cage[J]. Journal of the American Chemical Society, 2009, 131 (31): 10950-10954.

[38] Ma Y, Wang T, Wu J, et al. Electron spin manipulation via encaged cluster: differing anion radicals of $Y_2@C_{82}$-C_s, $Y_2C_2@C_{82}$-C_s, and $Sc_2C_2@C_{82}$-C_s[J]. The Journal of Chemical Physics, 2013, 4 (3): 464-467.

[39] Ivan E Kareev, Sergey F Lebedkin, Vyacheslav P Bubnov, et al. Trifluoromethylated endohedral metallofullerenes: synthesis and characterization of $Y@C_{82}(CF_3)_5$[J]. Angewandte Chemie International Edition, 2005, 44(12): 1846-1849.

[40] Wang T, Wu J, Xu W, et al. Spin divergence induced by exohedral modification: ESR study of $Sc_3C_2@C_{80}$ fulleropyrrolidine[J]. Angewandte Chemie International Edition, 2010, 49 (10): 1786-1789.

[41] Shustova N B, Peryshkov D V, Kuvychko I V, et al. Poly (perfluoroalkylation) of metallic nitride fullerenes reveals addition-pattern guidelines: synthesis and characterization of a family of $Sc_3N@C_{80}$ $(CF_3)_n$(n=2-16) and their radical anions[J]. Journal of the American Chemical Society, 2011, 133 (8): 2672-2690.

[42] Mikawa M, Kato H, Okumura M, et al. Paramagnetic water-soluble metallofullerenes having the highest relaxivity for MRI contrast agents[J]. Bioconjugate Chemistry, 2001, 12 (4): 510-514.

[43] Chen C, Xing G, Wang J, et al. Multihydroxylated $[Gd@C_{82}(OH)_{22}]_n$ nanoparticles: antineoplastic activity of high efficiency and low toxicity[J]. Nano Letters, 2005, 5 (10): 2050-2057.

[44] Erick B I, James C D, Kerra R F, et al. Lutetium-based trimetallic nitride endohedral metallofullerenes: new contrast agents[J]. Nano Letters, 2002, 2 (11): 1187-1190.

[45] Bolskar R D, Benedetto A F, Husebo L O, et al. First soluble $M@C_{60}$ derivatives provide enhanced access to metallofullerenes and permit in vivo evaluation of $Gd@C_{60}[C(COOH)_2]_{10}$ as a MRI contrast agent[J]. Journal of the American Chemical Society, 2003, 125 (18): 5471-5478.

[46] Zhang S, Sun D, Li X, et al. Synthesis and solvent enhanced relaxation property of water-soluble endohedral metallofullerenols[J]. Fullerenes, Nanotubes, and Carbon Nanostructures, 1997, 5 (7): 1635-1643.

[47] Zhang S, Sun D, Li X, et al. Synthesis and solvent enhanced relaxation property of water-soluble endohedral metallofullerenols[J]. Fullerene Science & Technology, 1997, 5 (7): 1635-1643.

[48] Laus S, Sitharaman B, Tóth É, et al. Destroying gadofullerene aggregates by salt addition in aqueous solution of $Gd@C_{60}(OH)_x$ and $Gd@C_{60}[C(COOH)_2]_{10}$[J]. Journal of the American Chemical Society, 2005, 127 (26): 9368-9369.

[49] Kang S G, Zhou G, Yang P, et al. Molecular mechanism of pancreatic tumor metastasis inhibition by $Gd@C_{82}(OH)_{22}$ and its implication for de novo design of nanomedicine[J]. Proceedings of the National Academy of Sciences of the United States of America, 2012, 109 (38): 15431-6.

[50] Liang X J, Meng H, Wang Y, et al. Metallofullerene nanoparticles circumvent tumor resistance to cisplatin by reactivating endocytosis[J]. Proceedings of the National Academy of Sciences of the United States of America, 2010, 107 (16): 7449-54.

[51] Kato H, Kanazawa Y, Okumura M, et al. Lanthanoid endohedral metallofullerenols for MRI contrast agents[J]. Journal of the American Chemical Society, 2003, 125 (14): 4391-4397.

[52] Wilson L J, Cagle D W, Thrash T P, et al. Metallofullerene drug design[J]. Coordination Chemistry Reviews, 1999, 190-192 (5): 199-207.

[53] Zhang J, Ye Y, Chen Y, et al. $Gd_3N@C_{84}(OH)_x$: A new egg-shaped metallofullerene magnetic resonance imaging contrast agent[J]. Journal of the American Chemical Society, 2014, 136 (6): 2630-2636.

[54] Zhen M, Shu C, Li J, et al. A highly efficient and tumor vascular-targeting therapeutic technique with size-expansible gadofullerene nanocrystals[J]. Science China Materials, 2015, 58 (10): 799-810.

[55] He R, Zhao H, Liu J, et al. Synthesis and aggregation studies of bingel-hirsch monoadducts of gadofullerene[J]. Fullerenes Nanotubes & Carbon Nanostructures, 2013, 21 (6): 549-559.

[56] Tóth É, Bolskar R D, Borel A, et al. Water-soluble gadofullerenes: toward high-relaxivity, pH-responsive MRI contrast agents[J]. Journal of the American Chemical Society, 2005, 127 (2): 799-805.

[57] Sitharaman B, Bolskar R D, Rusakova I, et al. $Gd@C_{60}[C(COOH)_2]_{10}$ and $Gd@C_{60}(OH)_x$: nanoscale aggregation studies of two metallofullerene MRI contrast agents in aqueous solution[J]. Nano Letters, 2004, 4 (12): 2373-2378.

[58] Shultz M D, Duchamp J C, Wilson J D, et al. Encapsulation of a radiolabeled cluster inside a fullerene cage, $^{177}Lu_xLu_{3-x}N@C_{80}$: an interleukin-13 conjugated radiolabeled metallofullerene platform[J]. Journal of the American Chemical Society, 2010, 132 (14): 4980-4981.

[59] Shu C Y, Gan L H, Wang C R, et al. Synthesis and characterization of a new water-soluble endohedral metallofullerene for MRI contrast agents[J]. Carbon, 2006, 44 (3): 496-500.

[60] Xing L U, Xu J X, Shi Z J, et al. Studies on the relaxivities of novel MRI contrast agents—two water-soluble derivatives of $Gd@C_{82}$[J]. Chemical Research in Chinese Universities, 2004, 25 (4): 697-700.

[61] Shu C Y, Wang C R, Zhang J F, et al. Organophosphonate functionalized $Gd@C_{82}$ as a magnetic resonance imaging contrast agent[J]. Chemistry of Materials, 2014, 20 (6): 2106-2109.

[62] Shu C, Corwin F D, Zhang J, et al. Facile preparation of a new gadofullerene-based magnetic resonance imaging contrast agent with high ^1H relaxivity[J]. Bioconjugate Chemistry, 2009, 20 (6): 1186.

[63] Zheng J P, Zhen M M, Ge J C, et al. Multifunctional gadofulleride nanoprobe for magnetic resonance imaging/fluorescent dual modality molecular imaging and free radical scavenging[J]. Carbon, 2013, 65 (6): 175-180.

[64] Li T, Murphy S, Kiselev B, et al. A new interleukin-13 amino-coated gadolinium metallofullerene nanoparticle for targeted MRI detection of glioblastoma tumor cells[J]. Journal of the American Chemical Society, 2015.

[65] Zhou Y, Deng R, Zhen M, et al. Amino acid functionalized gadofullerene nanoparticles with superior antitumor activity via destruction of tumor vasculature in vivo[J]. Biomaterials, 2017, 133: 107-118.

NANOMATERIALS

金属富勒烯：从基础到应用

Chapter 8

第 8 章
金属富勒烯磁共振成像造影剂应用

富勒烯和内嵌金属富勒烯由于其独特的结构和化学物理性质，在生物医学领域有非常广泛的应用[1~6]。现有的研究结果表明，富勒烯/金属富勒烯具有磁共振成像[7~21]和肿瘤治疗[3~5, 22~33]、抗氧化活性[6, 34~39]和细胞保护作用[40~48]、光动力治疗[49~60]、抗菌活性[61~63]、药物/基因输运载体[64~66]等多方面的特性和应用。近年来，富勒烯/金属富勒烯产业化迅速发展，基于富勒烯材料的纳米技术大量涌现，极大地促进了富勒烯/金属富勒烯的生物医学应用进程。

　　钆基富勒烯是指碳笼（C_{60}、C_{80}和C_{82}等）内嵌金属钆原子或团簇的一类内嵌金属富勒烯。这些富勒烯不仅保持了内嵌钆的顺磁特性，还保持了碳笼的特性，如比表面积大、稳定、易被多功能化等。这类钆金属富勒烯作为新型的MRI分子影像探针，其弛豫水分子的机理不同于传统的钆基螯合物，是一种间接相互作用，即内嵌的钆原子或钆团簇通过外包碳笼来间接弛豫水分子，作用面积大，效率高；分子间的偶极-偶极相互作用进一步提高了其弛豫效能。更为重要的是，与传统钆基螯合物相比，碳笼的稳定性保护了内嵌团簇，使之免受体内代谢物质的进攻，防止了外泄，从而大大提高了其生物安全性。此外，内嵌钆原子或团簇的碳笼还提供了可进一步多功能化的纳米平台，为疾病早期精准检测和诊疗一体化提供了可能。因此，钆基富勒烯作为新型高效、多模态MRI分子影像探针的研究被广泛关注。本章将详细介绍基于钆基富勒烯最新研究进展，包括$Gd@C_{82}$、$Gd@C_{60}$和$Gd_3N@C_{80}$等。

8.1
单金属钆内嵌富勒烯造影剂

　　在多种影像技术中，磁共振成像（magnetic resonance imaging，MRI）是一种无损和无电离辐射的高分辨影像学检查方法，是诊断肿瘤、指导外科手术最为有效的方法之一。磁共振成像主要利用生物体不同组织在外磁场影响下产生的共振信号不同来成像，信号的强弱取决于组织之间固有特性（质子密度、纵向弛豫时间T_1、横向弛豫时间T_2、体内液体的流速以及弥散系数等）的差异。当病变组织和正常组织具有类似的T_1和T_2值时，正常组织和异常组织之间不能产生明显组织对比度，因此灵敏度较低。然而，组织的固有特性以及共振频率都可以通过药理学方法进行改变。这种通过施用药物实现影像对比度增强的方法称为对比度的外因增强法，为此目的而设计的药物称为对比度外因增强剂，简称对比剂或造影剂。氢核由于磁共振灵敏度高、信号强，因而成为首选的多组织的MRI信号源。MRI造影剂本身不产生信号，通过改变体内局部组织中水质子的弛豫效率，与周围组织形成对比，从而达到造影目的。MRI造影剂为顺磁性或超顺磁性物质，能同氢核发生磁性的相互作用。它们进入人体后，将引起纵向弛豫速率($1/T_1$)和横向弛豫速率($1/T_2$)的改变。在顺磁物质存在下，其抗磁和顺磁贡献具有加和性，即：

$$(1/T_i)_{obsd} = (1/T_i)_d + (1/T_i)_p \quad (i=1, 2) \tag{8.1}$$

式中，$(1/T_i)_{obsd}$为有顺磁性物质存在时观测到的质子弛豫率；$(1/T_i)_d$和$(1/T_i)_p$分别为无顺磁性物质存在时质子的弛豫率和顺磁性物质对质子弛豫率的贡献；$i = 1$，2分别为纵向弛豫和横向弛豫。

在不存在溶质之间相互作用的情况下，溶剂的弛豫速率与所加顺磁物质的浓度（mmol/L）呈线性关系，即：

$$(1/T_i)_{obsd} = (1/T_i)_d + r_i[M] \quad (i=1, 2) \tag{8.2}$$

式中，[M]为造影剂的浓度，mmol/L；r_i为顺磁物质的弛豫效率（relaxivity），L/(mmol·s)。求和是针对溶液中顺磁化合物的种类而言。

目前，常见的MRI造影剂主要分为两类，即T_1造影剂和T_2造影剂。其中T_1造影剂以缩短质子的T_1弛豫时间为主，使磁共振信号增加，可实现T_1加权像的对比增加。T_1造影剂主要采用顺磁类金属离子，如Gd（Ⅲ）和Mn（Ⅱ）。目前临床应用最为广泛的是Gd的金属有机配合物，如1987年由德国Schering公司研制开发的Gd-DTPA（diethylenetriamine pentacetate acid，DTPA）就是一种钆（Gd）与二乙烯三胺五乙酸（DTPA）的螯合物。在众多的MRI造影剂中，Gd-DTPA最为医学界所赏识，它是第一种投入市场的MRI造影剂，也是目前应用最多的MRI造影剂。现今，约40%～50%的磁共振检查需要使用造影剂。目前临床应用的造影剂，主要是小分子钆螯合物，存在着诸多缺点，如非特异性差、体内存留时间短、弛豫效率低等。提高造影剂的组织特异性、增强其弛豫效率、降低总体药量等成为临床应用的内在要求。

钆基富勒烯产量上的提高使其在分子影像探针领域的应用成为可能。图8.1为钆基富勒烯Gd@C$_{82}$的结构示意图。但是，富勒烯碳笼本身的疏水特性阻碍其直接应用，需要在其表面进行修饰，通过引入大量的亲水基团使其具有良好的水溶性和生物相容性。下面将讨论不同的衍生化方法及其引入基团的种类和数量对其

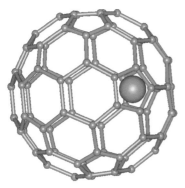

图8.1　钆基富勒烯Gd@C$_{82}$的结构示意图

弛豫性能和在动物体内分布的影响。

多羟基衍生化反应最早应用于钆基富勒烯中。反应得到的一系列Gd@C$_{82}$多羟基衍生物（钆富勒醇），是一类具有高弛豫效率的磁性分子影像探针。1997年，首先合成了Gd@C$_{2n}$(OH)$_x$及各种空心富勒烯多羟基衍生物的混合物，在室温、8.4T磁场条件下测得其纵向弛豫效率（r_1）为47L/(mmol·s)，比临床使用造影剂Gd-DTPA高出10倍以上 [$r_1 \approx 4$L/(mmol·s)]。随后，用相转移催化法合成了Gd@C$_{82}$的多羟基衍生物Gd@C$_{82}$(OH)$_x$，并在20MHz、40℃条件下测得其纵向弛豫效率为20L/(mmol·s)。Mikawa等[7]对Gd富勒醇的弛豫性能进行了更加深入细致地研究。他们合成了Gd@C$_{82}$(OH)$_{40}$，在25℃、三种不同的磁场强度下测定它的弛豫效率，发现在1.0T的磁场强度下弛豫能力最强，纵向弛豫效率高达81L/(mmol·s)，如图8.2所示。

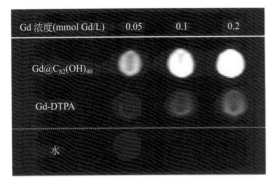

图8.2　Gd@C$_{82}$(OH)$_{40}$和Gd-DTPA在不同浓度下的T_1-加权核磁共振成像对比图

随后，赵宇亮课题组[23]合成了羟基数较少的钆富勒醇Gd@C$_{82}$(OH)$_{16}$，4.7T磁场下纵向弛豫效率为19.3L/(mmol·s)。顾镇南课题组合成了带有20个羟基的钆富勒醇Gd@C$_{82}$(OH)$_{20}$，在1.5T磁场下弛豫效率为42.3L/(mmol·s)。以上研究结果表明，钆富勒醇的弛豫效率和笼外修饰上的羟基数目和磁场强度等因素密切相关。表8.1对比了报道的几种钆富勒醇的弛豫效率。尽管增大外磁场强度会导致r_1降低，但还是可以明显看出r_1随着外接羟基数目的减少而降低。

表8.1　不同Gd@C$_{82}$多羟基衍生物的弛豫效率

造影剂	场强/T	弛豫效率r_1/[L/(mmol·s)]
Gd@C$_{82}$(OH)$_x$	0.47	20
Gd@C$_{82}$(OH)$_{40}$	1.0	81
Gd@C$_{82}$(OH)$_{20}$	1.5	42.3
Gd@C$_{82}$(OH)$_{16}$	4.7	19.3

为了探寻富勒烯多羟基衍生物具有高弛豫效率的原因，Kato等[8]合成了一系列稀土包合物的水溶性多羟基衍生物M@C$_{82}$(OH)$_n$（M=La，Ce，Dy，Er），并在不同场强下测定了各物质的弛豫效率，结果如图8.3所示。这些包合物的多羟基衍生物都表现出了一定的弛豫能力，而在同样实验条件下，上述四种稀土金属的三价阳离子或EDTA配合物不具有或只有很低的弛豫效能。他们提出富勒烯多羟基衍生物具有的高弛豫能力是通过多羟基富勒醇分子表面羟基的水质子交换作用和分子间偶极-偶极相互作用来实现的，而水质子交换速率、转动相关时间和顺磁性金属离子电子自旋的弛豫速率是影响弛豫时间的三个重要因素。

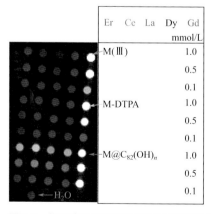

图8.3　镧系金属内嵌富勒烯在不同浓度下的MRI成像对比[8]

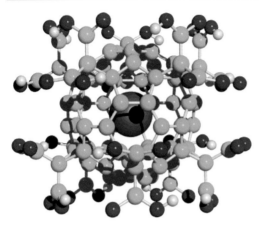

图8.4　Gd@C$_{60}$[C(COOH)$_2$]$_{10}$的球棍模型[67]

由于钆基富勒醇很难进一步修饰使其多功能化，Bolskar等[67]得到了Gd@C$_{60}$的羧基水溶性衍生物Gd@C$_{60}$[C(COOH)$_2$]$_{10}$，如图8.4所示。弛豫效率测试结果表明：钆富勒酸Gd@C$_{60}$[C(COOH)$_2$]$_{10}$的弛豫效率［4.6L/(mmol·s)］明显低于钆富勒醇Gd@C$_{60}$(OH)$_x$［83.2L/(mmol·s)］，说明同种钆基富勒烯使用不同的修饰方法得到的衍生物具有截然不同的理化性质。他们认为这种性质上的明显差异主要源于顺磁性钆间接弛豫水分子的有效距离不同和分子间的相互作用力不同。由于弛豫效率与顺磁性中心离子和交换水距离的6次方成反比，钆基富勒酸的有效作用距离远远大于钆基富勒醇的，结果导致弛豫效率的迅速降低。此外，钆基富勒醇羟基间及其与水的相互作用力不同于钆基富勒酸羧基间及其与水的相互作用力，结果导致聚集体的水合半径增大，进而增大了转动相关时间和最终的弛豫效率。

为了验证上面的猜测，Sitharaman等[68,69]详细研究了离子强度、pH、温度和浓度对两种造影剂的聚集尺寸以及弛豫效率的影响。结果发现，上述两种分子影像探针的聚集行为和弛豫效率受温度和浓度影响不大。当pH=9时，只有Gd@C$_{60}$[C(COOH)$_2$]$_{10}$的聚集体表现出一定的温度依赖性。但是，二者对pH的变化十分敏感，在相同pH下，Gd@C$_{60}$(OH)$_x$的聚集体尺寸明显大于Gd@C$_{60}$[C(COOH)$_2$]$_{10}$，说明其分子间作用力明显大于后者。Laus等[70]发现了盐效应对两种衍生物的聚集尺寸的影响也十分显著。他们发现，通过向溶液中加入NaCl可以阻碍衍生物的聚集，介质中NaCl浓度为150mmol/L时的弛豫率/水合直径由100L/(mmol·s)/600nm下降到14.1L/(mmol·s)/90.9nm，如图8.5所示。PBS对钆基富勒烯弛豫效率的盐效应影响更为显著，是NaCl的10倍以上。这个发现表明，

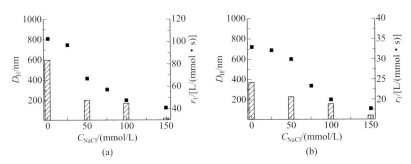

图8.5 NaCl的浓度对Gd@C$_{60}$(OH)$_x$（a）和Gd@C$_{60}$[C(COOH)$_2$]$_{10}$（b）的聚集行为及相应弛豫效率的影响[70]

体外测试的弛豫效率在动物体内应用时可能会受体液或者培养液中的盐效应的影响，从而降低其效率。对Gd@C$_{60}$(OH)$_x$和Gd@C$_{60}$[C(COOH)$_2$]$_{10}$的聚集体和解聚体进行不同温度下的^{17}O和^{1}H的弛豫效率测定，进一步了解了富勒烯造影剂的弛豫机理，即增加磁性纳米颗粒的大小，可以增加分子的转动相关时间，进而提高弛豫效率。钆富勒醇由于分子间作用力较大，在溶液中易形成较大的聚集体，显著提高了转动相关时间，因此表现出了较高的弛豫效率。相反，钆富勒酸由于分子间相互作用较弱，在溶液中形成的聚集体尺寸较小，导致弛豫效率的大幅度降低。

通过上述对比可以看到，羟基化的钆富勒醇具有很高的弛豫效率，但不易被进一步功能化；羧基化的钆富勒酸易于与生物活性分子偶联，但弛豫效率大幅度降低。因此，研究人员希望在碳笼表面同时引入羟基和羧基等官能团使这两类衍生物优势互补。随后得到了Gd@C$_{82}$的水溶性衍生物Gd@C$_{82}$(OH)$_6$(NHCH$_2$CH$_2$SO$_3$H)$_8$，弛豫效率为4.5L/(mmol·s)，与Gd-DTPA相当。Shu等[71]利用Gd@C$_{82}$与β-丙氨酸反应得到一种既含有羟基又含有羧基的水溶性衍生物Gd@C$_{82}$O$_6$(OH)$_{16}$(NHCH$_2$CH$_2$COOH)$_8$，测得弛豫效率为9.1L/(mmol·s)（1.5T）和16.0L/(mmol·s)（0.35T），图8.6（a）为其结构示意图。

对其聚集行为的研究发现，该衍生物在酸性、中性和碱性条件下具有不同的聚集行为，并推测了不同的聚集机理，探讨了粒径大小及分布与质子弛豫效率的关系，结论与先前报道的结果吻合。尽管羟基数目的减小，使得含羟基和羧基混合官能团的钆基富勒烯衍生物的弛豫效率低于Gd富勒醇，但还是明显优于富勒酸Gd@C$_{60}$[C(COOH)$_2$]$_{10}$，笼外修饰的羧基还可以作为前驱

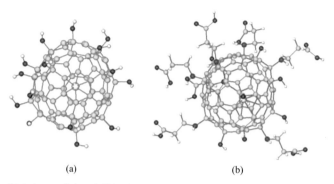

图8.6　两种金属富勒烯结构示意图

（a）Gd@C$_{82}$O$_6$(OH)$_{16}$(NHCH$_2$CH$_2$COOH)$_8$；（b）Gd@C$_{82}$O$_{-2}$(OH)$_{-16}$[C(PO$_3$Et$_2$)$_2$]$_{-10}$[71,72]

体进一步功能化，得到具有组织靶向性的分子影像探针。Shu等[20]利用Gd@
C$_{82}$O$_6$(OH)$_{-16}$(NHCH$_2$CH$_2$COOH)$_{-8}$的羧基与绿色荧光蛋白抗体的氨基残基反应得
到偶联物，通过单分子水平检测绿色荧光蛋白分子同抗体或偶联物作用后的荧光
强度，确定了绿色荧光蛋白抗体的偶联率，为实现肿瘤的靶向性检测做出了有
意义的探索（图8.7）。Shu等[72]还通过改进的Bingel反应，把具有趋骨性的磷酯
基直接修饰到Gd@C$_{82}$上，得到在骨疾病诊断中具有潜在靶向性检测功能的Gd@

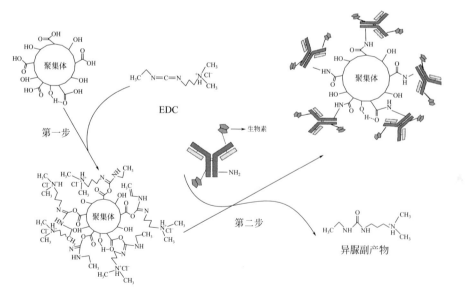

图8.7　GFP-抗体-钆基富勒烯分子影像探针的构筑[20]

$C_{82}O_{\sim2}(OH)_{\sim16}[C(PO_3Et_2)_2]_{\sim10}$，如图8.6（b）所示。体外水质子弛豫率的测定表明，其造影效率是临床使用Gd-DTPA的近20倍，是一种高效的磁性分子影像探针。

上述修饰方法引入的羟基数量有限，提高羟基数量将有效改善钆基富勒烯分子影像探针的灵敏度。Fatouros等[73]合成了聚乙二醇（PEG）修饰的多羟基水溶性$Gd_3N@C_{80}$分子影像探针$Gd_3N@C_{80}[DiPEG5000(OH)_x]$，弛豫效率为商用试剂钆双胺（Gadodiamide）的30倍以上［143L/(mmol·s) vs. 4L/(mmol·s)，2.4T］，是一种非常灵敏的MRI分子影像探针。图8.8（a）为这种衍生物的结构示意图和造影效果。Zhang等[74]通过改变聚乙二醇链的分子量（350～5000Da），得到了一系列聚乙二醇修饰的多羟基水溶性$Gd_3N@C_{80}$衍生物，如图8.8（b）所示。他们发现衍生物的弛豫效率与PEG链长密切相关，当PEG的分子量为350时弛豫效率最高，r_1和r_2可以达到237L/(mmol·s)和460L/(mmol·s)（2.4T），这也是目前报道的弛豫效率最高的纵向弛豫造影剂。

Shu等[19]发展了一步反应的衍生化方法，通过$Gd_3N@C_{80}$与丁二酸酐过氧化物反应得到了同时含有羟基和羧基的$Gd_3N@C_{80}(OH)_{26}(CH_2CH_2COOM)_{16}$，其$r_1$和$r_2$分别达到207L/(mmol·s)和282L/(mmol·s)（2.4T），是临床造影剂Gd-DTPA-BMA的约50倍［4.1L/(mmol·s)］。图8.9为这种造影剂的制备方法和在水溶液及盐溶液中的造影效果。值得注意的是，该自由基反应在碳笼表面引入的羟基较多，

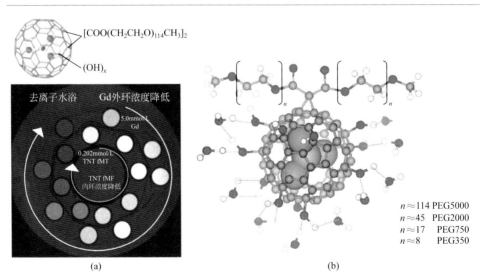

图8.8 （a）$Gd_3N@C_{80}[DiPEG5000(OH)_x]$的结构与造影效果；（b）$Gd_3N@C_{80}[DiPEG(OH)_x]$的结构示意图[73]

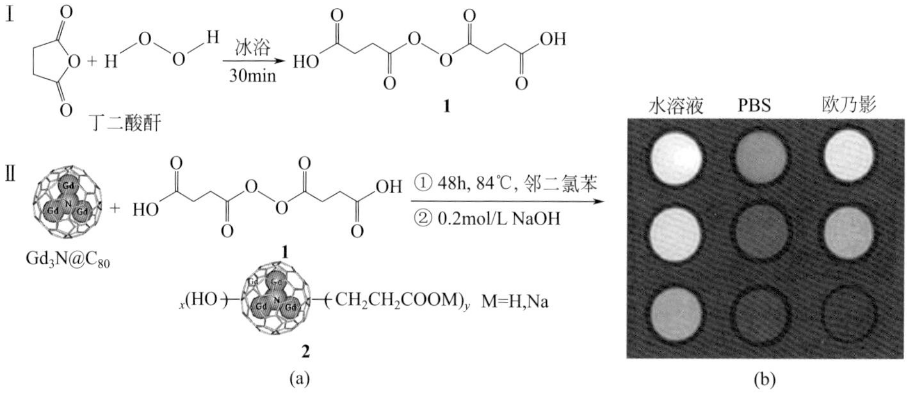

图8.9 （a）Gd$_3$N@C$_{80}$(OH)$_{26}$(CH$_2$CH$_2$COOM)$_{16}$的合成示意图；（b）MRI造影效果[19]

所以保持很高的弛豫效率，这与单金属内嵌富勒烯通过氨基酸反应得到的类似物性能不同。此外，引入的羧基已证明可以与生物活性分子或其他分子影像探针进一步反应，实现靶向的荧光/磁和核素/磁双模态分子影像探针的构筑。

表8.2列举了近年来报道的一系列钆基富勒烯MRI造影剂以及相应的弛豫效

表8.2 文献报道的多种钆基富勒烯造影剂及其弛豫效率（以钆浓度计）

造影剂	弛豫效率 (r_1/r_2)[L/(mmol·s)]		
	0.47T，15MHz	2.4T，100MHz	9.4T，400MHz
Gd@C$_{82}$(OH)$_x$	—	—	47/—
Gd@C$_{82}$(OH)$_x$	20/—	—	—
Gd@C$_{82}$(OH)$_{40}$	67/79	81/108(1.0T)	31/131(4.7T)
Gd@C$_{82}$(OH)$_{16}$	—	—	19.3/44.9(4.7T)
Gd@C$_{82}$O$_2$(OH)$_{16}$[C(PO$_3$Et$_2$)]$_{10}$	37/42	39/68	20/74
Gd@C$_{82}$O$_6$(OH)$_{16}$(NHC$_2$H$_4$COOH)$_8$	16/—	—	—
Gd@C$_{60}$(OH)$_x$	—	83.2/—(1.5T)	—
Gd@C$_{60}$[C(COOH)$_2$]$_{10}$	4.6/—	24.0/—(1.5T)	—
Sc$_2$GdN@C$_{80}$O$_m$(OH)$_n$ ScGd$_2$N@C$_{80}$O$_m$(OH)$_n$			20.7/—(14.1T) 17.6/—(14.1T)
Gd$_3$N@C$_{80}$(OH)$_{-26}$(CH$_2$CH$_2$COOM)$_{-16}$	51/68	69/94	25/77
Gd$_3$N@C$_{80}$PEG5000(OH)$_x$	34/48	48/74	11/49
Gd$_3$N@C$_{80}$R$_x$ [R=N(OH)(CH$_2$CH$_2$)$_6$CH$_3$]	68/79	—	—
Gd-BOPTA(人血清)	10.9/—(0.2T) 4.39/5.56	7.9/—(1.5T)	5.9/—(3T)
MS-325(人血清)	53.5/—	—	—
Gd-DTPA BMA		4.1/4.7	

率。可以看出，碳笼表面修饰的羟基促进了钆基富勒烯衍生物的聚集，对提高钆基富勒烯分子影像探针的弛豫效率起关键作用，所以多羟基富勒醇在临床使用场强（1.0～2.4T）下具有最高的弛豫效率。$Gd_3N@C_{80}$由于在C_{80}的碳笼中嵌入了3个钆离子，具有比单金属钆富勒烯高得多的钆离子密度，因而同样条件下得到的衍生物具有更高的弛豫效率［以碳笼浓度计算，207L/(mmol·s)/282L/(mmol·s)每碳笼］。尽管一些优化的钆螯合物造影剂如表8.2中所示的Gd-BOPTA和MS-325相对临床使用的Gd-DTPA-BMA有了很大的提高，但仍明显低于钆基富勒烯。另外，羧基等基团的引入虽然会降低弛豫效率，但是对进一步的功能修饰十分重要，而且在引入羧基的同时继续引入大量羟基还可以抵消羧基对弛豫效率的影响。因此，如何优化引入羟基和羧基的比例，使其在保持MRI造影高效性的同时还具有良好的生物相容性和稳定性，是设计钆基富勒烯分子影像探针亟待解决的问题。

将$Gd@C_{82}(OH)_x$与细胞间质干细胞孵育，在转染试剂硫酸鱼精蛋白的作用下首次实现了$Gd@C_{82}(OH)_x$的细胞MRI标记，如图8.10所示。在T_1加权像中可见明显的信号增强，克服了传统Gd螯合物造影剂的缺陷。$Gd@C_{60}[C(COOH)_2]_{10}$可直接用于细胞MRI标记，发现其标记效率高达98%～100%，$Gd@C_{60}[C(COOH)_2]_{10}$标记的细胞$T_{1w}$成像的信号有250%的增强，而使用小分子造影剂Gd-DTPA标记的细胞并未观察到明显的信号增强。图8.11展示了$Gd@C_{60}[C(COOH)_2]_{10}$标记细胞MRI的信号增强效果。与羟基化的钆富勒醇不同，$Gd@C_{60}[C(COOH)_2]_{10}$进行标记时更容易被细胞所摄取，无须使用转染试剂，也表明笼外修饰手段的不同可直接影响细胞的摄取率，从而实现特异组织的选择性造影。

钆基富勒烯分子影像探针易被细胞摄取和较长的动物体内循环性，使其可以更好地在肿瘤部位富集，因此在活体水平上的成像效果比钆基螯合物造影剂具有更明显的优势。如图8.12所示，Mikawa等[7]发现，$Gd@C_{82}(OH)_{40}$在5μmol Gd/kg的低剂量下（Gd-DTPA的1/20）对肝、脾和肾脏就有良好的造影效果。动物体内分布实验结果表明，$Gd@C_{82}(OH)_{40}$容易被网状内皮组织摄取，因此对这些组织和器官具有更好的造影效果。此外，$Gd@C_{82}$很容易从动物体内排出且无明显副作用，因此具有弛豫能力强、低毒、组织特异性等优点。Kato等发现富勒烯的多羟基衍生物会引起血液中红细胞的聚集，但在$C_{60}(OH)_{18}$表面引入甘露四糖基后，这种现象可被消除。

与之相反，Bolskar等[67]报道的富勒酸$Gd@C_{60}[C(COOH)_2]_{10}$则是一种非网状内皮组织造影剂，其体内分布行为更接近小分子造影剂如Gd-DTPA等。研究显示：这种造影剂不会在肝脏、骨骼或脾脏中滞留，而是很快被肾脏排泄掉。这种

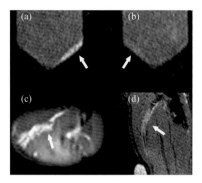

图8.10 钆富勒醇标记（a）和未标记（b）肝间充质干细胞T_1加权像图；将钆富勒醇标记细胞植入小鼠体内1.5T（c）和7T（d）磁场下MRI成像图

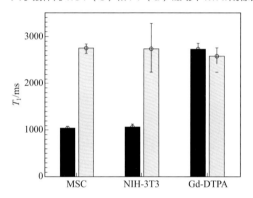

图8.11 Gd@C$_{60}$[C(COOH)$_2$]$_{10}$标记MSC与NIH-3T3细胞的MRI信号增强

在25℃下，与对照组（黑色条）相比，标记有钆富勒烯（灰色条）的MSCs和NIH-3T3细胞的T_1信号显著增强；相比之下，用传统的Gd-DTPA标记的细胞与对照组相比，T_1没有明显变化。误差棒反映了T_1测量值的95%置信区间

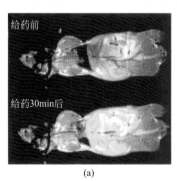

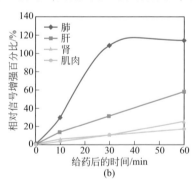

图8.12 （a）小鼠注射Gd@C$_{82}$(OH)$_{40}$前和注射30min后的T_1加权像；（b）各个器官在注射Gd@C$_{82}$(OH)$_{40}$后的信号强度变化（4.7T，T_R/T_E = 300ms/11ms）[7]

区别源于它们不同的聚集尺寸，大尺寸的Gd富勒醇聚集体更容易被网状内皮组织摄取。图8.13（a）显示了啮齿动物在注射造影剂前后典型的体内肾横切面MRI影

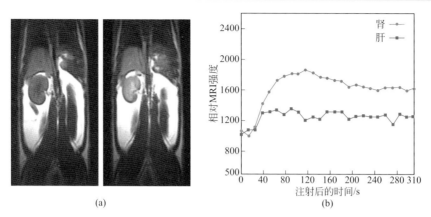

图8.13 （a）啮齿动物注射Gd@C$_{60}$[C(COOH)$_2$]$_{10}$前后的T_1加权像；（b）注射Gd@C$_{60}$[C(COOH)$_2$]$_{10}$后不同时间的肾脏与肝脏MRI信号变化[67]

像图，图8.13（b）显示出这种造影剂在注射后很快进入肾脏，并且不断被肾脏排出，信号值逐渐下降。

8.2

钆氮化物内嵌富勒烯造影剂

Shu等[75]报道的Gd$_3$N@C$_{80}$(OH)$_{26}$(CH$_2$CH$_2$COOM)$_{16}$具有更为持久的造影效果。将更低剂量的造影剂（0.0475mmol/L，36μL）直接注射到嫁接T9肿瘤的小鼠脑部，可以得到很好的造影效果，并且在注射7d后依然能观察到肿瘤部位的信号增强，如图8.14所示。说明其可能更容易被细胞摄取，从而延长代谢时间。定量的扩散速率实验表明，Gd$_3$N@C$_{80}$(OH)$_{26}$(CH$_2$CH$_2$COOM)$_{16}$在琼脂凝胶中扩散时间是商用试剂Gd-DTPA-BMA的40～50倍，与荷瘤鼠的成像一致，说明Gd$_3$N@C$_{80}$(OH)$_{26}$(CH$_2$CH$_2$COOM)$_{16}$是一种长效、灵敏的磁性分子影像探针。

Fillmore等[76]使用Gd$_3$N@C$_{80}$(OH)$_{26}$(CH$_2$CH$_2$COOM)$_{16}$进一步与标记荧光染料的IL-13多肽偶联，得到了靶向IL-13受体过表达的肿瘤细胞的磁/荧光双模态靶向探针，并且在细胞水平定量测定了细胞摄取率。结果显示，IL-13受体过表达的脑胶质瘤U87MG细胞对Gd$_3$N@C$_{80}$(OH)$_{26}$(CH$_2$CH$_2$COOM)$_{16}$本体摄取量为13.6

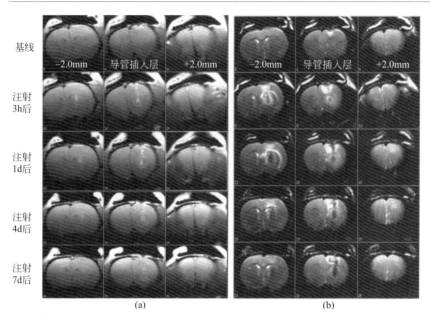

图8.14　向T9荷瘤鼠脑部注射Gd$_3$N@C$_{80}$(OH)$_{26}$(CH$_2$CH$_2$COOM)$_{16}$后的T_1-加权像（a）和
T_2-加权像（b）

pmol，而对靶向探针摄取量可达882.3pmol。对脑部嫁接U87MG肿瘤的荷瘤鼠直接灌注新型分子影像探针，结果表明：注射商用试剂欧乃影（Omniscan）后肿瘤部位只有微弱的信号增强，12h后信号就完全消失，而注射靶向探针后，肿瘤部位信号明显增强，并且在24h后依然可见，如图8.15所示。同时，通过共聚焦荧

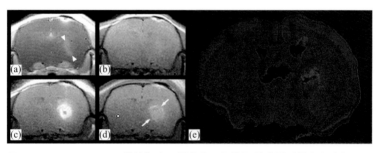

图8.15　用Gd$_3$N@C$_{80}$构筑靶向双模态分子影像探针注射到荷瘤鼠脑部后不同时间段的T_1加权像和荧光成像[76]

（a）对脑部嫁接U87MG肿瘤的荷瘤鼠7天后使用OMNISCAN^{TM}造影剂进行T_1-加权像；（b）接种U87MG肿瘤第9天，注射Gd$_3$N@C$_{80}$(OH)$_{26}$(CH$_2$CH$_2$COOM)$_{16}$造影12h前进行的T_1-加权像；（c）接种U87MG肿瘤第10天，注射Gd$_3$N@C$_{80}$(OH)$_{26}$(CH$_2$CH$_2$COOM)$_{16}$后立即进行的T_1-加权像；（d）接种U87MG肿瘤第11天，注射Gd$_3$N@C$_{80}$(OH)$_{26}$(CH$_2$CH$_2$COOM)$_{16}$造影剂24h后进行的T_1-加权像；（e）脑部共聚焦成像：红色为四甲基罗丹明；蓝色为4,6-联脒-2-苯基吲哚（DAPI）细胞核染料

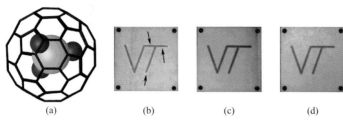

图 8.16　Lu₃N@C₈₀的分子结构示意图（a）以及Teflon表面分散有Lu₃N@C₈₀（b）、C₆₀（c）
和空白Telflon（d）的X射线照片[77]

光成像也可在相同位置清楚地看到肿瘤的荧光，而其他位置并没有明显的荧光信号，说明IL-13受体耦联的靶向探针选择性地被其靶标脑胶质瘤细胞摄取。

Iezzi等[77]合成并分离得到Lu₃N@C₈₀，其分子结构如图8.16（a）所示。他们将Lu₃N@C₈₀和C₆₀分别分散在Teflon表面，而后用X射线照射。结果发现，Lu₃N@C₈₀有很好的X射线成像增强效果，如图8.16（b）所示，而铺有C₆₀的Teflon和Teflon空白对照组都没有明显的对比效果［图8.16（c）、图8.16（d）］，说明产生的对比效果是由碳笼内的Lu引起的。

8.3
小　结

钆金属富勒烯作为新型的MRI分子影像探针，作用面积大，弛豫效能高，与传统钆基螯合物相比，碳笼的稳定性保护了内嵌团簇，使之免受体内代谢物质的进攻和防止了外泄，从而具有较高的生物安全性。此外，外层的碳笼提供了可进一步多功能化的分子平台，为未来疾病早期精准检测和诊疗一体化提供了可能。因此，钆基富勒烯作为新型高效、多模态MRI分子影像探针具有重要应用潜力。

参考文献

[1] Baati T, et al. The prolongation of the lifespan of rats by repeated oral administration of 60 fullerene[J]. Biomaterials, 2012, 33(19): 4936-4946.

[2] Gharbi N, et al. 60 Fullerene is a powerful antioxidant in vivo with no acute or subacute toxicity[J]. Nano Letters, 2005, 5(12): 2578-2585.

[3] Liu Y, et al. Gd-metallofullerenol nanomaterial as non-toxic breast cancer stem cell-specific inhibitor[J]. Nature Communications, 2015, 6: 5988.

[4] Kang S G, et al. Molecular mechanism of pancreatic tumor metastasis inhibition by Gd@ $C_{82}(OH)_{22}$ and its implication for de novo design of nanomedicine[J]. Proceeding of the National Academy of Sciences of the United States of America, 2012, 109(38): 15431-6.

[5] Liang X J, et al. Metallofullerene nanoparticles circumvent tumor resistance to cisplatin by reactivating endocytosis[J]. Proceeding of the National Academy of Sciences of the United States of America, 2010, 107(16): 7449-54.

[6] Dugan L L, et al. Carboxyfullerenes as neuroprotective agents[J]. Proceedings of the National Academy of Sciences of the United States of America, 1997, 94(17): 9434-9439.

[7] Mikawa M, et al. Paramagnetic water-soluble metallofullerenes having the highest relaxivity for MRI contrast agents[J]. Bioconjugate Chemistry, 2001, 12(4): 510-514.

[8] Kato H, et al. Lanthanoid endohedral metallofullerenols for MRI contrast agents[J]. Journal of the American Chemical Society, 2003, 125(14): 4391-4397.

[9] Iezzi E B, et al. Lutetium-based trimetallic nitride endohedral metallofullerenes: New contrast agents[J]. Nano Letters, 2002, 2(11): 1187-1190.

[10] Shu C Y, et al. Conjugation of a water-soluble gadolinium endohedral fulleride with an antibody as a magnetic resonance imaging contrast agent[J]. Bioconjugate Chemistry, 2008, 19(3): 651-655.

[11] Zhang J F, et al. High relaxivity trimetallic nitride (Gd₃N) metallofullerene MRI contrast agents with optimized functionality[J]. Bioconjugate Chemistry, 2010, 21(4): 610-615.

[12] Luo J, et al. A dual PET/MR imaging nanoprobe: [124]I labeled Gd₃N@C₈₀[J]. Applied Sciences, 2012, 2(2): 465-478.

[13] Zhang J, et al. Gd₃N@C₈₄ (OH)$_x$: a new egg-shaped metallofullerene magnetic resonance imaging contrast agent[J]. Journal of the American Chemical Society, 2014, 136(6): 2630-2636.

[14] Li T, et al. A new interleukin-13 amino-coated gadolinium metallofullerene nanoparticle for targeted MRI detection of glioblastoma tumor cells[J]. Journal of the American Chemical Society, 2015, 137(24): 7881-8.

[15] Zhang Y, et al. Synergistic effect of human serum albumin and fullerene on Gd-DO3A for tumor-targeting imaging[J]. ACS Applied Materials & Interfaces, 2016, 8(18): 11246-54.

[16] Zou T, et al. The positive influence of fullerene derivatives bonded to manganese(Ⅲ) porphyrins on water proton relaxation[J]. Dalton Transactions, 2015, 44(19): 9114-9.

[17] Zheng J P, et al. Multifunctional gadofulleride nanoprobe for magnetic resonance imaging/ fluorescent dual modality molecular imaging and free radical scavenging[J]. Carbon, 2013, 65: 175-180.

[18] Zhen M, et al. Maximizing the relaxivity of Gd-complex by synergistic effect of HSA and carboxylfullerene[J]. ACS Applied Materials & Interfaces, 2012, 4(7): 3724-9.

[19] Shu C, et al. Facile preparation of a new gadofullerene-based magnetic resonance imaging contrast agent with high ¹H relaxivity. Bioconjugate Chemistry, 2009, 20(6): 1186-1193.

[20] Shu C Y, et al. Conjugation of a water-soluble gadolinium endohedral fulleride with an antibody as a magnetic resonance imaging contrast agent[J]. Bioconjugate Chemistry, 2008, 19(3): 651-655.

[21] Shu C Y, et al. Aggregation studies of the water-soluble gadofullerene magnetic resonance imaging contrast agent:[Gd@C₈₂O₆ (OH)₁₆ (NHCH₂CH₂COOH)₈]$_x$[J]. Journal of Physical Chemistry B, 2006, 110(31): 15597-15601.

[22] Yang D, et al. [Gd@C$_{82}$ (OH)$_{22}$]$_n$ nanoparticles induce dendritic cell maturation and activate Th1 immune responses[J]. ACS Nano, 2010, 4(2): 1178-1186.

[23] Chen C, et al. Multihydroxylated [Gd@C$_{82}$(OH)$_{22}$]$_n$ nanoparticles: antineoplastic activity of high efficiency and low toxicity[J]. Nano Letters, 2005, 5(10): 2050-7.

[24] Ji ZQ, et al. Biodistribution and tumor uptake of C$_{60}$(OH)$_x$ in mice[J]. Journal of Nanoparticle Research, 2006, 8(1): 53-63.

[25] Zhu J, et al. Tumor-inhibitory effect and immunomodulatory activity of fullerol C$_{60}$(OH)$_x$ [J]. Small, 2008, 4(8): 1168-1175.

[26] Pan Y, et al. Gd-metallofullerenol nanomaterial suppresses pancreatic cancer metastasis by inhibiting the interaction of histone deacetylase 1 and metastasis-associated protein 1[J]. ACS Nano, 2015, 9(7): 6826-6836.

[27] Nie X, et al. Fullerenol inhibits the cross-talk between bone marrow-derived mesenchymal stem cells and tumor cells by regulating MAPK signaling[J]. Nanomedicine: Nanotechnology, Biology and Medicine, 2017.

[28] Tang J, et al. Polyhydroxylated fullerenols regulate macrophage for cancer adoptive immunotherapy and greatly inhibit the tumor metastasis[J]. Nanomedicine: Nanotechnology, Biology and Medicine, 2016, 12(4): 945-954.

[29] Krishna V, et al. Polyhydroxy fullerenes for non-invasive cancer imaging and therapy[J]. Small, 2010, 6(20): 2236-2241.

[30] Lapin N A, et al. The effects of non-invasive radiofrequency electric field hyperthermia on biotransport and biodistribution of fluorescent [60] fullerene derivative in a murine orthotopic model of breast adenocarcinoma[J]. Journal of Controlled Release, 2017, 260: 92-99.

[31] Zhou Y, et al. Amino acid functionalized gadofullerene nanoparticles with superior antitumor activity via destruction of tumor vasculature in vivo[J]. Biomaterials, 2017, 133: 107-118.

[32] Zhang Y, et al. A novel bone marrow targeted gadofullerene agent protect against oxidative injury in chemotherapy[J]. Science China Materials, 2017, 60(9): 866-880.

[33] Zhen M, et al. A highly efficient and tumor vascular-targeting therapeutic technique with size-expansible gadofullerene nanocrystals[J]. Science China Materials, 2015, 58(10): 799-810.

[34] Ali S S, et al. A biologically effective fullerene (C$_{60}$) derivative with superoxide dismutase mimetic properties[J]. Free Radical Biology and Medicine, 2004, 37(8): 1191-1202.

[35] Krusic P, et al. Radical reactions of C$_{60}$[J]. Science, 1991, 254(5035): 1183-1185.

[36] Krusic P, et al. Electron spin resonance study of the radical reactivity of C$_{60}$[J]. Journal of the American Chemical Society, 1991, 113(16): 6274-6275.

[37] Wang I C, et al. C$_{60}$ and water-soluble fullerene derivatives as antioxidants against radical-initiated lipid peroxidation[J]. Journal of Medicinal Chemistry, 1999, 42(22): 4614-4620.

[38] Gharbi N, et al. [60] fullerene is a powerful antioxidant in vivo with no acute or subacute toxicity[J]. Nano Letters, 2005, 5(12): 2578-2585.

[39] Srdjenovic B, et al. Antioxidant properties of fullerenol C$_{60}$(OH)$_{24}$ in rat kidneys, testes, and lungs treated with doxorubicin[J]. Toxicology Mechanisms and Methods, 2010, 20(6): 298-305.

[40] Li J, et al. Gd@C$_{82}$-(ethylenediamine)$_8$ nanoparticle: a new high-efficiency water-soluble ROS scavenger[J]. ACS Applied Materials & Interfaces, 2016, 8(39): 25770-25776.

[41] Dugan L L, et al. Buckminsterfullerenol free radical scavengers reduce excitotoxic and apoptotic death of cultured cortical neurons[J]. Neurobiology of Disease, 1996, 3(2): 129-135.

[42] Injac R, et al. Potential hepatoprotective effects of fullerenol C$_{60}$(OH)$_{24}$ in doxorubicin-induced hepatotoxicity in rats with mammary carcinomas[J]. Biomaterials, 2008, 29(24): 3451-3460.

[43] Lao F, et al. Fullerene nanoparticles selectively

enter oxidation-damaged cerebral microvessel endothelial cells and inhibit JNK-related apoptosis[J]. ACS Nano, 2009, 3(11): 3358-3368.

[44] Misirkic M S, et al. The protection of cells from nitric oxide-mediated apoptotic death by mechanochemically synthesized fullerene (C_{60}) nanoparticles[J]. Biomaterials, 2009, 30(12): 2319-2328.

[45] Yin J J, et al. The scavenging of reactive oxygen species and the potential for cell protection by functionalized fullerene materials[J]. Biomaterials, 2009, 30(4): 611-621.

[46] Tong J, et al. Neuronal uptake and intracellular superoxide scavenging of a fullerene (C_{60})-poly(2-oxazoline)s nanoformulation[J]. Biomaterials, 2011, 32(14): 3654-3665.

[47] Liu Q, et al. C_{70}-carboxyfullerenes as efficient antioxidants to protect cells against oxidative-induced stress[J]. ACS Applied Materials & Interfaces, 2013, 5(21): 11101-11107.

[48] Liu Q, et al. Protective effect of C_{70}-carboxyfullerene against oxidative-induced stress on postmitotic muscle cells[J]. ACS Applied Materials & Interfaces, 2013, 5(10): 4328-4333.

[49] Arbogast J W, et al. Photophysical properties of sixty atom carbon molecule (C_{60})[J]. Journal of Physical Chemistry, 1991, 95(1): 11-12.

[50] Arbogast J W, Foote C S. Photophysical properties of C_{70}[J]. Journal of the American Chemical Society, 1991, 113(23): 8886-8889.

[51] Arbogast J W, Foote C S, Kao M. Electron transfer to triplet fullerene C_{60}[J]. Journal of the American Chemical Society, 1992, 114(6): 2277-2279.

[52] Tokuyama H, et al. Photoinduced biochemical activity of fullerene carboxylic acid[J]. Journal of the American Chemical Society, 1993, 115(17): 7918-7919.

[53] Anderson J L, et al. Photophysical characterization and singlet oxygen yield of a dihydrofullerene[J]. Journal of the American Chemical Society, 1994, 116(21): 9763-9764.

[54] Boutorine A S, et al. Fullerene-oligonucleotide conjugates: photoinduced sequence-specific DNA cleavage[J]. Angewandte Chemie International Edition, 1995, 33(23-24): 2462-2465.

[55] Tabata Y, Murakami Y, Ikada Y. Photodynamic effect of polyethylene glycol-modified fullerene on tumor[J]. Cancer Science, 1997, 88(11): 1108-1116.

[56] Yamakoshi Y, et al. $\cdot OH$ and $O_2^- \cdot$ generation in aqueous C_{60} and C_{70} solutions by photoirradiation: an EPR study[J]. Journal of the American Chemical Society, 1998, 120(47): 12363-12364.

[57] Bernstein R, Prat F, Foote C S. On the mechanism of DNA cleavage by fullerenes investigated in model systems: electron transfer from guanosine and 8-oxo-guanosine derivatives to C_{60}[J]. Journal of the American Chemical Society, 1999, 121(2): 464-465.

[58] Yamakoshi Y, et al. Active oxygen species generated from photoexcited fullerene (C_{60}) as potential medicines: $O_2^- \cdot$ versus $^1O_2$[J]. Journal of the American Chemical Society, 2003, 125(42): 12803-9.

[59] Guan M, et al. Fullerene/photosensitizer nanovesicles as highly efficient and clearable phototheranostics with enhanced tumor accumulation for cancer therapy[J]. Biomaterials, 2016, 103: 75-85.

[60] Liu Q, et al. Enhanced photodynamic efficiency of an aptamer-guided fullerene photosensitizer toward tumor cells[J]. Chemistry—An Asian Journal, 2013, 8(10): 2370-2376.

[61] Mashino T, et al. Inhibition of *E. coli* growth by fullerene derivatives and inhibition mechanism[J]. Bioorganic & Medicinal Chemistry Letters, 1999, 9(20): 2959-2962.

[62] Bianco A, et al. Fullerene-based amino acids and peptides[J]. Journal of Peptide Science, 2001, 7(4): 208-219.

[63] Tang Y J, et al. Charge-associated effects of fullerene derivatives on microbial structural integrity and central metabolism[J]. Nano Letters, 2007, 7(3): 754-760.

[64] Zakharian T Y, et al. A fullerene-paclitaxel chemotherapeutic: synthesis, characterization, and study of biological activity in tissue culture[J]. Journal of the American Chemical Society, 2005, 127(36): 12508-12509.

[65] Mackeyev Y, et al. Toward paclitaxel-[60] fullerene immunoconjugates as a targeted prodrug against cancer[J]. Nanosystems: Physics, Chemistry, Mathematics, 2014, 5(1).

[66] Shultz M D, et al. Encapsulation of a radiolabeled cluster inside a fullerene cage, $^{177}Lu_x Lu_{3-x}N@C_{80}$: an interleukin-13-conjugated radiolabeled metallofullerene platform[J]. Journal of the American Chemical Society, 2010, 132(14): 4980-4981.

[67] Bolskar R D, et al. First soluble $M@C_{60}$ derivatives provide enhanced access to metallofullerenes and permit in vivo evaluation of $Gd@C_{60}[C(COOH)_2]_{10}$ as a MRI contrast agent[J]. Journal of the American Chemical Society, 2003, 125(18): 5471-5478.

[68] Sitharaman B, et al. Nanoscale aggregation properties of neuroprotective carboxyfullerene (C_3) in aqueous solution[J]. Nano Letters, 2004, 4(9): 1759-1762.

[69] Sitharaman B, et al. $Gd@C_{60}[C(COOH)_2]_{10}$ and $Gd@C_{60}(OH)_x$: nanoscale aggregation studies of two metallofullerene MRI contrast agents in aqueous solution[J]. Nano Letters, 2004, 4(12): 2373-2378.

[70] Laus S, et al. Destroying gadofullerene aggregates by salt addition in aqueous solution of $Gd@C_{60}(OH)_x$ and $Gd@C_{60}[C(COOH)_2]_{10}$[J]. Journal of the American Chemical Society, 2005, 127(26): 9368-9369.

[71] Shu C Y, et al. Synthesis and characterization of a new water-soluble endohedral metallofullerene for MRI contrast agents[J]. Carbon, 2006, 44(3): 496-500.

[72] Shu C Y, et al. Organophosphonate functionalized $Gd@C_{82}$ as a magnetic resonance imaging contrast agent[J]. Chemistry of Materials, 2008, 20(6): 2106-2109.

[73] Fatouros P P, et al. In vitro and in vivo imaging studies of a new endohedral metallofullerene nanoparticle[J]. Radiology, 2006, 240(3): 756-764.

[74] Zhang J, et al. High relaxivity trimetallic nitride (Gd_3N) metallofullerene MRI contrast agents with optimized functionality[J]. Bioconjugate Chemistry, 2010, 21(4): 610-615.

[75] Shu C, et al. Facile preparation of a new gadofullerene-based magnetic resonance imaging contrast agent with high ^1H relaxivity[J]. Bioconjugate Chemistry, 2009, 20(6): 1186-1193.

[76] Fillmore H L, et al. Conjugation of functionalized gadolinium metallofullerenes with IL-13 peptides for targeting and imaging glial tumors[J]. Nanomedicine, 2011, 6(3): 449-458.

[77] Iezzi E B, et al. Lutetium-based trimetallic nitride endohedral metallofullerenes: new contrast agents[J]. Nano Letters, 2002, 2(11): 1187-1190.

NANOMATERIALS

金属富勒烯：从基础到应用

Chapter 9

第9章
金属富勒烯肿瘤治疗应用

随着人口老龄化和环境污染问题的日趋严峻，近年来全球癌症发病率和死亡率均呈上升趋势[1]，每年新增癌症患者多达1500万人，严重地威胁着人类的健康。目前，恶性肿瘤的治疗方法主要有手术、化学治疗和放射治疗，称为恶性肿瘤的三大治疗手段。但是这些传统治疗手段均存在严重的副作用，例如放疗和化疗等治疗技术虽然能够灭杀癌细胞，但通常也严重损伤了患者的免疫系统，造成癌症患者因术后并发症死亡；而外科手术不但对广泛的转移瘤基本无能为力，而且为了确保切掉所有肿瘤组织，经常需要大量切除肿瘤周围的正常组织。除此之外，近年来基于分子生物学也发展起来一些新疗法，例如免疫疗法[2]、干细胞疗法[1,3]等，但它们基本上只针对个别种类的肿瘤患者有效，还远未达到成熟的临床应用。特别是对于我国发病率最高的肝癌和肺癌等疾病，几乎没有有效的临床药物。

抗肿瘤血管疗法的出现为人类治疗癌症提供了新的思路。20世纪70年代，Folkman提出肿瘤的生长分为无血管化阶段和血管化阶段：无血管化阶段肿瘤的体积很少超过 $1 \sim 2mm^3$，肿瘤细胞生长缓慢；在肿瘤血管形成后，肿瘤细胞的生长呈指数增长。基于此他提出了肿瘤生长依赖血管生成的观点[4]。Carron 等研究了在鸡胚绒毛膜尿囊膜上生长的肿瘤，发现肿瘤体积大于 $1mm^3$ 后，如果3天内无毛细血管长入，肿瘤细胞将发生坏死和自溶；一旦有毛细血管长入，肿瘤细胞迅速增殖[5]。因此，肿瘤生长与血管生成之间呈正相关比例，干预新的肿瘤血管生成可有效阻碍肿瘤生长。

与传统抗肿瘤方法相比，抗血管治疗的靶点不是肿瘤细胞而是肿瘤血管。抗血管疗法通过对抗肿瘤血管生成，从而阻止肿瘤的生长和转移。通常情况下，人体中除了创伤修复、妊娠和月经周期外，几乎无新生血管生成，因此毒副作用小；而且内皮细胞在遗传性状上不具突变性，治疗过程中很少出现耐药性；同时由于内皮细胞直接与血液接触，避免了药物向实体瘤内部不易传送的问题。此外，肿瘤血管与正常血管的结构也有很大差别。一般正常血管平均需要100天才能够长成，包含内皮细胞、中皮细胞和外皮细胞三层致密结构；而恶性肿瘤血管仅需4天就可以长成，结构上也仅有一层内皮细胞，而且肿瘤血管由于内皮细胞间隙较大、结构不完整，导致其包含有大量纳米尺寸的小孔，使血浆及一些纳米颗粒能够透过而出，这就是所谓的EPR效应[6]。总之，针对新血管生成，并结合肿瘤血管与正常血管结构差异的抗血管疗法为恶性肿瘤的治疗提供了新的策略。

抗血管治疗有多种靶标选择，现有抗血管治疗的靶标主要有如下几种：

① 针对血管生成因子[7,8]。肿瘤血管生成是在血管生成因子刺激下开始的，

抑制血管生成因子的释放就能有效抑制肿瘤血管的生成。自Folkman于1973年提出肿瘤血管生成因子（TAF）概念以来，目前已经发现了多种对肿瘤血管生成具有促进作用的生长因子，例如血管内皮生长因子（VEGF）、成纤维生长因子（FGF）、血小板源性生长因子（PDGF）等，其中最重要的生长因子是VEGF[9]。1989年，Ferrara等首次从小牛垂体滤泡细胞体外培养液中纯化提取到了VEGF[10]，它广泛表达于成纤维细胞、平滑肌细胞、内皮细胞及肿瘤细胞等多种细胞，但其受体则仅存在于血管内皮细胞上，因此VEGF是一种高度特异性地作用于血管内皮细胞的因子。这类因子可以结合并激活内皮细胞表面的酪氨酸激酶受体，并通过一系列信号通路诱导内皮细胞增生、迁移和细胞间质蛋白的水解，从而参与血管和淋巴管的生成。

② 用内源性血管生成抑制物[11,12]。内源性血管生成抑制物可起到对抗体内所有肿瘤性血管生成因素的作用，进而影响肿瘤血管的生成。目前内源性血管生成抑制因子主要包括血小板反应素、血小板因子、内皮抑素（endostatin）以及血管抑素等。其中内皮抑素和血管抑素是最重要的内源性血管生成抑制物，二者均为体内无血管生成活性的较大循环蛋白质的分解片段，它们可以诱导内皮细胞的凋亡，抑制内皮细胞的增生、移行和新生血管管腔的形成。

③ 直接针对血管内皮细胞[13]。这种方法直接针对肿瘤血管内皮细胞的特导性标记物，利用毒素或抗体诱导肿瘤血管系统阻塞，从而导致肿瘤缺血、坏死，抑制肿瘤生长。整合素$\alpha_v\beta_3$就是一种典型的血管内皮细胞标记物，其在增生血管内皮细胞中有表达，但是在正常血管内皮细胞中无表达。利用去整合素与整合素$\alpha_v\beta_3$结合，即可阻止内皮细胞与细胞外基质（extmcellular matrix, ECM）的相互作用，最终阻止增生内皮细胞向肿瘤组织内生长和移动。另外，一些化学合成药物例如反应停、烟曲霉素及其衍生物TNP-470，可以通过抑制内皮细胞酪氨酸激酶信号的传导，影响肿瘤血管内皮细胞增生。

④ 针对血管平滑肌细胞和细胞外基质[14,15]。血管平滑肌细胞在肿瘤分泌的体液刺激因子的作用下可以向肿瘤实质内移行，这是肿瘤血管生成的重要特征。基底膜和细胞外间质ECM的破坏、溶解是肿瘤细胞浸润的重要条件，对肿瘤血管形成和内皮细胞的移行也是必要的。参与ECM溶解的关键酶包括基质金属蛋白酶（matrix metalloproteinase, MMP）、组织纤溶酶原激活因子（tissue plasminogen actiyator, tPA）、尿激酶型纤溶酶原激活因子（urokinaSe plasminogen activator, uPA）。基质金属蛋白酶抑制剂（MMP inhibitors, MMPIs）为一种血管生成抑制剂，MMPIs基因的转录可以与金属蛋白酶的锌指结构结合而抑制其活性，从而防

止细胞外间质的降解和基底膜的破坏，限制肿瘤血管的生成。现在在活体水平证实了MMPIs可以抑制肿瘤的新生血管生成，在转移瘤的治疗研究中对转移数目和大小表现出一定的抑制效果。目前研究多集中在抑制MMP活性的化学合成物上。但是这些小分子血管抑制剂通常只对少数的血管生成因子有抑制效果，因而血管抑制效率还是偏低。

金属富勒烯类纳米材料作为一种新兴的抗肿瘤药物开始崭露头角。例如钆富勒醇$Gd@C_{82}(OH)_{22}$可以有效地抑制肿瘤在小鼠体内的生长，而且没有明显毒副作用，该材料还能有效提升荷瘤小鼠的机体免疫力，同时抑制肿瘤的转移。另外，羟基化钆基金属富勒烯纳米晶可作为血管阻断剂，在小鼠肝癌和乳腺癌模型中表现出出色的抗肿瘤效果，这也是富勒烯类纳米材料作为血管阻断剂在抗肿瘤应用中的首次报道。本章将从金属富勒烯抑制肿瘤生长和金属富勒烯肿瘤血管阻断治疗两个方面介绍金属富勒烯在肿瘤治疗上的应用。

9.1
金属富勒烯抑制肿瘤生长

目前临床上的肿瘤化疗药物虽然可以有效杀伤肿瘤，但是由于毒副作用大，在实际治疗中使用剂量都受到很大限制，因此导致其治疗效率大大降低。随着纳米技术的发展，人们开始发现一些纳米材料具有高效低毒的抗肿瘤效果。2005年，Chen等在小鼠肝癌模型上研究了$Gd@C_{82}(OH)_{22}$的抑瘤效率，并与临床常见的抗肿瘤药物环磷酰胺（CTX）和顺铂（CDDP）作了对比[16]，如图9.1所示。结果显示，虽然钆富勒醇$Gd@C_{82}(OH)_{22}$在肿瘤组织富集不到0.05%，但是却可以有效地抑制肿瘤在小鼠体内的生长，而且没有明显毒副作用。此外，$Gd@C_{82}(OH)_{22}$的抑瘤效率明显更高，在达到相同抑瘤率的条件下，所需$Gd@C_{82}(OH)_{22}$、CTX和CDDP的剂量分别为0.23mg/kg、1.2mg/kg和15mg/kg。由于该$Gd@C_{82}(OH)_{22}$抗肿瘤过程中无须光源的辅助，并不直接杀死肿瘤细胞，对其他主要脏器没有观察到任何损伤，因此明显不同于富勒烯传统光动力抗肿瘤的方法。此外作者发现$Gd@C_{82}(OH)_{22}$还能有效提升荷瘤小鼠的机体免疫力，同时抑制肿瘤的转移。免疫测试表明，$Gd@C_{82}(OH)_{22}$不仅可以有效激活CCL5树突状细胞转化为CCL19表型

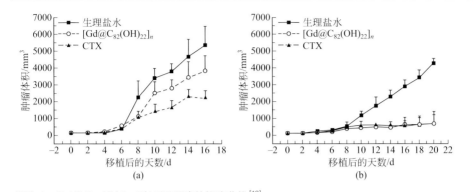

图9.1　Gd@C_{82}(OH)_{22}对H22肝癌的抑瘤曲线[16]

（a）低剂量，1.0×10^{-4}mmol/kg Gd@C_{82}(OH)_{22}，0.05 mmol/kg CTX；（b）高剂量，2.0×10^{-4} mmol/kg Gd@C_{82}(OH)_{22}，0.1mmol/kg CTX

的成熟型淋巴细胞，而且可以增加体内IFN、IL-1和IL的表达并导致卵蛋白素特异的h型免疫反应。

Liang等还发现Gd@C_{82}(OH)_{x}可以有效改善顺铂等化疗药物的耐药性问题，提升抗肿瘤效果[17]。顺铂作为一种常见的化疗药物，对上皮性恶性肿瘤以及转移性恶性肿瘤都很有疗效。但是由于毒性太大，使用中也经常遇到耐药性问题，因此临床中成功的治疗案例并不多。如何解决顺铂等化疗药物的耐药性问题也成为人们非常关心的研究课题。传统降低化疗药物耐药性的方法主要有化学修饰、基因治疗以及配合载药输送等。最近，人们又开始探索将化疗药物与纳米技术结合在一起的抗耐药性方法。其中，富勒烯类纳米材料就表现出令人振奋的实验结果。Liang等首先在细胞水平的研究中发现[18]，Gd@C_{82}(OH)_{22}可以修复人前列腺癌细胞化疗后受损的内吞功能，显著提升细胞对顺铂的摄取（图9.2）。受此结果的激励，作者在小鼠活体上做了进一步实验验证。给接种了人前列腺癌细胞的裸鼠腹腔同时注射顺铂化疗药物以及Gd@C_{82}(OH)_{22}，结果发现，与只注射顺铂药物的相比，顺铂加Gd@C_{82}(OH)_{22}可以有效提升顺铂对小鼠肿瘤的抑制率，为恶性肿瘤的有效治疗开辟了一条新的途径。

与此同时，Liu等发现C_{60}(OH)_{22}和Gd@C_{82}(OH)_{22}同样可以提升巨噬细胞的吞噬作用，并实现对肿瘤的过继性免疫疗法[19]。过继性免疫疗法是一种非常有效的抗肿瘤手段，1985年美国国家癌症研究委员会将癌症的免疫疗法确立为继外科手术、放射疗法和化学药物疗法之后的第四种疗法。其实施过程通常是把致敏淋巴细胞（具有特异免疫力的）或致敏淋巴细胞的产物（例如转移因子和免疫核糖核

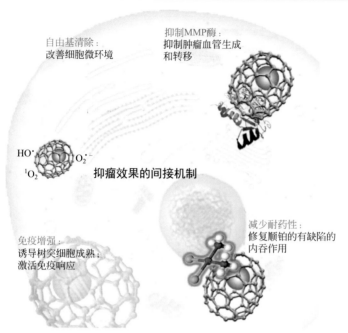

自由基清除：
改善细胞微环境

抑制MMP酶：
抑制肿瘤血管生成
和转移

HO·   ·O₂⁻
¹O₂

抑瘤效果的间接机制

免疫增强：
诱导树突细胞成熟；
激活免疫响应

减少耐药性：
修复顺铂的有缺陷的
内吞作用

图9.2　Gd@C₈₂(OH)₂₂可能的抑瘤机理[18]

MMP—基质金属蛋白酶

酸等）输给细胞免疫功能低下者（如肿瘤病人），使其获得抗肿瘤免疫力。但是目前几种过继性免疫试剂的临床实验结果都不理想，毒性太大。之前 Chen 等已经报道了羟基化富勒烯衍生物具有良好的抗肿瘤效果，而且还可以提升机体的免疫力[20~22]。因此作者设想富勒醇的这种抗肿瘤效果是否与富勒醇活化巨噬细胞有关系。结果显示 $C_{60}(OH)_{22}$ 和 $Gd@C_{82}(OH)_{22}$ 均可以增强线粒体的代谢，提高巨噬细胞的吞噬作用，并促进细胞因子释放。而活化后的巨噬细胞最终能抑制肿瘤细胞的生长，从而实现对肿瘤的免疫性治疗[23]。

综上所述，研究者分别从多方面探索了以 $Gd@C_{82}(OH)_{22}$ 为代表的富勒烯衍生物在抗肿瘤领域的新应用，并从不同角度阐述了可能的抑瘤机制[24]。虽然机制不一样，但是有个共同点就是金属富勒烯本身并不直接杀死肿瘤细胞，而且在肿瘤组织富集很少，就可以达到很好的抗肿瘤效果。这种高效的抗肿瘤机制究竟如何发生，引起了研究者的浓厚兴趣。前面已经提到过，一个肿瘤瘤体要想快速长大，必须依赖肿瘤新生血管的生成，而且肿瘤血管是癌细胞的主要转移通道。因此，阻断或破坏肿瘤血管，一方面能切断肿瘤组织的营养供给，"饿死"肿瘤；另一方面会最大程度地阻断癌细胞的扩散和转移。更重要的是，与庞大数量的癌细胞相

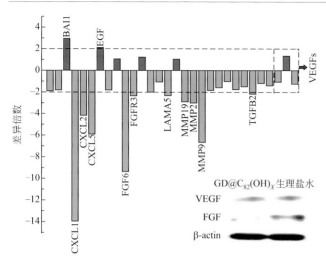

图9.3　Gd@C$_{82}$(OH)$_{22}$在mRNA和蛋白质水平抑制多种血管生成因子[25]

比，肿瘤血管数量仅仅数以千计，更由于它们互相联通，往往只要破坏几百根甚至几十根毛细血管，就能迅速导致整个肿瘤被灭杀。因此，相比于直接杀死肿瘤细胞，破坏肿瘤血管的方法更加高效。于是开始有研究者将注意力转向富勒烯与血管之间的相互作用。

最新研究显示，金属富勒烯可以抑制多种血管生成因子。肿瘤血管的生成一般都是由血管生成因子调控的，因此，通过抑制这些血管生成因子的生成就可以有效地抑制肿瘤的生长。赵宇亮等研究发现[25]，Gd@C$_{82}$(OH)$_{22}$纳米颗粒在mRNA和蛋白质水平可以抑制多达10种血管生成因子（图9.3），包括纤维细胞生长因子（FGF）、趋化因子配体（CXCL）、基质金属蛋白酶（MMP）和转化生长因子（TGF）等，这些因子在经过Gd@C$_{82}$(OH)$_{22}$处理后浓度均显著降低。在蛋白质水平的研究也同样验证了该结果。

体外研究表明，该纳米材料可以抑制80%人微血管内皮细胞的迁移（图9.4）。此外，经过2周的给药处理后，肿瘤组织血管密度下降40%，同时肿瘤组织血流速度及灌注也相应下降达40%。肿瘤抑制效果与临床上使用的药物紫杉醇相当。Gd@C$_{82}$(OH)$_{22}$纳米颗粒代表一类新型的血管生成抑制剂，与传统分子型抑制剂相比具有很多优势。虽然目前已经开发了很多种类血管抑制剂，例如小分子抑制剂、多肽抑制剂以及抗体类抑制剂，然而临床研究表明，现有大部分抑制剂的抑制效率通常较低，因为这些抑制剂只针对很少甚至一种血管生成因子，副作用大，而且容易产生抗药性。活体研究表明，Gd@C$_{82}$(OH)$_{22}$纳米颗粒可以有效抑制肿瘤的生长，与临床上使用的紫杉醇相比，即便只使用1/3的剂量，对乳腺癌也具有更佳的抑制效果。

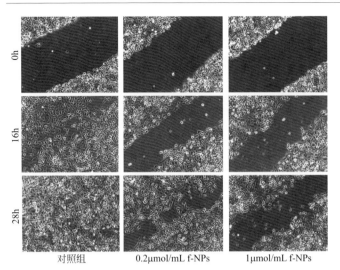

图9.4　Gd@C$_{82}$(OH)$_{22}$可以显著抑制人微血管内皮细胞的迁移[25]

f-NPs—富勒烯纳米材料

与此同时，Gd@C$_{82}$(OH)$_{22}$纳米颗粒对正常血管没有影响，处理之后血管壁没有发现任何缺口和间隙，也不会出现出血、血液凝结等现象（图9.5）。所有这些研究都表明Gd@C$_{82}$(OH)$_{22}$纳米颗粒在肿瘤微环境中具有很好的抗血管生成能力[26～29]。

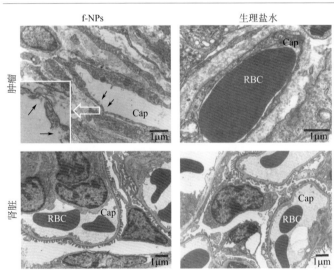

图9.5　Gd@C$_{82}$(OH)$_{22}$破坏肿瘤血管的完整性，但是对正常血管无明显影响[25]

Cap—毛细血管；RBC—红细胞

9.2
金属富勒烯肿瘤血管阻断治疗

　　肿瘤的生长需要功能性的血管网络为其提供氧气及必要的营养物质，同时及时清除代谢产物。肿瘤可通过与宿主现有血管整合获得部分血管系统，但是为了持续地生长和发展，还必须通过新生血管形成自己的血管网络。肿瘤血管与正常血管有着显著的差别，这也成为了肿瘤治疗策略的有效靶点之一。相比于正常血管，肿瘤血管通常被认为是"不成熟"的血管，表现为结构缺乏完整性，管壁薄弱，缺乏平滑肌及完整的基底膜结构。内皮细胞之间存在较大缝隙，通透性强；血管网结构紊乱，有大量的血管盲端、动静脉间短路及血管的局部膨出等，导致渗出增加及组织间高压，同时也易于癌细胞穿透而形成远处转移。目前血管靶向治疗主要集中在抗血管生成，即抑制肿瘤新生血管的形成，以及血管阻断法[30]，即运用血管阻断剂（vascular disrupting agents，VDAs）快速选择性地破坏关闭已有肿瘤血管，导致继发性肿瘤细胞死亡（图9.6）。目前已有多种小分子血管阻断剂用于临床试验或临床前试验，主要为微管类药物和类黄酮药物[31]。微管类药物是通过破坏内皮细胞微观蛋白，引起G_2/M期阻滞，从而导致血管破坏，最具代表性的有CA4P[32,33]、Z6126[34~36]等。黄酮类药物有FAA、DMXAA等，在小鼠肿瘤模型中显示此类药物有显著的抗肿瘤血管作用，有研究报道其作用机制与调控其它细胞因子或血管活性因子有关。在临床试验中，此类小分子VDAs均表现出

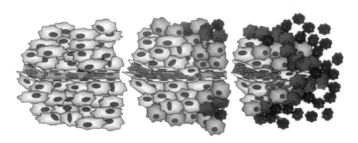

图9.6　VDAs药物血管阻断示意图[30]
图中从左往右依次为肿瘤新生的血管网络、肿瘤血管被破坏、血管破损后肿瘤组织坏死

不同程度的肿瘤疼痛及剂量相关的毒性，表现为如头痛、恶心、呼吸困难等不良反应，其中最为严重的是胸痛或心血管反应。

富勒烯本身具有强烈的疏水性，在极性溶剂中极低的溶解度限制了其在生理介质中的使用，也严重影响了富勒烯在生物医学中的应用，所以改善富勒烯在极性溶剂，尤其在水相中的溶解度，成为了富勒烯在生物应用中研究的关键点。随着纳米科技的飞速发展，纳米材料的可控化合成及多样化应用被不断地挖掘和开发。富勒烯的修饰方法也在不断被丰富和优化，其衍生物的性能也在不断提高，如可控的尺寸分布、功能化的表面等。目前主要通过亲水性高分子材料，如PEG、PVP等包覆或在碳笼表面修饰亲水性基团，如羟基、氨基等增加其在水中的溶解度。从目前研究现状看，引入水溶性基团的方式不仅解决了溶解度问题，新官能团的引入还赋予富勒烯一些新的物理化学性质，这也吸引了不少学者的研究兴趣。富勒醇是较早合成并应用于生物医药领域的富勒烯衍生物之一，早在1992年就有关于富勒醇 $C_{60}(OH)_n$ 的相关报道[37]。随着修饰方法的不断优化，目前富勒醇或金属富勒醇的合成方法主要有混合酸法及四丁基氢氧化铵（TBAH）催化碱法[38]。混合酸法由于修饰的羟基数量有限，在应用中经常需要借助二甲基亚砜或吐温80等助溶剂，TBAH催化碱法则需要在合成过程借助TBAH达到相转移的目的。

修饰方法的绿色安全性对富勒烯的生物应用尤为重要。2015年，Zhen等首次运用简单的一步固液反应合成了羟基化钆基金属富勒烯纳米晶（gadofullerene nanocrystals，GFNCs）。相比于传统的富勒醇合成方法，所报道的固液反应体系成分简单，推测可能为双氧水在碱性条件下对富勒烯表面的自由基加成反应，整个反应过程不添加任何催化剂，后续纯化过程简单方便，同时能满足大量生产的需求[39]。研究者发现，这种新型的GFNCs可作为血管阻断剂，在小鼠肝癌和乳腺癌模型中表现出出色的抗肿瘤效果，这也是富勒烯类纳米材料作为血管阻断剂在抗肿瘤应用中的首次报道。

设计尺寸合适的金属富勒烯纳米颗粒，并通过静脉注射（IV）将纳米颗粒输送至小鼠体内。由于肿瘤部位的EPR效应，纳米颗粒在肿瘤血管处容易滞留，此时施加外界射频，使到达肿瘤部位的GFNCs能够吸收射频（RF）内能，并在短时间内发生相变，随之带来的体积膨胀效应能迅速破坏GFNCs附近的内皮细胞连接，导致肿瘤血管发生破裂，阻断对肿瘤的营养及氧气供应，进一步造成肿瘤部位的"瘫痪"。随着时间的延长，肿瘤细胞最终将被"饿死"（图9.7）。虽然金属富勒烯纳米颗粒对肿瘤血管的破坏机制尚未完全明确，但其对肿瘤血管的破坏已

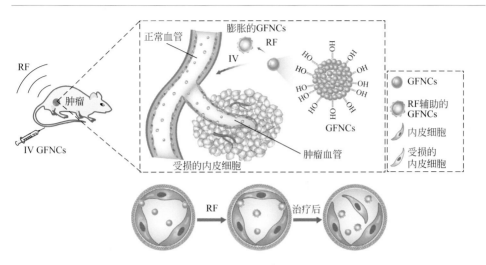

图9.7 射频辅助的GFNCs对肿瘤血管阻断治疗机制[39]

从不同角度得到了证实。

最初，研究者通过磁共振血管成像（magnetic resonance angiography，MRA）技术对GFNCs治疗前后的肿瘤血管进行了观察，发现与对照组相比，经过射频辅助的GFNCs治疗之后，流向肿瘤部位的动脉血管量显著减少［图9.8（a）~（d）］。随着技术手段的不断发展，Wang等还发展了背部皮肤视窗（dorsal skin flap chamber，DSFC）模型用于肿瘤血管的观察[40]。基于裸鼠DSFC模型，并结合显微镜技术，研究人员准确直观地得到了肿瘤血管的结构，而且能实时观察到治疗过程中肿瘤血管的形态变化［图9.8（e）］。相比于正常血管，肿瘤血管显得扭曲且杂乱无章，在治疗过程中发现，治疗前完整的血管逐渐变得模糊，进而断裂，视窗中也出现了若干出血点，并不断扩大形成血晕。DSFC模型的建立，方便了对射频辅助的GFNCs治疗肿瘤的实时观察，也为研究血管阻断机制提供了形象直观的证据。不仅如此，利用荧光分子（如FITC）对视窗中的肿瘤血管进行荧光成像，使得我们在得到肿瘤血管形态变化信息外，还能获得治疗过程中血管中血液循环的情况，为后期深入研究其机制提供了更多的信息。

血管成像技术能形象地呈现最真实、直观的图像，但却无法给出准确定量的结果。基于以上定性的结果，Wang等首先采用了磁共振动态对比增强（dynamic contrast enhanced magnetic resonance imaging，DCE-MRI）技术对治疗前后的肿瘤血管功能及损伤程度进行了定量的评价[41]。常规的磁共振成像只能展现某一时间点时被造影剂强化后的组织形态，却不能反映组织血管通透性及局部区域血流

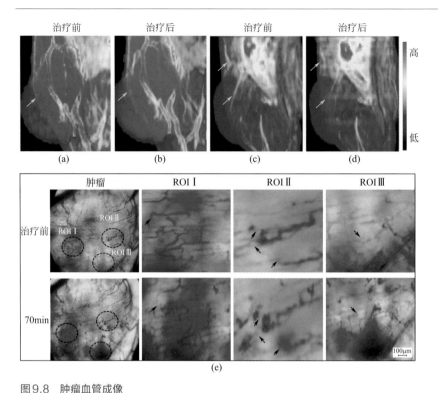

治疗前 治疗后 治疗前 治疗后

高

低

(a) (b) (c) (d)

肿瘤 ROI I ROI II ROI III

治疗前

70min

100μm

(e)

图9.8 肿瘤血管成像

射频辅助的GFNCs治疗前后对照组[（a）、（b）]及实验组[（c）、（d）]的MRA成像；DSFC模型观察治疗前及治疗后70min时肿瘤血管的形态变化（e）

灌注等微观功能信息。DCE-MRI是通过连续、重复且快速的成像，将注入造影剂之前、之中、之后各个时期组织强化情况的一系列连续动态增强过程的图像，经过计算分析得到能够反映组织微循环功能的各种半定量或定量的参数。它是一种以病变、组织中的微血管系统为生理基础，来评估病变、组织生理性质的功能成像新技术，通过对这些参数的分析，可以定量地评价肿瘤部位的血流灌注和（或）血管通透性。在实际操作中，通常对小鼠等动物模型静脉注射造影剂，通过DCE序列对肿瘤组织进行即时的成像，并且连续采集短时间内肿瘤部位的造影剂信号的变化。通过信号强度计算短时间内小分子造影剂在肿瘤中的浓度变化，造影剂在肿瘤组织的代谢情况定量反映了治疗前后不同时间点的肿瘤血管功能与病变情况。小鼠H22肿瘤经过射频辅助的GFNCs治疗后，不同时间点造影剂的浓度均显示下降的趋势，表明肿瘤血管功能遭到损伤，使得肿瘤组织内造影剂经过肿瘤血管的灌注减少（图9.9）。而且，从24h和48h的浓度-时间曲线可以看出，金属富

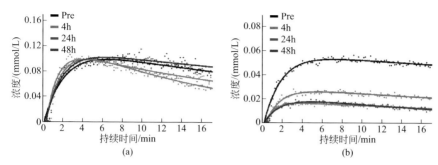

图9.9　由DCE-MRI转化得到的不同时间点对照组（a）及治疗组（b）肿瘤附近Gd-DTPA浓度曲线[41]

勒烯对肿瘤血管功能的破坏持续稳定，直至48h依然没有恢复。然而，经过单一的射频辐射后，肿瘤内所灌注的造影剂浓度没有发生明显变化，反映了单一的射频照射下，肿瘤血管并没有受到损伤。

　　DCE-MRI技术是借助造影剂在肿瘤区域的分布间接地反映血管密度等信息，在现代科技的推动下，也发展了许多更加直接的、便捷的，适合实际临床应用的手段来监测血流量的变化。Wang等采用激光多普勒血流灌注成像仪对治疗前后肿瘤部位进行了血流灌注成像和监测[42]。不同于DCE-MRI，激光多普勒技术是通过低能量激光束对组织进行扫描，生成彩色编码微循环血流灌注图像，可监测较大范围的血流灌注数据。如图9.10所示，在治疗后GFNCs+射频组的肿瘤区域血流量明显下降，而

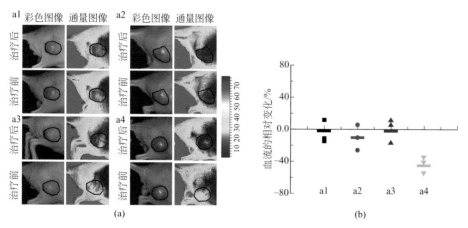

图9.10　肿瘤部位血流成像

（a）治疗前后不同组（a1：生理盐水组；a2：生理盐水＋射频组；a3：GFNCs组；a4：GFNCs＋射频组）血流灌注图像；（b）治疗前后不同组别血流量相对变化值[42]

其他三个对照组的血流数据在治疗前后并没有发生明显的变化，这从血流量相对变化值的定量计算中也能体现出来。无论是造影剂的浓度，还是血流灌注数据，都是对肿瘤部位血管密度的客观反映。这两种手段虽然原理有所差别，但得到的结果都证实了基于射频辅助的GFNCs血管阻断技术，高效快速地破坏了肿瘤血管网络。

金属富勒烯在肿瘤血管阻断中发挥了重要作用，而隐藏在这现象背后的更深层次的"真相"吸引着研究者们不断前行。众所周知，肿瘤血管由更小的子单元共同构成，如内皮细胞、周细胞、基膜等，其中绝大多数是增生的内皮细胞，而这些更小的子单元往往就是肿瘤治疗的重要靶点，其中以对内皮细胞的靶向研究尤为居多。内皮细胞是由复杂的跨膜黏附蛋白形成的，血管内皮钙黏蛋白（VE-cadherin）属于Ⅱ型钙黏蛋白，是血管内皮细胞表面特异的跨膜黏附蛋白。它介导了相邻内皮细胞之间的黏附连接，在保持血管的完整性，调节内皮细胞之间的通透性和细胞内的信号传导，以及血管发生、形成和血管内环境的稳定中发挥了重要作用。在对金属富勒烯血管阻断的机制研究中，研究者们发现VE-cadherin同样有着至关重要的地位。取治疗后的肿瘤组织进行蛋白质免疫印迹（Western Blot，WB）分析，相对于对照组，经过金属富勒烯治疗后VE-cadherin含量将近有60%的下调（图9.11），这充分说明了金属富勒烯对肿瘤血管的阻断作用很有可能是通

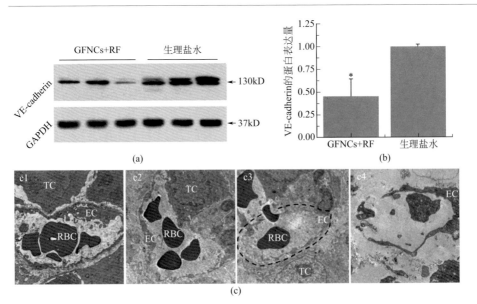

图9.11　金属富勒烯治疗后肿瘤组织中VE-cadherin的WB分析（a）及蛋白表达含量相对值（b）；肿瘤血管的透射电镜图像（c），其中c1为对照组，c2～c4为金属富勒烯治疗后的实验组[40]

过破坏 VE-cadherin 来完成的。内皮细胞之间失去 VE-cadherin 的黏附连接后，血管通透性随之改变，严重的甚至会造成局部血管的断裂，这一点可以通过对血管细微结构的表征得以证明。对肿瘤血管的透射电镜（TEM）表征能清晰地看到血管内皮细胞等结构，在经过金属富勒烯治疗后，肿瘤血管变得粗糙破损，局部内皮细胞连接发生断裂，断裂处也为红细胞的渗出提供了缺口，这与前述的视窗模型中观察到的局部出血点现象完全一致。

羟基化的金属富勒烯 GFNCs 对肿瘤血管阻断作用的发现，打开了金属富勒烯作为血管阻断剂治疗肿瘤这一新世界的大门。然而，在众多富勒烯衍生物中，羟基修饰的衍生化产物虽然研究最早、应用最广，但性质更优的衍生化产物仍然值得我们不断研究和开发。Wang 等继 GFNCs 肿瘤治疗研究后，又对固液法的应用进行了拓展。他们发现通过在固液反应中引入氨基酸小分子，替代原有的反应物双氧水，从而在本质上改变了反应的类型，有效控制了反应的进程[40]。反应合成的氨基酸修饰的金属富勒烯纳米颗粒（β-Alanine derivatives of gadolinium endohedral metallofullerences，GF-Ala）在粒径分布上显得更为均一，且由于对反应进程的有效控制，金属富勒烯碳笼表面修饰的基团数明显减少，从而较大程度地保持了碳笼本身的性质。其中最显著的表现在纳米颗粒的有效磁矩上，GF-Ala 相比于 GF-OH（即 GFNCs）的有效磁矩得到了明显的提升（GF-OH：8.5μ；GF-Ala：8.9μ）。

金属富勒烯纳米颗粒的物理化学性质在很大程度上影响了其作为血管阻断剂在抗肿瘤试验中的效果。

首先，由于表面修饰官能团的变化，GF-Ala 在生理介质中的行为与 GFNCs 产生了显著的差异。通过探测两种材料在小鼠血液中的保留时间，研究人员发现，这种氨基酸修饰的金属富勒烯纳米颗粒在血液中的循环时间几乎为羟基修饰衍生物的两倍（GF-OH：5.17 h；GF-Ala：9.18h）。推测这种生理行为的差异很有可能与颗粒的尺寸及均匀性有关，材料的粒径对免疫细胞的吞噬作用、药物半衰期、组织分布及肿瘤部位的富集有着重要的影响。通常尺寸较小的颗粒不容易被巨噬细胞吞噬，而尺寸较大的颗粒容易在体内产生聚集，进而导致被网状内皮系统清除，降低其在体内的有效含量。从研究结果看，GF-OH 均一性较差，有团聚的趋势，这在一定程度上解释了其循环时间短的现象。当然，由于体内复杂的生理反应，两种材料在体内所发生的行为还有待进一步的研究。由于金属富勒烯需要在肿瘤血管处发挥血管阻断作用，较长的血液循环时间有效增强了其对肿瘤血管的破坏作用。

其次，由于 GF-Ala 的有效磁矩大于 GF-OH，而治疗过程中所用到的射频主要为电磁场，磁性更强的 GF-Ala 更有可能与射频产生更强的相互作用，这也可能

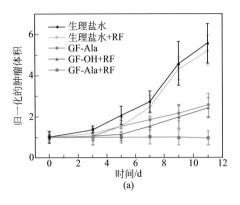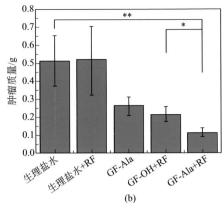

图9.12　金属富勒烯阻断肿瘤血管抑瘤效果

（a）不同组肿瘤生长曲线；（b）不同组肿瘤质量对比[40]

对金属富勒烯阻断肿瘤血管产生一定的影响。研究者基于对以上两种金属富勒烯纳米材料的性质表征，在小鼠肝癌H22模型上对其抗肿瘤效果进行了系统的研究。与预测结果一致，在相同剂量下GF-Ala较于GF-OH表现出了更高的抑瘤率（图9.12），即GF-Ala具有更低的起效剂量以及更短的射频治疗时间，这对于用药的安全性及扩大药物的治疗窗口有着重要的意义。

相比于目前常用的手术、放/化疗手段，肿瘤血管阻断疗法直接高效地切断肿瘤营养供应，且最大程度地阻止了肿瘤细胞的扩散和转移。此外，由于肿瘤血管内皮细胞基因表达相对稳定，此疗法不易产生抗药性，在未来的肿瘤治疗领域中有着巨大的发展前景。更重要的是，金属富勒烯水溶化纳米晶作为肿瘤血管阻断剂这一发现，丰富和发展了血管阻断剂的应用，且富勒烯的生物安全性经历了大量研究的考证，能弥补现有血管阻断剂所存在的不足之处，极大地推动了肿瘤治疗药物及技术的发展。

9.3
小　结

以钆内嵌金属富勒烯为代表的富勒烯衍生物在抗肿瘤领域展现出新的抑瘤机

制。Gd@$C_{82}(OH)_{22}$纳米颗粒在肿瘤微环境中具有很好的抗血管生成能力，而且没有明显毒副作用，该材料还能有效提升荷瘤小鼠的机体免疫力，同时抑制肿瘤的转移。基于射频辅助的金属富勒烯水溶化纳米晶能高效快速地破坏肿瘤血管网络，打开了金属富勒烯作为血管阻断剂治疗肿瘤这一新世界的大门。基于金属富勒烯材料，结合肿瘤血管与正常血管结构差异的抗血管疗法为恶性肿瘤的治疗提供了新的策略。

参考文献

[1] Hanahan D, Weinberg R A. Hallmarks of cancer: the next generation[J]. Cell, 2011, 144 (5): 646-674.

[2] Anguille S, Smits E L, Bryant C, et al. Dendritic cells as pharmacological tools for cancer immunotherapy[J]. Pharmacol Rev, 2015, 67 (4): 731-753.

[3] Mizuno T, Suzuki N, Makino H, et al. Cancer stem-like cells of ovarian clear cell carcinoma are enriched in the ALDH-high population associated with an accelerated scavenging system in reactive oxygen species[J]. Gynecol Oncol, 2015, 137 (2): 299-305.

[4] Folkman J. Tumor angiogenesis: therapeutic implications[J]. New Engl J Med, 1971, 285 (21): 1182-1186.

[5] Ducloux D, Carron P L, Rebibou J M, et al. CD4 lymphocytopenia as a risk factor for skin cancers in renal transplant recipients[J]. Transplantation, 1998, 65 (9): 1270-1272.

[6] Maeda H, Wu J, Sawa T, et al. Tumor vascular permeability and the EPR effect in macromolecular therapeutics: a review[J]. J Controlled Release, 2000, 65 (1-2): 271-284.

[7] Denekamp J. Neovascular proliferation and vascular pathophysiology as targets for cancer-therapy [J]. Br J Radiol, 1993, 66 (783): 181-196.

[8] Folkman J. Seminars in medicine of the Beth Israel Hospital, Boston—Clinical applications of research on angiogenesis[J]. New Engl J Med, 1995, 333 (26): 1757-1763.

[9] McNeish I, Bell S, Lemoine N. Gene therapy progress and prospects: cancer gene therapy using tumour suppressor genes[J]. Gene Ther, 2004, 11 (6): 497-503.

[10] Ferrara N, Henzel W J. Pituitary follicular cells secrete a novel heparin-binding growth factor specific for vascular endothelial cells[J]. Biochem Biophys Res Commun, 1989, 161 (2): 851-858.

[11] Folkman J. Role of angiogenesis in tumor growth and metastasis[J]. Semin Oncol, 2002, 29 (6): 15-18.

[12] Oreilly M S, Boehm T, Shing Y, et al. Endostatin: An endogenous inhibitor of angiogenesis and tumor growth[J]. Cell, 1997, 88 (2): 277-285.

[13] Yu J Y, Tian S, Metheny-Barlow L, et al. Modulation of endothelial cell growth arrest and apoptosis by vascular endothelial growth inhibitor[J]. Circul Res, 2001, 89 (12): 1161-1167.

[14] Zagzag D, Amirnovin R, Greco M A, et al. Vascular apoptosis and involution in gliomas precede neovascularization: A novel concept for glioma growth and angiogenesis[J]. Lab Invest, 2000, 80 (6): 837-849.

[15] Vince G H, Wagner S, Pietsch T, et al. Heterogeneous regional expression patterns of

matrix metalloproteinases in human malignant gliomas[J]. Int J Dev Neurosci, 1999, 17 (5-6): 437-445.

[16] Chen C, Xing G, Wang J, et al. Multihydroxylated [Gd@ C$_{82}$ (OH)$_{22}$]$_n$ nanoparticles: antineoplastic activity of high efficiency and low toxicity[J]. Nano Lett, 2005, 5 (10): 2050-2057.

[17] Liang X J, Meng H, Wang Y, et al. Metallofullerene nanoparticles circumvent tumor resistance to cisplatin by reactivating endocytosis[J]. P Natl Acad Sci, 2010, 107 (16): 7449-7454.

[18] Liang X J, Shen D W, Garfield S, et al. Mislocalization of membrane proteins associated with multidrug resistance in cisplatin-resistant cancer cell lines[J]. Cancer Res, 2003, 63 (18): 5909-5916.

[19] Liu Y, Jiao F, Qiu Y, et al. The effect of Gd@ C$_{82}$ (OH)$_{22}$ nanoparticles on the release of Th1/Th2 cytokines and induction of TNF-α mediated cellular immunity[J]. Biomaterials, 2009, 30 (23): 3934-3945.

[20] Pan Y, Wang L, Kang S G, et al. Gd-metallofullerenol nanomaterial suppresses pancreatic cancer metastasis by inhibiting the interaction of histone deacetylase 1 and metastasis-associated protein 1[J]. ACS Nano, 2015, 9 (7): 6826-36.

[21] Wang L, Lin X, Wang J, et al. Novel insights into combating cancer chemotherapy resistance using a plasmonic nanocarrier: enhancing drug sensitiveness and accumulation simultaneously with localized mild photothermal stimulus of femtosecond pulsed laser[J]. Adv Funct Mater, 2014, 24 (27): 4229-4239.

[22] Zhou H, Zhang B, Zheng J, et al. The inhibition of migration and invasion of cancer cells by graphene via the impairment of mitochondrial respiration[J]. Biomaterials, 2014, 35 (5): 1597-607.

[23] Chen Z, Mao R, Liu Y. Fullerenes for cancer diagnosis and therapy: preparation, biological and clinical perspectives[J]. Curr Drug Metab,

2012, 13 (8): 1035-1045.

[24] Wang J, Hu Z, Xu J, et al. Therapeutic applications of low-toxicity spherical nanocarbon materials[J]. NPG Asia Mater, 2014, 6 (2).

[25] Meng H, Xing G, Sun B, et al. Potent angiogenesis inhibition by the particulate form of fullerene derivatives, 2010, 4: 2773-2783.

[26] Kang S G, Zhou G, Yang P, et al. Molecular mechanism of pancreatic tumor metastasis inhibition by Gd@C$_{82}$(OH)$_{22}$ and its implication for de novo design of nanomedicine[J]. Proc Natl Acad Sci USA, 2012, 109 (38): 15431-15436.

[27] Meng J, Liang X, Chen X, et al. Biological characterizations of [Gd@C$_{82}$(OH)$_{22}$]$_n$ nanoparticles as fullerene derivatives for cancer therapy[J]. Inter Biol, 2013, 5 (1): 43-47.

[28] Wang J, Chen C, Li B, et al. Antioxidative function and biodistribution of [Gd@C$_{82}$(OH)$_{22}$]$_n$ nanoparticles in tumor-bearing mice[J]. Biochem Pharmacol, 2006, 71 (6): 872-881.

[29] Yin J J, Lao F, Meng J, et al. Inhibition of tumor growth by endohedral metallofullerenol nanoparticles optimized as reactive oxygen species scavenger[J]. Mol Pharmacol, 2008, 74 (4): 1132-1140.

[30] Mukherjee S, Patra C R. Therapeutic application of anti-angiogenic nanomaterials in cancers[J]. Nanoscale, 2016, 8 (25): 12444-12470.

[31] Monk K A, Siles R, Hadimani M B, et al. Design, synthesis, and biological evaluation of combretastatin nitrogen-containing derivatives as inhibitors of tubulin assembly and vascular disrupting agents[J]. Biorg Med Chem, 2006, 14 (9): 3231-3244.

[32] Stevenson J P, Rosen M, Sun W, et al. Phase I trial of the antivascular agent combretastatin A4 phosphate on a 5-day schedule to patients with cancer: magnetic resonance imaging evidence for altered tumor blood flow[J]. J Clin Oncol, 2003, 21 (23): 4428-4438.

[33] Pettit G R, Temple Jr C, Narayanan V, et al. Antineoplastic agents 322. synthesis of combretastatin A-4 prodrugs[J]. Anti-Cancer

Drug Des, 1995, 10 (4): 299-309.

[34] Micheletti G, Poli M, Borsotti P, et al. Vascular-targeting activity of ZD6126, a novel tubulin-binding agent[J]. Cancer Res, 2003, 63 (7): 1534-1537.

[35] Evelhoch J L, LoRusso P M, He Z, et al. Magnetic resonance imaging measurements of the response of murine and human tumors to the vascular-targeting agent ZD6126[J]. Clin Cancer Res, 2004, 10 (11): 3650-3657.

[36] Siemann D W, Rojiani A M. Antitumor efficacy of conventional anticancer drugs is enhanced by the vascular targeting agent ZD6126[J]. Int J Radiat Oncol, 2002, 54 (5): 1512-1517.

[37] McEwen C N, McKay R G, Larsen B S. C_{60} as a radical sponge[J]. J Am Chem Soc, 1992, 114 (11): 4412-4414.

[38] Zhou A, Zhang J, Xie Q, et al. Application of double-impedance system and cyclic voltammetry to study the adsorption of fullerols ($C_{60}(OH)_n$) on biological peptide-adsorbed gold electrode[J]. Biomaterials, 2001, 22 (18): 2515-2524.

[39] Zhen M, Shu C, Li J, et al. A highly efficient and tumor vascular-targeting therapeutic technique with size-expansible gadofullerene nanocrystals[J]. Sci China Mater, 2015, 58 (10): 799-810.

[40] Zhou Y, Deng R, Zhen M, et al. Amino acid functionalized gadofullerene nanoparticles with superior antitumor activity via destruction of tumor vasculature in vivo[J]. Biomaterials, 2017, 133: 107-118.

[41] Deng R, Wang Y, Zhen M, et al. Real-time monitoring of tumor vascular disruption induced by radiofrequency assisted gadofullerene[J], Sci China Mater, 2018.

[42] Li X, Zhen M, Deng R, et al. RF-assisted gadofullerene nanoparticles induces rapid tumor vascular disruption by down-expression of tumor vascular endothelial cadherin[J]. Biomaterials, 2018, 163: 142-153.

NANOMATERIALS

金属富勒烯：从基础到应用

Chapter 10

第10章

富勒烯和金属富勒烯在其他生物医学领域的应用

富勒烯具有非常大的共轭电子结构，从而能够高效地捕获自由基，可作为抗氧化剂用来保护细胞或者组织免受过多自由基的伤害。多年研究表明，富勒烯作为自由基清除试剂和氧化应激调节剂，可以保护细胞免受自由基的伤害，提高细胞活性；也可以在活体层面，改善体内氧化应激状态，提高免疫功能，达到抗肿瘤等效果。人类很多疾病包括衰老都是和自由基息息相关的，而富勒烯作为高效无毒的自由基清除剂，具有抵抗疾病、延长寿命的临床应用潜力。另外，富勒烯碳笼本身还可以在光照下高效地产生单线态氧，在光动力治疗方面具有很大的应用潜力。富勒烯衍生物在光动力治疗中的应用正逐渐引起人们的极大兴趣，经过修饰之后，富勒烯变为水溶性衍生物，具有非常好的光动力治疗效果，富勒烯相比传统的光敏剂而言具有更稳定的结构，不易发生光降解和光漂白。金属富勒烯在这些方面也展现出了更好的性能，有望开发成为新型的纳米药物。本章将阐述富勒烯和金属富勒烯在抗自由基、氧化损伤保护、光动力治疗、抑制HIVP、抑菌等方面的生物应用研究。

<h1 style="text-align:center">10.1</h1>

<h1 style="text-align:center">富勒烯在抗自由基和细胞保护中的应用</h1>

在众多自由基清除剂中，作为"纳米王子"的富勒烯又被称作"自由基海绵"，可以和多种类型的自由基反应。活性氧类（reactive oxygen species，ROS）是一类化学性质活泼的含氧化合物，包括氧离子、过氧化物和含氧自由基等[1]。ROS是生物体内有氧代谢过程中的一种副产物，在细胞信号传导和维持体内平衡中起着重要作用[2]。ROS水平过高会破坏体内的核酸、蛋白质，从而引起细胞和基因结构的损伤。ROS诱导的氧化损伤与许多人类疾病密切相关，包括肌肉疾病、关节炎、癌症、心血管疾病和许多神经退行性疾病[3~6]。紫外线、重金属离子和X射线辐射等恶劣环境通常会诱导产生过量的ROS，从而对组织或机体产生氧化损伤。

生物体维持正常的氧化应激水平，主要是利用体内代谢产生谷胱甘肽、过氧化氢酶和超氧化物歧化酶等，以及从体外摄取抗氧化剂如维生素C、维生素E等[7]。超氧化物歧化酶（SOD）能够催化超氧化物阴离子分解成氧气和过氧化氢；过氧化氢酶是以铁离子或锰离子作为活性中心，催化过氧化氢转换成水和氧气；谷胱甘肽广泛存在于动物、植物和微生物，能够以硫醇基作为氧化还原中心催化过氧化氢和有机氢过氧化物的分解。

富勒烯具有非常大的共轭电子结构，容易接收电子，从而能够高效地捕获活性氧自由基[8～10]。富勒烯本体就能够保护肝脏抗氧化损伤，将C_{60}分散于聚氧乙烯山梨醇酐（Tween 60）和羧甲基纤维素（CMC）中，能够有效减缓大鼠的急性四氯化碳中毒（自由基引发肝损伤的经典动物模型）。脂溶性的C_{60}富集在细胞膜内侧，有效抑制了超氧化物和羟基自由基引起的脂质过氧化作用，其抗氧化活性比维生素E更显著。以十二烷基硫酸钠（SDS）、环糊精（CDX）或乙烯醋酸乙烯酯（EVA-EVV）助溶的C_{60}能够清除氮氧自由基（NO·）诱导线粒体产生的$O_2^-·$，从而保护哺乳动物细胞抵抗NO·损伤。以聚乙烯吡咯烷酮（PVP）包覆的C_{60}/PVP和C_{70}/PVP在较低剂量下能够保护人体皮肤角质细胞抗紫外光损伤，并且在可见光下对角质细胞没有毒副作用。

为了将富勒烯类抗氧化剂广泛地应用于生物体系中，需要将亲水性基团如羧基、羟基等修饰到富勒烯碳笼上来提高其水溶性。羧基化富勒烯衍生物最早被应用于抗氧化研究。在1997年，Dugan等[11]使用电子顺磁共振波谱仪（EPR）证明羧基富勒烯衍生物能够减低活性氧水平，加入$C_{60}[C(COOH)_2]_3$能够显著降低$O_2^-·$和·OH的EPR信号（见图10.1）。$C_{60}[C(COOH)_2]_3$能够减缓天门冬氨酸（NMDA）诱导的皮层神经元细胞死亡，并且降低Aβ-缩氨酸的神经毒性。对于携带人突变体超氧化物歧化酶基因（G93A）的小鼠（肌萎缩性侧索硬化模型），$C_{60}[C(COOH)_2]_3$能够延迟小鼠的死亡和功能恶化。相关研究证明羧基富勒烯的衍生物能够保护神经细胞，有望应用于神经退行性疾病的防治。随后的研究[12]发现，C_3-$C_{60}[C(COOH)_2]_3$的抗氧化活性与锰超氧化物歧化酶（Mn-SOD）接近，将缺乏Mn-SOD的小鼠寿命延长了3倍左右，并且提升了小鼠的认知功能和记忆功能。尽管羧基富勒烯衍生物是水溶性的，它也能够有效减缓自由基诱导的脂质过氧化反应，从而保持细胞膜的完整性。Ali等[13,14]研究了C_3-$C_{60}[C(COOH)_2]_3$与$O_2^-·$的反应机理，发现$O_2^-·$可能是以亲核加成反应进攻碳笼上电子密度较低的区域（靠近羧基），然后C_3-$C_{60}[C(COOH)_2]_3$发挥类似SOD的歧化作用催化$O_2^-·$转化成H_2O_2和OH^-（见图10.2）。成肌细胞（C2C12）对骨骼肌的再生具有重要作用，Shu等[15]发现C_{60}和C_{70}的羧基衍生物能够保护C2C12细胞抗H_2O_2损伤，并且增强了C2C12分化后细胞（肌小管）的活性。深入研究发现含有不同数量羧基的羧基富勒烯对C2C12细胞的保护效应具有显著差异，说明羧基的数量对羧基富勒烯的抗氧化行为具有重大影响。

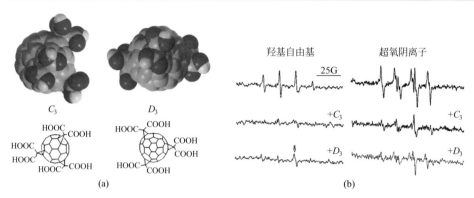

图10.1 （a）C_3和D_3对称性的$C_{60}[C(COOH)_2]_3$的结构示意图；（b）加入$C_{60}[C(COOH)_2]_3$前后，O_2^-和·OH的EPR信号的变化情况[12]

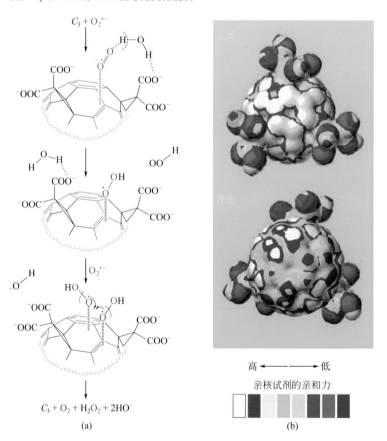

图10.2 （a）C_3-$C_{60}[C(COOH)_2]_3$清除O_2^-·的反应机理；（b）C_3-$C_{60}[C(COOH)_2]_3$电子云密度分布示意图[12]

羟基富勒烯作为最具代表性的水溶性富勒烯衍生物，也表现出了非常显著的抗自由基活性[16]。研究发现[17]，$C_{60}(OH)_{24}$能够有效清除·OH和较为稳定的二苯基苦肼基（DPPH）自由基，与DPPH反应生成的$C_{60}(OH)_{23}O·$自由基能够被EPR检测到，而·OH可能是通过亲核加成至$C_{60}(OH)_{24}$碳笼上形成了$C_{60}(OH)_{24}(OH)_n$自由基。$C_{60}(OH)_{24}$对NO·也具有显著的清除效果，有效缓解了间质细胞中过氧化氢酶、谷胱甘肽转移酶和过氧化物酶活性的降低，并且能够猝灭$O_2^-·$从而抑制脂质过氧化损伤。$C_{60}(OH)_{7\pm2}$可以保护RAW 264.7细胞抵抗硝普酸钠（SNP，1mmol/L）和H_2O_2（400μmol/L）引起的氧化损伤，也能减缓SNP诱导的小鼠肺动脉压和毛细血管渗透压的下降[18]。将$C_{60}(OH)_n$或$C_{70}(OH)_n$分散在四氢呋喃（THF）中，能够抑制肿瘤坏死因子（TNF）诱导的氧化损伤和线粒体功能紊乱[19]。$C_{60}(OH)_n$在50μmol/L的浓度下将谷氨酸与其受体的结合率减低了50%，从而将谷氨酸的神经毒性降低了80%左右，并且有效抑制了谷氨酸受体诱导的细胞内Ca^{2+}浓度的升高（如图10.3）[20]。C_{60}的多羟基衍生物还能有效抑制天冬氨酸（NMDA）、氨甲基磷酸（AMPA）和红藻氨酸（kainate）的神经毒性，将NMDA、AMPA、kainate诱导的神经元细胞凋亡率分别降低了80%、65%、50%[21]。

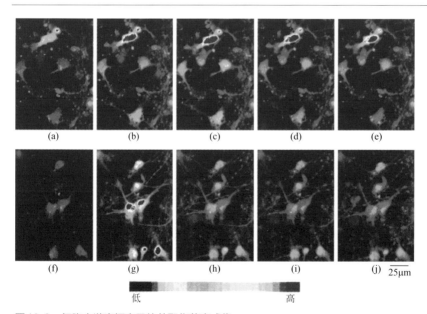

图10.3 细胞内游离钙离子的共聚焦荧光成像

（a）~（e）分别是经过谷氨酸盐处理0、30s、60s、90s和120s后的游离钙离子水平；（f）~（j）是与（a）~（e）对应的经过$C_{60}(OH)_n$预处理的游离钙离子水平[20]

10.2
富勒烯在氧化损伤保护中的应用

10.2.1
在辐射损伤保护中的应用研究

放疗导致的骨髓抑制等副作用可以通过一些射线保护药剂来缓解，如抗氧化剂或者一些天然的抗氧化提取物，比如 Amifsotine® 就是被食品药品监督管理部门批准上市用于临床放疗辅助的药物。然而，这些药物价格高昂，且会给病患带来诸多的副作用，如低血钙（发病率高达62%）、恶心呕吐和腹泻等，限制了其在临床的广泛应用。同时，大多数天然抗氧化剂效率不高，且提取较为困难，减弱了其实用性。

根据文献报道，许多抗氧化剂都有潜力作为放疗保护剂[21~24]。由于其独特的物理化学性质，富勒烯在氧化损伤保护方面具有广阔的应用前景[25,26]。在对富勒烯或者金属富勒烯进行水溶化修饰后，其大多具有低毒可代谢的生物应用特征[27,28]。加上富勒烯强大的自由基清除性质，使它们更有潜力成为新型纳米药物。

A. Tykhomyrov小组[29]选取了人工合成的自由基清除剂富勒烯纳米材料，用来研究其抗辐射损伤的功能。他们制备了水合C_{60}分子（$C_{60}HyFn$），且发现在$C_{60}HyFn$中，富勒烯作为核心结构可长期稳定存在，即使在极低用量下，也可以用作持久的抗氧化剂，被认为是一种新型高效抗氧化和放射防护剂。通过活体实验发现（图10.4），该材料确实可以延长受到辐射后小鼠的寿命和生存状态，进一步验证了富勒烯类衍生物作为抗氧化剂用于辐射损伤保护的潜在应用价值。

科学家利用斑马鱼作为生物模型[30]，研究了富勒烯作为抗氧化剂对辐射损伤的保护效果。结果发现在辐射暴露之前或之后15min内给斑马鱼摄入浓度为100 μmol/L的富勒烯，辐射诱导的毒性显著减弱，并且发现富勒烯的使用对于斑马鱼胚胎中防止辐射相关毒性与辐射诱导的活性氧物质的显著减少有关。多种修饰方法得到的富勒烯纳米材料（羟基富勒烯、羧基富勒烯、聚乙烯吡咯烷酮包覆的富勒烯等）都被证明具有很好的抗氧化效果，可以保护电离辐射带来的损伤[31,32]。

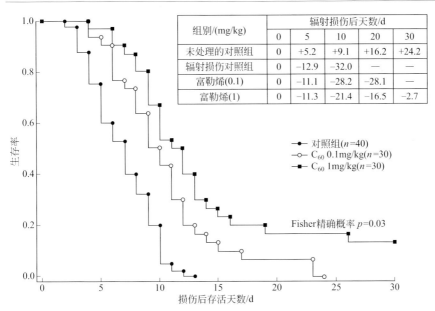

图10.4　C_{60}HyFn对辐照后小鼠30d生存率影响曲线，表格数据显示不同组小鼠体重增减情况[29]

并且几乎所有的富勒烯衍生物都没有明显的毒副作用，在体内可代谢，因而作为放射防护剂具有潜在的应用[33]。

　　Wang等研究发现，富勒烯纳米材料可以有效缓解高（6Gy）、中（4.5Gy）、低（3Gy）不同辐射剂量的X射线带来的骨髓抑制等辐射损伤，如图10.5所示。并且金属富勒烯纳米材料（GFNCs）在保护小鼠免受辐射损伤的同时，并不干扰X射线治疗肿瘤的效果，甚至对于放射治疗肿瘤有一定的协同作用，如图10.6所示，有潜力应用于生活中的低剂量射线暴露和肿瘤放射治疗等过程，作为辐射保护药剂，推向临床应用。

10.2.2
在化学药物损伤保护中的应用研究

　　化疗采用的大多数药物并无靶向性，在治疗癌症的同时，也会对体内各种快速增生的细胞产生细胞毒作用，给病患带来不可避免的副作用。大多数化疗药物在体内代谢过程中会产生过量的自由基，攻击生物大分子，破坏DNA等细节结构，从而杀死细胞治疗疾病。然而，体内过多的自由基不仅会杀死病灶组织中的

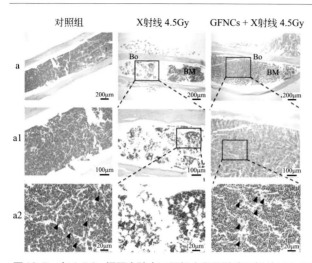

图10.5 在4.5Gy辐照实验中不同组小鼠骨髓病理切片H＆E染色观察

a1、a2为a的不同放大倍数，红箭头代表骨髓中的脂肪细胞，黑箭头代表骨髓中的造血细胞

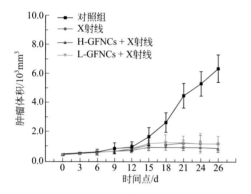

图10.6 实验过程中 X 射线及 GFNCs 对小鼠肿瘤变化影响曲线图

细胞，更会对正常组织造成伤害，因此研究开发具有抗氧化、清除自由基效果的化疗辅助药物显得尤为重要，科学家们也就此展开了一系列的研究。

Kye-Taek Lim 小组[34]利用临床常用药物环磷酰胺（CTX）诱导骨髓发生氧化应激，抑制体内抗氧化酶活性，引起骨髓抑制等副作用。之后利用从天然植物山椒（*Zanthoxylum piperitum*）中分离出的糖蛋白，研究其对 Balb/c 小鼠经 CTX 诱导产生骨髓抑制的保护作用。通过研究体内活性氧（ROS）和氧化应激状态，以及血常规等检测，结果显示，此糖蛋白可以预防 CTX 诱导小鼠的氧化应激和骨髓抑制，可以通过调节小鼠体内的氧化应激状态从而缓解化疗药物带来的损伤。

Gokhan Cuce 小组[35]发现同时服用抗氧化剂可以缓解 CTX 对人类和动物的

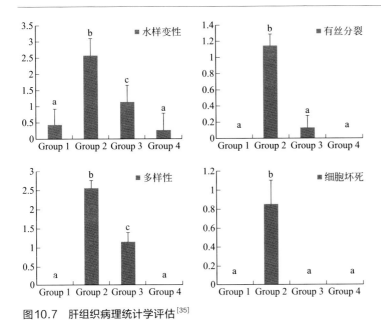

图10.7　肝组织病理统计学评估[35]

其中 Group 1 为对照组，Group 2 为 CTX 给药组，Group 3 为 CTX+VE 联合给药组，Group4 为 VE 给药组

肝组织的不良影响。他们研究了抗氧化剂维生素 E 在 CTX 诱导的大鼠肝毒性中的作用，发现维生素 E 的抗氧化作用显著降低了化疗药物引起的肝组织损伤（图10.7）。类似地，科学家对天然产物中提取的抗氧化物质在化学药物导致的损伤中所起到的保护效果做了大量研究，比如儿茶提取物、蔓越莓提取物、大蒜油提取物等，但天然产物提取物成分较为复杂，且提取工艺烦琐，若想制成临床药剂存在较大的困难。

富勒烯作为一种合成可控、修饰方法简单易得且可高效清除自由基的纳米材料，在化学药物导致引起的氧化应激失衡调节中具有巨大的应用潜力。

法国科学家 Fathi Moussa 团队[36]对 C_{60} 的自由基清除效果进行了大量的研究。他们利用经典的 CCl_4 导致自由基介导的肝损伤大鼠模型，在不使用任何有机溶剂的情况下制备的 C_{60} 悬浮液不仅在啮齿动物中没有毒性，而且可保护大鼠肝脏免受自由基损伤，如图10.8所示。

Rade Injac 小组[37]利用化疗药物多柔比星（DOX）诱导大鼠氧化应激失调，获得化疗肾脏损伤模型，之后给大鼠服用 C_{60} 纳米药剂，取不同实验组和对照组大鼠的血样和肾组织进行分析，发现富勒烯可以预防并缓解 DOX 引起的肾毒性，是一种潜在的肾脏保护试剂。

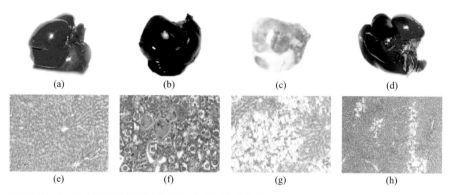

图10.8　C_60 对大鼠肝脏的保护作用的宏观和微观观察

（a）~（d）为肝脏光学照片，分别为对照组肝脏、C_{60}处理组肝脏、CCl_4损伤组肝脏、CCl_4损伤+C_{60}处理组肝脏；（e）~（h）为肝组织病理切片，分别为C_{60}处理肝脏病理，其中图（f）为图（e）的放大图像，（g）为CCl_4损伤肝脏病理，（h）为CCl_4损伤+C_{60}处理肝脏病理[36]

近期，Wang等利用临床上常用的化疗药环磷酰胺（CTX）作为模型药物[38]，连续注射5d得到小鼠化疗损伤动物模型。然后静脉注射水溶性金属富勒烯纳米材料（GFNCs），通过组织病理切片、组织环境扫描显微镜等多种手段发现，GFNCs可以很好地缓解CTX造成的包括骨髓在内的多个器官的损伤，如图10.9所示，对于骨髓以及脾脏多器官均有显著保护效果。并且GFNCs未影响化疗药物的肿瘤治疗效果，如图10.10所示，是一种潜在的化疗损伤保护试剂。

综上所述，许多化学药物对生物体造成的损伤很大程度上来自于药物在体内代谢产生的过多的自由基。反应活性极高的自由基若不能及时清除出去，会和生

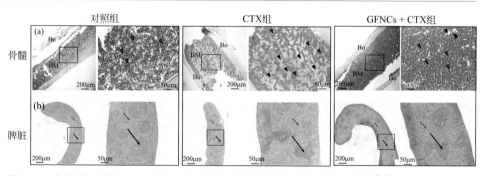

图10.9　实验过程的第八天，不同组小鼠骨髓和脾脏病理切片 H＆E 染色观察[38]

黑箭头代表骨髓中的脂肪细胞（或脾脏中红髓），红箭头代表骨髓中的造血细胞（或脾脏中白髓）

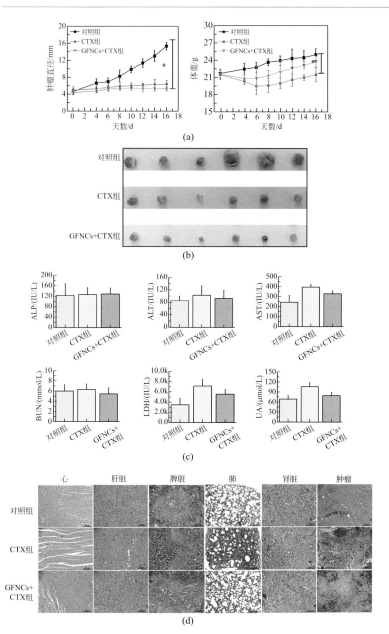

图10.10　实验过程中小鼠肿瘤变化和体重变化曲线图[38]

物大分子反应，造成细胞坏死或凋亡，从而对机体产生伤害。而采用天然或者合成的自由基清除剂，可以及时清除体内过多的自由基分子，维持正常的氧化应激水平，保护机体免受其伤害。

10.2.3
在抗氧化损伤机制中的研究

富勒烯在生物医学领域可以用作抗氧化剂来保护细胞或者组织免受过多自由基的伤害。研究表明[39]，碳笼越大，清除自由基效率越高。一方面，碳笼表面修饰羟基时，其自由基清除效率高于表面修饰羧基，可能是和碳笼表面的电子亲和能有关；另一方面，碳笼表面修饰上羟基，会诱导碳笼表面产生电子空缺，从而催化和自由基的反应，达到高效清除自由基的效果。

2012年，法国科学家Fathi Moussa带领团队[40]利用橄榄油包覆的C_{60}对大鼠寿命的影响进行了研究。结果表明以重复剂量向大鼠口服溶解于橄榄油（0.8mg/mL）的C_{60}不仅不会引起慢性毒性，而且几乎使大鼠寿命增加一倍（图10.11）。寿命的长短直接和体内氧化应激状态相关，说明富勒烯的抗氧化效果体现出了抗衰老、延长寿命的功能，为临床抗衰老药物的研究开辟了新的思路。

内嵌金属富勒烯衍生物具有更为高效的自由基清除效果，可调节体内的氧化应激水平，而氧化应激被认为是致癌作用的重要机制之一。Chen等[41]系统研究了荷瘤小鼠中的活性氧（ROS）以及与氧化应激相关的几种重要的酶活性。他们发现在小鼠摄取富勒烯后，所有酶的活性和其他与氧化应激相关的参数都更接近正常水平，小鼠状态相比于阴性对照组也更接近正常状态，说明金属富勒烯对于调节体内氧化应激状态起到了很好的效果。

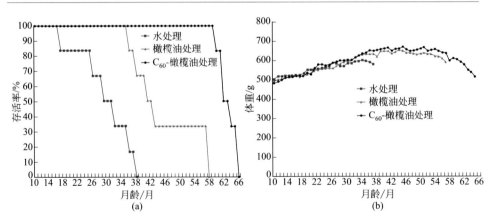

图10.11 C_{60}-橄榄油处理后大鼠的生存率曲线（a）和体重变化曲线（b）[40]

可以看出富勒烯-橄榄油复合物可以很大程度上提升大鼠生存周期，并对其体重无明显影响

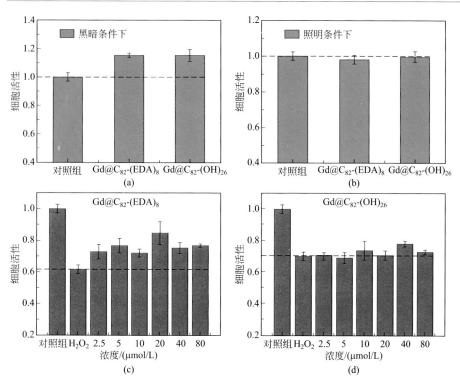

图10.12　Gd@C$_{82}$-(EDA)$_8$在细胞层面猝灭自由基，保护细胞示意图[42]

Wang等[42]最近通过简单的固液反应制备生物相容性良好的Gd@C$_{82}$-(EDA)$_8$纳米材料。与常见的羟基Gd@C$_{82}$-(OH)$_{26}$相比，具有较少取代基的Gd@C$_{82}$-(EDA)$_8$使碳笼保留了相对更好的π-共轭体系，具有更高的猝灭自由基的能力。研究发现，Gd@C$_{82}$-(EDA)$_8$在非常低的浓度（2.5μmol/L）下即表现出对人表皮角质细胞（HEK-a细胞）的明显保护作用，这主要是由于高细胞摄取和极佳ROS清除效果的协同作用（图10.12）。该富勒烯纳米颗粒是预防ROS诱发损伤的优选材料，有潜力应用于化妆品和生物医学等多个领域。

Shefang Ye小组[43]通过系统研究发现，诱导Ⅱ期解毒酶增强细胞防御活性也是富勒烯纳米颗粒的重要抗氧化机制之一。C$_{60}$(OH)$_{24}$通过Nrf2调节的抗氧化剂或Ⅱ期解毒酶活性增强细胞抗氧化损伤能力，并且还可以阻断氧化应激介导的细胞损伤和细胞功能障碍，如图10.13所示。除了诱导Ⅱ期抗氧化酶之外，Nrf2可以影响与细胞生长、细胞凋亡、炎症反应和细胞黏附等有关的基因的直接或间接表

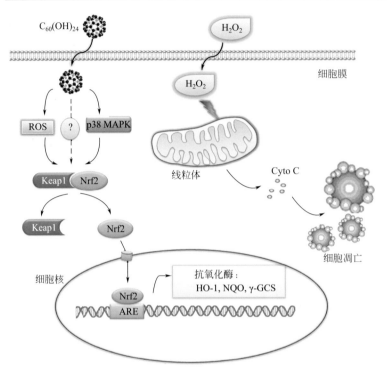

图10.13　富勒烯衍生物 $C_{60}(OH)_{24}$ 介导的保护细胞免受双氧水损伤的机制示意图[43]

达的能力。因此，富勒烯纳米材料可以通过调节细胞内与氧化应激相关的细胞因子来调节其氧化应激平衡。

10.3
富勒烯的光动力治疗研究

光动力学疗法（photodynamic therapy, PDT）是20世纪70年代发展起来的新疗法，它是指在光敏剂和分子氧的参与下，由敏化光源辐射所引起的光致化学反应，利用这种化学反应产生的活性氧物种来破坏病变组织，达到治疗的目的。光动力学治疗主要应用于不适合手术和放、化疗的肿瘤患者。它与传统的医疗方法相比，具有疗效快、副作用小、方法简便等优点。PDT是一种冷光化学反应，其中光敏剂、照射光和氧构成光动力治疗的三要素。PDT在肿瘤治疗领域的研究逐渐得到了越来越多学者的广泛关注，同时被用于非肿瘤型疾病，如尖锐湿疣、牛皮癣、鲜红斑痣、类风湿关节炎、眼底黄斑病变、血管成型术后再狭窄等疾病的治疗。

光敏剂（光动力治疗药物）的研究是影响光动力治疗前景的关键所在。光敏剂是一些特殊的化学物质，其基本作用是传递能量。它能够吸收光子而被激发，又将吸收的光能迅速传递给另一组分的分子，使其被激发而光敏剂本身回到基态。现已获得美国食品与药品管理局（FDA）批准的光敏药物有3种，即PHOTOFRIN（Porfimer Sodium）、Visudyne（维替泊芬）和Levulan（5-氨基酮戊酸，5-ALA），分别用于肿瘤、老年性眼底黄斑病变、光角化病的光动力治疗。近年来，随着新的光动力治疗药物的研发成功及激光设备技术的提高，PDT又迎来了前所未有的发展高峰[44,45]。但是目前常用的卟啉类光敏剂，其最大吸收波长不在对人体组织透过率较佳的红光区，药效不尽理想，且皮肤光毒性大。所以开发新型、高效的抗癌光敏剂一直是国内外的研究热点。近年来，发现开发出多种新型光敏试剂在光动力治疗方面具有非常大的应用前景，如血卟啉单甲醚、竹红菌素、BODIPY、碳纳米材料（富勒烯、碳管、碳量子点）以及TiO_2等无机氧化物[46~48]。

目前PDT使用的光敏剂大多数是含四吡咯结构的卟啉类化合物或者氯化物。卟啉类化合物是由18个π电子组成的平面环状的π电子共轭芳香体系，在紫外和可见光区有吸收，受光激发产生π-π*跃迁，激发态电子回落过程中产生强烈的荧光辐射[49]。富勒烯分子中大的π-π共轭体系，不仅可以有效吸收可见光，还能够以极高的量子产率产生活性氧从而用于光动力学治疗，富勒烯衍生物在光动力学中的应用正逐渐引起人们的极大兴趣[50~52]。

富勒烯分子受光（如532nm或355nm）激发后，到达激发单重态（$^1C_{60}$*），激发单重态寿命比较短（<1.3ns左右），几乎全部激发单重态经系间窜跃到达激发三重态（$^3C_{60}$*）。重要的是，激发三重态的寿命非常长（50~100μs），在532nm处激发的单线态氧的量子产率几乎接近理论值100%[53]。富勒烯激发三重态氧化还原电位比较低 [$E(^3C_{60})$ = +1.01V，$E(^3C_{70})$ = +1.01V]，所以它们非常容易发生如下反应：

$$C_{60} \rightarrow {}^1C_{60}* \rightarrow {}^3C_{60}* \rightarrow C_{60} + {}^1O_2$$
$$C_{60} \rightarrow {}^1C_{60}* \rightarrow {}^3C_{60}* \rightarrow C_{60}^{\cdot -} \rightarrow C_{60} + O_2^- \cdot$$

富勒烯的激发三重态将发生两种类型的反应[54]。第一种类型为直接与底物或溶剂发生抽氢反应或电子转移，生成底物和富勒烯的自由基或自由基离子，其中带负电荷的自由基和O_2发生电子转移，产生超氧负离子自由基；碳中心的自由基则会与O_2反应生成过氧化氢自由基，进一步触发链反应导致大范围的氧化性损伤。这一过程称作Type I机制，也叫自由基机制。第二种类型为直接与氧发生能量传递，生成单重态氧（$^1O_2$）。而单重态氧是一种具有高反应活性、高氧化性的活性体，它具有亲电性，能高效氧化生物分子，如不饱和脂肪酸、蛋白质、核酸和线粒体膜，诱导肿瘤细胞死亡。这一过程称为Type II机制，也叫单重态氧机制。研究表明目前大部分光敏剂是通过Type II机制产生活性氧，因此单线态氧在光动力治疗中扮演了重要的角色。这些活性氧物种对肿瘤细胞和微血管可以产生不可逆的损伤，并可以引发炎症反应和免疫响应，最终实现长期有效的抑制肿瘤。

富勒烯碳笼本身可以在光照下高效地产生单线态氧，在光动力治疗方面具有很大的应用潜力。目前已有多种应用于光动力治疗的富勒烯衍生物和非衍生化的水溶性纳米颗粒被报道[55~57]。富勒烯本身由于水溶性差不能用作光敏剂，而经过修饰之后的富勒烯变为水溶性衍生物之后，具有非常好的光动力治疗效果。富勒烯相比传统的光敏剂而言具有更稳定的结构，不易发生光降解和光漂白。且经修饰后的富勒烯大多为双亲性纳米粒子，被细胞摄取的量要远远高于传统的光敏剂。富勒烯分子表面可以修饰很多官能团，通过官能团可以和很多靶向分子或者显像造影剂联合，构建多模态诊疗试剂。富勒烯无毒无害，静脉注射到体内后，经过血液循环可以排出体外。此外，研究表明富勒烯分子与卟啉形成的电子给受体系在低氧浓度情况下依旧可以保持较高的活性氧的产量。

富勒烯作为光敏剂最大的缺陷在于激发波长处于紫外可见区，由于对组织的穿透深度有限，在活体应用中受到了很大限制。因此需要通过其他手段拓宽富勒烯作为光敏剂的诊疗窗口。目前常用的手段主要有以下几种：在碳笼表面连接具有可以捕获近红外光子的染料等分子，选择光学透明的组织进行治疗，或者是利用近红外双光子激发的方法来克服富勒烯光疗窗口有限的问题。

Wang等[58]最近合成了多种C_{60}与C_{70}的丙二酸二乙酯衍生物，并研究了不同加成物对其光动力效果的影响。他们发现三加成的C_{70}衍生物$C_{70}[C(COOH)_2]_3$（TF_{70}）具有最好的光毒性，在2.5μmol/L的低剂量浓度下即有很好的杀伤效果（细胞活性＜0.1），如图10.14所示。机理研究结果表明，富勒酸对细胞的杀伤是通过破坏细胞器导致胞内渗透压增大，进而导致细胞溶胀而坏死。值得注意的是，C_{70}衍生物的效果均优于相应的C_{60}衍生物，说明C_{70}衍生物是一种更好的光敏剂。其中，TF_{70}在弱酸性条件下的聚集体的尺寸为52nm，小于二加成的DF_{70}和四加成的QF_{70}，也使其在相同浓度下具有更高的单线态氧产率。

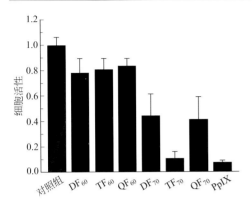

图10.14　不同加成数的C_{60}和C_{70}丙二酸二乙酯衍生物的PDT效果，浓度均为2.5μmol/L[58]

　　2015年Shu等[52]用分子自组装技术制备了一种基于富勒烯卟啉二聚体衍生物的双亲性光敏剂分子（PC_{70}），这种分子是类似脂质体结构的光敏剂。该光敏剂分子具有较高的光稳定性，良好的水溶性和生物相容性，相对于单独的富勒烯而言，PC_{70}具有更强的紫外可见吸收光谱。最为重要的是，相比于传统卟啉类光敏剂，PC_{70}在低氧条件下还可以产生有效的单线态氧。如图10.15所示，进一步研究结果表明PC_{70}在低氧浓度情况下可以形成具有较长的三线态寿命（211.3μs）的中间体，使其具有更多的机会和组织中游离的氧气发生反应，生成单线态氧。这一发现克服了传统光敏剂长期存在的因肿瘤局部缺氧导致光动力效果差的问题。

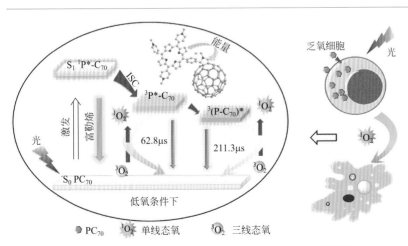

图10.15　PC_{70}用作光敏剂在低氧浓度下高效产生单线态氧的示意图[52]

针对PC_{70}光疗吸收窗口有限的问题，Shu等[59]合成了一种基于上转换纳米材料和PC_{70}复合物的多功能光诊疗剂。其中，上转换材料作为能量转换器将近红外光转换成可见光用以激发PC_{70}，使其在低氧浓度情况下仍产生有效的活性氧。因此，该富勒烯衍生物/上转换纳米复合物（UCNP-PEG-FA/PC_{70}）可通过三种成像手段（荧光成像/上转换发光成像/磁共振成像）介导高效光动力治疗，是一种诊疗一体化的光诊疗剂。此外，偶联的叶酸作为靶向分子可以提高复合物在肿瘤的聚集，从而进一步提高光动力效果（如图10.16所示）。这种纳米复合物通过荧光共振能量转移实现由近红光外到紫外可见光的巧妙转换，既解决了富勒烯因组织穿透深度有限导致在活体光动力应用中的限制，又结合富勒烯在低氧环境中保持高效光动力效果的优势实现了肿瘤的高效光动力治疗。

除此之外，Shu等[60]利用自组装技术首次合成了一种富勒烯/卟啉衍生物纳米囊泡光诊疗剂，如图10.17所示。该诊疗剂结合了富勒烯三羧酸衍生物和Ce6共同的优势，具有以下几个主要的特征：a.对Ce6具有非常高的负载率（高达58%）；b.在近红外区有效吸收峰；c.在体外和活体水平均有较高的细胞摄取量；d.可以将肿瘤部位的成像和治疗有效结合，实现肿瘤的实时治疗；e.具有非常好的生物相容性，完成光动力治疗后可以被排出体外。这些优异的性质表明FCNVs可以作为一种近红外光激发的，由荧光成像介导的光动力诊疗剂。这一工作为实现富勒烯碳纳米材料用于高效光诊疗剂奠定了坚实的基础。

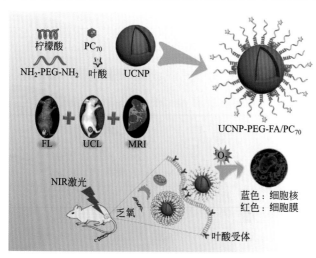

图10.16　UCNP-PEG-FA/PC_{70}作为近红外光激发和多模态成像介导的靶向性光敏剂分子的示意图[59]

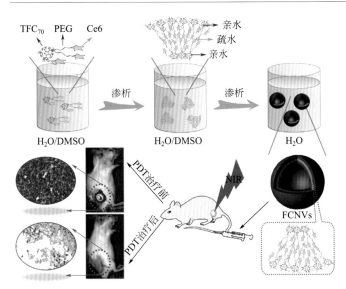

图10.17　富勒烯纳米囊泡的形成过程以及用于荧光成像指导的光动力治疗肿瘤的示意图[60]

利用光动力灭菌也是近期新兴的一种治疗耐药性致病菌的新方法。当前，光动力灭菌已被应用于治疗致病性细菌感染的组织而避免正常组织受到损伤[61,62]。光动力灭菌对革兰氏阴性菌的治疗效果略优于革兰氏阳性菌的治疗效果，这可能是由于它们的细胞壁结构不一样所导致的。富勒烯抑制细菌的机理有很多种[63,64]，例如，富勒烯可以扰乱核糖体的功能，破坏细胞壁的完整性，干扰细胞壁以及核酸的合成等。Alvarez 等[65]合成了四种 C_{60} 的衍生物 [C_{60}(HC1，HC2，HC3，HC4)]，它们通过产生单线态氧灭活大肠杆菌和噬菌体 MS-2。与商用的光催化灭菌剂纳米 TiO_2 相比，阳离子的富勒烯通过静电相互作用快速吸附至细菌表面。释放的单线态氧能够更快地和细菌作用，从而提高灭菌的效率。他们课题组还报道了富勒烯衍生物可以改变膜磷脂，进而破坏膜达到灭菌的作用。还有研究者将富勒烯抑菌试验做到活体水平，研究表明富勒烯 C_{70} 的衍生物对三级烫伤并感染革兰氏阴性菌的小鼠模型，在紫外可见光照射下具有很好的疗愈效果。

光致 DNA 断裂是最早将富勒烯衍生物用于生物医学应用的方向之一，也是近年来光动力学疗法的重要研究领域。它的原理可能是光激发过程中光敏剂产生了单线态氧自由基或超氧自由基，也可能是光敏剂与 DNA 之间发生了电子转移，导致磷酸键的水解[66]。Tokuyama 等[67]在 1993 年首次对富勒烯的羧基衍生物在整个细胞体系进行研究，并将其与超螺旋 pBR322 DNA 同时在光照和黑暗下培养。

结果发现，只有在光照下，双螺旋的DNA在鸟嘌呤（G）处发生了选择性断裂（base-selective）。Boutorine等在1994年报道了一种富勒烯和寡聚核苷酸的复合物可以实现位点选择性（site selective）DNA断裂，断裂一般发生在G位点上，少量发生在胸腺嘧啶（T）位点上。这种富勒烯的寡聚核苷酸的复合物可以作为探针用于观察基因的转染和信使RNA的翻译。

富勒烯目前已被广泛用作光敏剂用于治疗多种疾病模型。正如前面所讨论的，富勒烯衍生物具有非常好的生物相容性、耐光漂白性以及独特的光物理化学性质，因此是一种非常具有潜在应用价值的理想型光敏剂。众所周知，富勒烯衍生物是通过Type Ⅰ机制产生大量活性氧，从单线态通过电子转移，跃迁至三线态，与生物环境中的氧分子反应生成活性氧物种。富勒烯唯一的缺陷是它的吸收光谱位于紫外可见区域，极大地限制了对组织的穿透深度。因此为了克服这一缺陷，科研工作者想了很多方法对其吸光性进行调节，也取得了一定的成果。在未来的发展中，将富勒烯的吸收调节至近红外区，开发新型的富勒烯衍生物也是一种趋势。此外，在光动力治疗中，双光子激发也是另外一种被用于拓宽光疗吸收窗口、增加组织穿透深度的方法。通过开发不同修饰物的富勒烯衍生物，增强其在组织的穿透深度，有望被用于临床的光动力治疗中。

综上所述，富勒烯既可以产生单线态氧等用于光动力治疗，又可以猝灭自由基、保护细胞。富勒烯和自由基的关系其实是一种复杂的机理，富勒烯ROS生成/猝灭能力主要取决于修饰基团的数量、结构和取代方式，并且可能随着产生/猝灭的ROS的类型（单线态氧、超氧自由基或者羟基自由基等）的不同而变化。另外，溶剂的类型也会直接（通过固有的ROS猝灭能力）或间接（通过影响比表面积、聚集行为或者表面性质）影响富勒烯和ROS的相关行为。富勒烯的水溶化修饰方法不同，其在体内的穿透细胞膜的性质、胞内外定位等生物性质也随之变化。因此，继续探索富勒烯和ROS之间的关系，对促进临床医学应用具有重要意义。

10.4
其他生物学应用

获得性免疫缺陷综合征（AIDS）是20世纪末新出现的严重危害人类社会生

存发展的传染性疾病，目前普遍认为 HIV 蛋白酶（HIVP）是抗病毒的主要靶点，HIVP 抑制剂在临床上得到广泛应用。HIVP 的活性位点是一个半开环的疏水椭圆体孔穴，其表面 25 位和 125 位有两个天冬氨酸残基，起催化作用。疏水椭圆体孔穴直径约 1nm，和富勒烯的尺寸相似。Friedman 等[22]通过分子模拟发现，如果在 HIVP 活性中心引入富勒烯衍生物，其表面和酶之间理论上可形成范德华力，使二者结合为复合体，从而抑制 HIVP 活性。该研究小组根据分子模拟数据，合成了一种二苯基富勒烯衍生物，结果表明将复合物引入酶活性中心后，碳笼与酶活性中心表面可形成较强的范德华力，从而明显抑制 HIVP。另外，如果将富勒烯碳笼引入合适的位置使其与 HIVP 的 25 位、125 位天冬氨酸产生静电作用可以将结合常数提高约 1000 倍。因此，目前合成富勒烯衍生物的研究，主要是针对提高 HIVP 疏水孔穴与碳笼的结合力，同时发现多种衍生化的富勒烯衍生物均具有抑制 HIVP 的特性。

富勒烯可以嵌入到生物膜内，并引起生物膜结构破坏。此活性吸引了许多研究小组开始探索其潜在的抗菌活性。Tsao 等[68]研究了三羧酸富勒烯针对 20 多种不同细菌，如葡萄球菌、链球菌、肠球菌（革兰氏阳性）、肺炎克雷白杆菌、大肠杆菌、绿脓杆菌伤寒沙门氏菌（革兰氏阴性）的抗菌效应，研究结果表明其对所有的革兰氏阳性菌都可以得到有效抑制。根据对革兰氏阳性菌和革兰氏阴性菌的对比研究发现，富勒烯抑制细菌可能与富勒烯嵌入到细菌胞壁相关，扫描电镜和抗体结合实验也提供了相关的证据。富勒烯多肽衍生物是一种具有良好抗菌潜力的富勒烯衍生物，现已应用固相肽合成法合成该类化合物，它由具有亲脂活性的富勒烯和水溶性的肽段组成，有着很强的抗菌活性。实验发现，富勒烯多肽衍生物对化脓性金黄色葡萄球菌、大肠杆菌的有效抑制浓度分别为 8 μmol/L 和

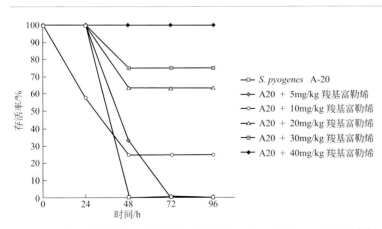

图 10.18　羟基富勒烯衍生物抑制链球菌并提高 B16 小鼠的生存率效果图[69]

64 μmol/L，而不含富勒烯的肽段没有抗菌活性，表明富勒烯在抑菌活性中发挥了主要作用。

除了插入细胞膜对其产生破坏作用外，还可以利用富勒烯的其他特性抑制病原微生物。有研究发现[69]羧基富勒烯可以提升化脓性链球菌 *S. pyogenes* A-20 感染的小鼠的存活率，并且具有浓度依赖性，如图 10.18 所示，40mg/kg 的羧基富勒烯抑菌效果最好。

10.5
金属富勒烯生物体内代谢分布行为研究

Cagle 等[70]于 1996 年利用高强度的中子流对分离得到的 $Ho@C_{82}$、$Ho_2@C_{80}$ 和 $Ho_3@C_{82}$ 进行辐射，得到了 ^{166}Ho 的包合物，经过 γ 衰变后它们可以转变成稳定

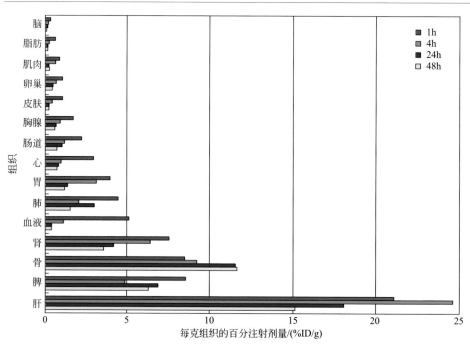

图10.19　$^{166}Ho_x@C_{82}(OH)_y$ 注射后不同时间内的体内分布[71]

的 ^{166}Er 包合物，因此具有一定的生物安全性。重要的是，Ho 只有一个稳定同位素 ^{165}Ho，其核反应界面大（ σ=58.1barns ），进行中子辐射后变成 ^{166}Ho，其半衰期适中（26.8h），因此这一元素非常适合用于核医学研究。而此前人们对 M@C$_{82}$（ M = La，Y，Gd ）进行中子辐射的研究结果并不理想。

后来，Cagle 等[71]利用相转移催化法将 ^{165}Ho@C$_{82}$ 转化成水溶性多羟基衍生物，然后通过中子辐射得到具有放射性的 ^{166}Ho@C$_{82}$ 衍生物。他们通过检测 ^{166}Ho 的 γ 衰变，研究了这种衍生物在动物体内的分布情况，发现其容易聚集于肝、脾、骨、肾等组织，而在脑、脂肪、肌肉中的聚集很少，结果如图 10.19 所示。后来，Mikawa 等[72]制备的 Gd@C$_{82}$ 多羟基衍生物也具有与其类似的动物体内分布行为，说明碳笼表面修饰的羟基对动物体内的分布起关键作用，而受内嵌团簇的影响较小。

10.6
小　结

富勒烯及其衍生物能够有效清除生物体内氧自由基，可作为抗氧化剂用来保护细胞或者组织免受过多自由基的伤害，在辐射、化学等损伤保护中展现出特殊性能，还具有抵抗疾病、延长寿命的临床应用潜力，这为开发新型的纳米药物提供了很好的思路。富勒烯的光学性质赋予其光动力治疗的功能，富勒烯相比传统的光敏剂而言具有更稳定的结构，不易发生光降解和光漂白。富勒烯分子表面还可以修饰很多官能团，通过官能团可以和很多靶向分子或者显像造影剂联合，构建多模态诊疗试剂。此外，富勒烯及其衍生物还在抑制生物酶活性、抗 HIV 病毒、抗菌以及切割 DNA 等方面有很好的应用前景。可见富勒烯和金属富勒烯在生物应用方面具有重要价值，有望被开发为新型的纳米药物。

参考文献

[1] Ray P D. Huang B W, Tsuji Y. Cell Signal, 2012, 24: 981-990.

[2] Droge W. Physiol Rev, 2002, 82: 47-95.

[3] Kozakowska M, Gremplewicz K P, Jozkowicz A, Dulak J. J Muscle Res Cell M, 2015, 36: 377-393.

[4] Dickinson B C, Chang C J. Nat Chem Biol, 2011, 7:

504-511.

[5] Lin M T, Beal M F. Nature, 2006, 443: 787-795.

[6] Trachootham D, Alexandre J, Huang P. Nat Rev Drug Discov, 2009, 8: 579-591.

[7] Finkel T. J Cell Biol, 2011, 194, 7-15.

[8] Witte P, Beuerle F, Hartnagel U, Lebovitz R, Savouchkina A, Sali S, Guldi D, Chronakis N, Hirsch A. Org Biomol Chem, 2007, 5: 3599-3613.

[9] Gharbi N, Pressac M, Hadchouel M, Szwarc H, Wilson S R, Moussa F. Nano Lett, 2005, 5: 2578-2585.

[10] Xiao L, Takada H, Maeda K, Haramoto M, Miwa N. Biomed Pharmacothe, 2005, 59: 351-358.

[11] Dugan L L, Turetsky D M, Du C, Lobner D, Wheeler M, Almli C R, Shen C K F, Luh T Y, Choi D W, Lin T S. Proc Natl Acad Sci, 1997, 94: 9434-9439.

[12] Ali S S, Hardt J I, Quick K L, Kim-Han J S, Erlanger B F, Huang T T, Epstein C J, Dugan L L. Free Radical Biol Med, 2004, 37: 1191-1202.

[13] Ali S S, Hardt J I, Dugan L L. Nanomed-Nanotechnol, 2008, 4: 283-294.

[14] Ali S S, Hardt J I, Quick K L, Kim-Han J S, Erlanger B F, Huang T T, Epstein C J, Dugan L L. Free Radical Biol Med, 2004, 37: 1191-1202.

[15] Liu Q, Zhang X, Zhang X, Zhang G, Zheng J, Guan M, Fang X, Wang C, Shu C. ACS Appl Mater Inter, 2013, 5: 11101-11107.

[16] Kato S, Aoshima H, Saitoh Y, Miwa N. Bioorg Med Chem Lett, 2009, 19: 5293-5296.

[17] Djordjevic A, Canadanovic-Brunet J, Vojinovic-Miloradov M,. Bogdanovic G. Oxid Commun, 2004, 27: 806-812.

[18] Chen Y W, Hwang K C, Yen C C, Lai Y L. Am J Physiol Regul Integr Comp Physiol, 2004, 287: R21-R26.

[19] Harhaji L, Isakovic A, Vucicevic L, Janjetovic K, Misirkic M, Markovic Z, Todorovic-Markovic B, Nikolic N, Vranjes-Djuric S, Nikolic Z. Pharm Res, 2008, 25: 1365-1376.

[20] Jin H, Chen W, Tang X, Chiang L, Yang C, Schloss J, Wu J. J Neurosci Res, 2000, 62: 600-607.

[21] Dugan L L, Gabrielsen J K, Shan P Y, Lin T-S, Choi D W. Neurobiol Dis, 1996, 3: 129-135.

[22] Friedman S H, DeCamp D L, Sijbesma R P, Srdanov G, Wudl F, Kenyon G L. J Am Chem Soc, 1993, 115: 6506-6509.

[23] Innocenti A, Durdagi S, Doostdar N, Strom T A, Barron A R, Supuran C T. Bioorg Med Chem, 2010, 18, 2822-2828.

[24] Yamakoshi Y N, Yagami T, Sueyoshi S, Miyata N. J Org Chem, 1996, 61: 7236-7237.

[25] Simone Ⅱ C B, Simone N L, Simone V, Simone C B. Altern Ther Health M, 2007, 13: 22-28.

[26] Qin X J, He W, Hai C X, Liang X, Liu R. J Appl Toxicol, 2008, 28: 271-282.

[27] McEwen C N, McKay R G, Larsen B S. J Am Chem Soc, 1992, 114: 4412-4414.

[28] Bakry R, Vallant R M, Najam-ul-Haq M, Rainer M, Szabo Z, Huck C W, Bonn G K. Int J Nanomed, 2007, 2: 639.

[29] Tykhomyrov A, Corsa V, Andrievsky G, Klochkov V. FEBS J, 2006, 273: 143.

[30] Usenko C Y, Harper S L, Tanguay R L. Toxicol Appl Pharm, 2008, 229: 44-55.

[31] Wang I C, Tai L A, Lee D D, Kanakamma P, Shen C K F, Luh T Y, Cheng C H, Hwang K C. J Med Chem, 1999, 42: 4614-4620.

[32] Zhou Z, Lenk R P, Dellinger A, Wilson S R, Sadler R, Kepley C L. Bioconjugate Chem, 2010, 21: 1656-1661.

[33] Yan L, Zhao F, Li S, Hu Z, Zhao Y. Nanoscale, 2011, 3: 362-382.

[34] Lee J, Lim K T. Immunol Invest, 2013, 42: 61-80.

[35] Cuce G, Çetinkaya S, Koc T, Esen H H, Limandal C, Balcı T, Kalkan S, Akoz M. Chem-Biol Interact, 2015, 232: 7-11.

[36] Gharbi N, Pressac M, Hadchouel M, Szwarc H, Wilson S R, Moussa F. Nano Lett, 2005, 5: 2578-2585.

[37] Injac R, Boskovic M, Perse M, Koprivec-Furlan E, Cerar A, Djordjevic A, Strukelj B. Pharmacol Rep, 2008, 60: 742.

[38] Zhang Y, Shu C, Zhen M, Li J, Yu T, Jia W, Li X, Deng R, Zhou Y, Wang C. Sci China Mater,

2017, 60: 866-880.

[39] Yin J-J, Lao F, Fu P P, Wamer W G, Zhao Y, Wang P C, Qiu Y, Sun B, Xing G, Dong J. Biomaterials, 2009, 30: 611-621.

[40] Baati T, Bourasset F, Gharbi N, Njim L, Abderrabba M, Kerkeni A, Szwarc H, Moussa F. Biomaterials, 2012, 33: 4936-4946.

[41] Wang J, Chen C, Li B, Yu H, Zhao Y, Sun J, Li Y, Xing G, Yuan H, Tang J. Biochem Pharmacol, 2006, 71: 872-881.

[42] Li J, Guan M, Wang T, Zhen M, Zhao F, Shu C, Wang C. ACS Appl Mater Inter, 2016, 8: 25770-25776.

[43] Ye S, Chen M, Jiang Y, Chen M, Zhou T, Wang Y, Hou Z, Ren L. Int J Nanomed, 2014, 9: 2073.

[44] Ballut S, Makky A, Chauvin B, Michel J P, Kasselouri A, Maillard P, Rosilio V. Org Biomol Chem, 2012, 10: 4485-4495.

[45] Bugaj A M. Photoch Photobio Sci, 2011, 10: 1097-1109.

[46] Ou Z Z, Chen J R, Wang X S, Zhang B W, Cao Y. New J Chem, 2002, 26: 1130-1136.

[47] Yang P, Wu W, Zhao J, Huang D, Yi X. J Mater Chem, 2012, 22: 20273-20283.

[48] Ratanatawanate C, Chyao A, Balkus Jr K J. J Am Chem Soc, 2011, 133:3492-3497.

[49] Ethirajan M, Chen Y, Joshi P, Pandey R K. Chem Soc Rev, 2011, 40: 340-362.

[50] Irie K, Nakamura Y, Ohigashi H, Tokuyama H, Yamago S, Nakamura E. Biosci Biotech Bioch, 1996, 60: 1359-1361.

[51] Mroz P, Tegos G P, Gali H, Wharton T, Sarna T, Hamblin M R. Photoch Photobio Sci, 2007, 6: 1139-1149.

[52] Guan M, Qin T, Ge J, Zhen M, Xu W, Chen D, Li S, Wang C, Su H, Shu C. J Mater Chem B, 2015, 3: 776-783.

[53] Ghosh H N, Pal H, Sapre A V, Mittal J P. J Am Chem Soc, 1993, 115: 11722-11727.

[54] Mroz P, Pawlak A, Satti M, Lee H, Wharton T, Gali H, Sarna T, Hamblin M R. Free Radical Biol Med, 2007, 43: 711-719.

[55] Lu Z, Dai T, Huang L, Kurup D B, Tegos G P, Jahnke A, Wharton T, Hamblin M R. Nanomed-Nanotech, 2010, 5: 1525-1533.

[56] Sharma S K, Chiang L Y, Hamblin M R. Nanomed-Nanotech, 2011, 6: 1813-1825.

[57] Constantin C, Neagu M, Ion R M, Gherghiceanu M, Stavaru C. Nanomed-Nanotech, 2010, 5: 307-317.

[58] Liu Q, Guan M, Xu L, Shu C, Jin C, Zheng J, Fang X, Yang Y, Wang C. Small, 2012, 8: 2070-2077.

[59] Guan M, Dong H, Ge J, Chen D, Sun L, Li S, Wang C, Yan C, Wang P, Shu C. NPG Asia Mater, 2015, 7: e205.

[60] Guan M, Ge J, Wu J, Zhang G, Chen D, Zhang W, Zhang Y, Zou T, Zhen M, Wang C, Chu T, Hao X, Shu C. Biomaterials, 2016, 103: 75-85.

[61] Jori G, Fabris C, Soncin M, Ferro S, Coppellotti O, Dei D, Fantetti L, Chiti G, Roncucci G. Laser Surg Med, 2006, 38: 468-481.

[62] Dai T, Huang Y-Y, Hamblin M R. Photodiag Photodyn, 2009, 6: 170-188.

[63] Kai Y, Komazawa Y, Miyajima A, Miyata N, Yamakoshi Y. Fuller Nanotub Car N, 2003, 11: 79-87.

[64] Zhao B, Bilski P J, He Y Y, Feng L, Chignell C F. Photoch Photobio, 2008, 84: 1215-1223.

[65] Lee J, Mackeyev Y, Cho M, Li D, Kim J H, Wilson L J, Alvarez P J. Environ Sci Technol, 2009, 43: 6604-6610.

[66] Artuso T, Bernadou J, Meunier B, Piette J, Paillous N. Photoch Photobio, 1991, 54: 205-213.

[67] Tokuyama H, Yamago S, Nakamura E, Shiraki T, Sugiura Y. J Am Chem Soc, 1993, 115: 7918-7919.

[68] Tsao N, Luh T Y, Chou C K, Chang T Y, Wu J J, Liu C C, Lei H Y. J Antimicrob Chemoth, 2002, 49: 641-649.

[69] Tsao N, Luh T Y, Chou C K, Wu J J, Lin Y S, Lei H Y. Antimicrob Agents Ch, 2001, 45: 1788-1793.

[70] Cagle D W, Thrash T P, Alford M, Chibante L F, Ehrhardt G J, Wilson L J. J Am Chem Soc, 1996,

118: 8043-8047.

[71] Wilson L J, Cagle D W, Thrash T P, Kennel S J, Mirzadeh S, Alford J M, Ehrhardt G J. Coordin Chem Rev, 1999, 190: 199-207.

[72] Kato H, Suenaga K, Mikawa M, Okumura M, Miwa N, Yashiro A, Fujimura H, Mizuno A, Nishida Y, Kobayashi K. Chem Phys Lett, 2000, 324: 255-259.

索　引